金牌网站设计师系列丛书

Dreamweaver CS5+ASP 动态网站建设从入门到精通
第 2 版

环博文化　组　编

陈益材　等编著

U0332604

机械工业出版社

本书是一本关于动态网站开发的技术图书，专门为初次接触动态网站开发的读者而写作，是读者迈向动态网站开发的第一步。本书以 Dreamweaver CS5+ASP 为开发平台，从基本的动态网站入门知识到高端的动态网站建设进程，通过剖析大量商业应用实例，引导读者逐步掌握动态网站开发的方法。

本书适合想学习动态网站开发，但是对于手写代码又感到陌生或恐惧的初学读者。本书适合从事网页设计制作和网站建设的专业人士学习使用，也可作为 Dreamweaver CS5 的培训教材。

图书在版编目（CIP）数据

Dreamweaver CS5+ASP 动态网站建设从入门到精通 / 陈益材等编著；环博文化组编. —2 版. —北京：机械工业出版社，2012.11（2014.1 重印）

（金牌网站设计师系列丛书）

ISBN 978-7-111-39917-9

Ⅰ. ①D… Ⅱ. ①陈… ②环… Ⅲ. ①网页制作工具 Ⅳ. ①TP393.092

中国版本图书馆 CIP 数据核字（2012）第 232342 号

机械工业出版社（北京市百万庄大街 22 号 邮政编码 100037）

策划编辑：丁 诚

责任编辑：丁 诚

责任印制：杨 曦

保定市中画美凯印刷有限公司印刷

2014 年 1 月第 2 版·第 2 次印刷

184mm×260mm·29.5 印张·729 千字

4001－5800 册

标准书号：ISBN 978-7-111-39917-9

ISBN 978-7-89433-684-2（光盘）

定价：79.80 元（含 1CD）

前　言

动态网站的服务器技术有很多种，ASP 是应用最广泛的一种。动态网站开发的工具也有很多种，而 Dreamweaver CS5 是最受欢迎、易用性最高的一种。把 ASP 技术和 Dreamweaver CS5 工具结合起来建立动态网站能够达到事半功倍的效果。

本书从基本的网站建设入门知识开始讲解，循序渐进地发展到专业网站建设经验，紧扣商业应用实例，引导读者一步步成为动态网站建设的高手。全书的内容与结构如下：

第 1 章从动态网站建设的前期准备工作入手，通过资深设计师的经验诠释，帮助读者掌握动态网站建设的核心设计思路。

第 2 章讲解现在通用的 Web 2.0 标准静态网页的搭建方法，让读者快速掌握静态页面的搭建方法。

第 3～9 章，每章介绍一种动态网站建设的核心技术。分别介绍了用户管理系统、留言板系统、新闻系统、投票系统、论坛系统、博客系统以及网络购物系统 7 个大型系统的开发与建设。其目的是使读者在学完本书后，能够通过 Dreamweaver CS5 建立 Web 应用程序，并在此基础上构建带有 Access 数据库的大型网站。

第 10 章重点介绍搜索引擎优化的知识，包括 SEO 基础知识、搜索引擎基础、设计正确的企业网站 SEO 方案以及选择企业关键字的重要性等内容，帮助读者掌握搜索引擎网站优化的技术。

与其他相类似的计算机图书相比，本书具有以下几点特色：

Dw 本书以学习 Web 设计和网站建设为目的，从网页制作技术和网页制作工具的基础知识入手，简要地介绍了当今流行的 Web 制作工具和技术，包括网站开发技术、图像处理和网页排版制作等内容。

Dw 本书定位在基础与提高上，在深入浅出、通俗易懂的基础上，强调介绍知识的系统性和制作技巧的实用性。不仅使读者能顺利入门，还可以使读者有一定程度的提高，达到可以独立制作网站的目的。

Dw 附送光盘中赠送本书实例的多媒体教学光盘，同时附赠所用网站实例源代码及素材，是学习动态网站建设的最佳素材宝典。

本书由具有 10 年网站建设实战经验的资深设计师编写，理论与实践相结合，章节安排合理，注重实用性与可操作性。

本书由陈益材、季文杰、王雪娇、陈益红、任霖、高雨、候美娟、果小英、单心铭、王新权、于荷云等编写。

由于作者水平有限，本书疏漏之处在所难免，欢迎读者批评指正。

作　者

目　录

第 1 章　动态网站开发基础

　　动态网站开发是网站建设的一项核心工作。动态网站开发简单地说就是实现动态的提取和更新网站数据的操作，采用动态提取、存储网站数据的网站开发技术一般统称为动态网站开发技术。目前较为普及的动态网站开发语言有 ASP、ASP.NET、PHP、JSP 等，ASP 是一种应用非常广泛的动态网页开发技术。本书就是围绕如何利用 Dreamweaver CS5+ASP 平台进行网站开发展开的。本章将介绍关于动态网站开发建设的基础知识。

从入门到精通

教学重点

动态网站基础知识
ASP 网站工作流程
建立本地服务器
与 ASP 有关的数据库连接
高级 SQL 语句创建记录集
创建 ASP 动态对象

1.1 动态网站基础知识

网页制作技术的发展日新月异，对从事网站开发与建设的设计师来说这是幸运的，因为能够在网络上更好地设计自己的作品，但同时又是辛苦的，因为需要不断地学习和掌握新技术。

1.1.1 静态与动态网站的区别

网站的开发是一项系统性的工作，首先要经过平面设计师使用平面设计软件如 Photoshop 制作出页面的雏形，再由网页设计师使用网页设计软件如 Dreamweaver 软件进行静态页面的排版，最后由网页程序员使用不同的编程方法完成各功能模块的开发。大体上制作一个动态网站需要制作静态的网页和开发动态的网页两个关键环节。下面首先来介绍一下"静态"和"动态"网页的基本概念。

所谓"静态"指的就是网站的网页内容"固定不变"，当用户浏览器通过互联网的 HTTP（Hypertext Transport Protocol）协议向 Web 服务器请求提供网页内容时，服务器仅仅是将已经设计好的静态 HTML 文档传送到用户浏览器。其页面内容使用的是标准的 HTML 代码，最多再加上一些 GIF 格式的动画图片。

"动态"网页最主要的作用在于可以让用户通过浏览器访问、管理和利用存储在服务器上的资源和数据，特别是数据库中的数据。因此，利用"静态"页面只能构建单纯的供显示预设信息的网页，而利用"动态"网页则可以构建复杂的、可以用来进行数据操作的、基于浏览器的 Web 应用程序。"动态"网页不仅能够向用户显示他们所需要的信息，而且可以让用户根据需要对这些信息进行处理。

1.1.2 动态网站开发技术

目前，最常用的 4 种动态网页开发语言有 ASP（Active Server Page）、ASP.NET（Active Server Page .NET）、JSP（Java Server Page）和 PHP（Hypertext Preprocessor）。那么这 4 种程序各有什么优缺点，我们学习哪一种语言更容易上手呢？下面就让我们一起来了解一下这 4 种技术的特点。

<kbd>Dw</kbd> ASP 的特点

ASP 使用 VBScript、JavaScript 等简单易懂的脚本语言，结合 HTML 代码，即可快速地完成网站的应用程序。ASP 程序无须 compile 编译，可在服务器端直接执行，使用普通的文本编辑器，如使用 Windows 的记事本，即可进行编辑设计。ASP 程序与浏览器无关，客户端只要使用可执行 HTML 码的浏览器，即可浏览用 ASP 语言所设计的网页内容。ASP 所使用的脚本语言均在 Web 服务器端执行，客户端的浏览器不需要执行这些脚本语言。ASP 能与任何 ActiveX 脚本编程语言兼容。除了可使用 VBScript 或 Java Script 语言设计外，还可以通过 plug-in 的方式，使用由第三方提供的其他脚本语言，如 REXX 语言、Perl 语言和 Tcl 语

言等。脚本引擎是处理脚本程序的 COM（Component Object Model）对象，可使用服务器端的脚本来生成客户端的脚本。

Dw ASP.NET 的特点

ASP.NET 彻底抛弃了脚本语言，用 C#或 VB 编写，为开发者提供了更加强有力的编程资源，允许用服务器控件取代传统的 HTML 元素，而且代码与界面分开。

ASP.NET 不是 ASP 的简单升级，而是 Microsoft 推出的一种新的计算平台，它简化了在高度分布式 Internet 环境中的应用程序开发。其全新的技术架构会让每个用户的编程变得更加简单。

Dw PHP 的特点

PHP 是一种跨平台的服务器端嵌入式脚本语言。它大量地借用 C、Java 和 Perl 语言的语法，并结合 PHP 自己的特性，使 Web 开发者能够快速地写出动态页面。它支持目前绝大多数数据库。另外，PHP 是完全免费的，可以从 PHP 官方站点自由下载得到，而且用户可以不受限制地获得源代码。

PHP 可以编译成具有与许多数据库相连接的函数，用户还可以自己编写外围的函数从而间接存取数据库。通过这样的途径在更换使用的数据库时，可以轻松地修改编码以适应这样的变化。但 PHP 提供的数据库接口支持不统一，如对 Oracle、MySQL 和 Sybase 的接口，彼此都不一样，这也是 PHP 的一个需要完善的地方。

Dw JSP 的特点

JSP 是 Sun 公司推出的网站开发语言。JSP 可以在 Serverlet 和 JavaBean 的支持下，完成功能强大的站点程序。

使用 JSP 技术，开发人员可以使用 HTML 或者 XML 标识来设计和格式化最终页面，使用 JSP 标识或者小脚本来产生页面上的动态内容。产生内容的逻辑被封装在标识和 JavaBeans 群组件中，并且捆绑在小脚本中，所有的脚本在服务器端执行。如果核心逻辑被封装在标识和 Beans 中，那么其他人，如 Web 管理人员和页面设计者，能够编辑和使用 JSP 页面，而不影响内容的产生。在服务器端，JSP 引擎解释 JSP 标识，产生所请求的内容（例如，通过存取 JavaBeans 群组件，使用 JDBC 技术存取数据库），并且将结果以 HTML（或者 XML）页面的形式发送回浏览器。这既有助于作者保护自己的代码，而又保证页面在任何基于 HTML 的 Web 浏览器完全可用。

目前在国内 ASP 与 PHP 应用最为广泛。而 JSP 虽然在国内采用的较少，但在国外已经是比较流行的一种技术，尤其是电子商务类的网站，多采用 JSP。

ASP、ASP.NET、PHP 和 JSP 四者都有相当数量的用户。正在学习或使用动态页面的朋友可根据四者的特点选择一种适合自己的语言。本书是为初、中级网站建设者学习建设动态网站而编写的，我们推荐读者选择 ASP 技术学习。

Section
1.2 ASP 网站的工作方式和流程

进行 ASP 网页开发之前，首先必须配置运行 ASP 网页所需的软件环境，只有配置了运行环境后 ASP 网站才能正常运行。本节将重点介绍 ASP 网站的工作方式和流程。

1.2.1　动态网页的工作方式

　　一个 ASP 动态网站通常包括静态页面和动态页面。动态页面与静态页面之间的区别是运行脚本的位置不同，动态页面需要通过调用数据库在服务器上运行，而静态页表的脚本不能在服务器上运行。其他方面两者比较类似，例如这两种页面都可以使用 VBScript 或 JavaScript 脚本语言，且都存放在服务器上，运行的时候都提交给 Web 浏览器。

　　在服务器上运行的程序称为脚本或服务器端的脚本，可以使用数据库等多种网络资源。在 Dreamweaver CS5 中，服务器端的脚本称为服务行为。一个 Web 页面在提交给浏览器之前，服务器端的脚本可以发指令给服务器，服务器根据指令的具体内容从数据库中提取合适的数据，并把这些数据插入到动态页面中，插入完成后再提交给浏览器。

　　在网页中可以包含各种程序，有些程序在用户的浏览器中运行，而有些程序则在 Web 服务器上运行。包含了 Web 服务器上运行脚本程序的网页则被称为"交互式网页"。

　　交互式网页的最大应用在于 Web 数据库系统。当脚本程序访问 Web 服务器端的数据库时，将得到的数据转变为 HTML 代码，并发送给客户端的浏览器，客户端的浏览器就显示出数据库中的数据。当用户需要将数据写入数据库时，可填写在网页的表单中，发送给浏览器，然后由脚本程序将其写入到数据库中。Web 数据库系统的工作过程如图 1-1 所示。Web 数据库系统是 Web 与传统数据库系统的完美结合，与传统 Web 系统相比，它的信息来自数据库，页面信息会随数据库的更新而更新。

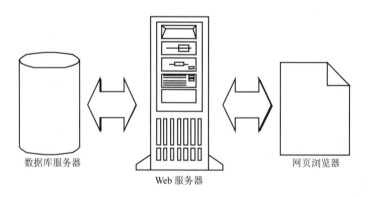

数据库服务器　　　　　Web 服务器　　　　　网页浏览器

图 1-1　Web 数据库系统的工作过程示意图

1.2.2　ASP 动态网页的工作流程

　　建设一个 ASP 动态网站之前，需要进行策划和准备工作。策划工作主要指事先要设计好网站的结构，而准备工作主要指事先要准备好网站的域名、空间并设计好网站的 VI（网页视觉效果设计）。然后就是网站的设计实现，最后是网站的维护与推广工作。其中网站设计实现的工作流程如下：

Dw 安装 Web 服务器程序

本书以 IIS 作为 Web 服务器程序。一旦安装了 Web 服务器程序，就相当于将计算机设置成为一台真正的 Internet 服务器，所以只需启动浏览器，并在地址栏中输入映射站点的地址，就可以进行系统、细致的测试，一切就像访问真正的站点一样。在利用浏览器测试之余，可能还需要对代码进行编辑。

Dw 建立静态网页

动态网页是一种交互式网页，所有的交互式网页，都来自于静态网页。因此在建立数据库网页时需要建立一个静态网页。这个静态网页要与其他的网页一样，包含静态文字、图片、动画、超级链接、按钮以及表单等。

Dw 建立数据库

实质上，动态网页就是一个可以访问数据库的网页。在建立数据库网页前，要建立一个数据库。在建立数据库时，还要根据项目的具体要求设计数据库的结构。本书采用的是入门级的 Access 数据库。

Dw 加入动态网页技术

动态网页是通过在静态网页中加入 ASP 代码或使用其他动态网页技术访问数据库，将数据库中的数据显示在网页中或将网页中的数据记录到数据库中。最后还需要调试应用程序。对于 Web 应用程序来说，所谓运行，就是利用浏览器打开它，对于传统的静态页面文件，也即带有.html 文件扩展名的文件来说，直接用浏览器打开它就可以完成测试，但是对于动态页面，即带有.asp 等文件扩展名的页面文件来说，必须将它们放入真正的 Web 站点，才能进行测试，直接用浏览器打开它是不行的。

在 Dreamweaver CS5 中建立数据库网页的过程大致相同，具体步骤如下：

STEP① 分析动态网站的要求，建立合适的数据库。

STEP② 定义网站站点。

STEP③ 创建静态网页。

STEP④ 创建数据源。

STEP⑤ 创建数据链接。

STEP⑥ 创建数据集。

STEP⑦ 在网页中添加服务器端行为。

STEP⑧ 调试数据库网页并发布使用。

Section
1.3 建立本地服务器

Dreamweaver CS5 无法独立创建动态网页，必须建立一个 Web 服务器环境和数据库运行环境。Dreamweaver CS5 支持 ASP、JSP、Cold Fusion 和 PHP 4 种服务器技术，在使用 Dreamweaver CS5 之前需要选定一种技术。本书选用的是最常用的 ASP 服务器技术，即使用 ASP 编写脚本语句。选择 ASP 服务器技术，则必须安装支持 ASP 的网站服务器 IIS。

1.3.1　IIS 简介

进行 ASP 网页开发之前，首先必须安装编译 ASP 网页所需要的软件环境。IIS 是由微软公司开发、以 Windows 操作系统为平台、运行 ASP 网页的网站服务器软件。IIS 内建有 ASP 的编译引擎，在设计网站的计算机上必须安装 IIS 才能测试 ASP 网页，在 Dreamweaver CS5 中创建 ASP 文件前，同样必须安装 IIS 并创建虚拟网站。IIS 本身提供各种 Internet 服务，例如可供文件传输的 FTP 协议、发送电子邮件的 SMTP 协议及网页浏览的网站服务等，这些服务在"Internet 信息服务"窗口中以目录的方式分类。当用户利用 IIS 创建网站时，所有的网页都必须放在"网站"这个特定的目录中。IIS 根据指定的网址对应路径，将其中的文件或子目录对应到计算机中存储网页文件的真正位置。当用户通过浏览器浏览网页时，IIS 根据其指定的网址取出对应的文件，解析后再通过 Internet 传送至用户计算机的浏览器上。

1.3.2　安装 IIS

对于操作系统 Windows Server 2003 或者 Windows XP Professional 而言，系统已经默认安装了 IIS。下面以 Windows XP Professional 为例，介绍如何安装 IIS 服务器，其具体步骤如下：

STEP 1 将 Windows XP Professional 系统安装光盘插入光盘驱动器中。

STEP 2 选择"开始"菜单中的"设置"→"控制面板"命令，打开"控制面板"，在"控制面板"中双击"添加或删除程序"，打开"添加或删除程序"对话框，如图 1-2 所示。

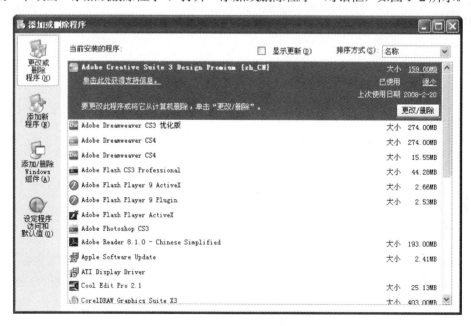

图 1-2　"添加或删除程序"对话框

STEP 3 从左侧列表中选择"添加/删除 Windows 组件"按钮，打开如图 1-3 所示的对话框。

STEP 4 单击选中"Internet 信息服务（IIS）"复选框，然后单击"详细信息"按钮，打开如图 1-4 所示的对话框，从中选中需要安装的 Windows 组件的复选框，建议选中所有的组件。单击"确定"按钮后，返回图 1-3 所示对话框。

STEP 5 单击"下一步"按钮，如果安装需要从 Windows 光盘复制文件，将打开如图 1-5 所示的"Windows 组件向导"安装进度对话框。

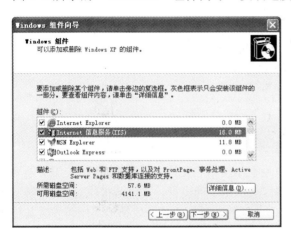

图 1-3 "添加/删除 Windows 组件"对话框　　图 1-4 "Internet 信息服务（IIS）"对话框

STEP 6 安装完成后，将打开"Windows 组件向导"安装完成对话框，如图 1-6 所示，单击"完成"按钮，则完成设置。

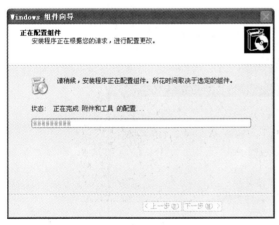

图 1-5 安装进度对话框　　　　　　　　图 1-6 安装完成对话框

默认状态下，IIS 将被安装到 C 驱动器下的 Inetpub 目录中，其典型安装时的目录结构如图 1-7 所示。其中有一个名为"wwwroot"的文件夹，它是浏览访问的默认目录，访问的默认 Web 站点也放置在这个文件夹中。

图 1-7 IIS 安装的文件夹

1.3.3 配置网站服务器

要完成本机站点的创建，并提供对 Web 应用程序技术的支持，不仅要有 Web 服务器环境，而且要有应用程序服务器环境，前者提供对 Web 浏览的支持，而后者提供对 ASP 等应用程序的支持。IIS 将 Web 服务器和应用程序服务器的功能合二为一，所以不用再安装其他的应用程序服务器系统，直接利用 IIS，就可以实现本机站点的创建。

Dw 打开 IIS

首先启动 IIS。在不同的操作系统下，启动 IIS 的方法也不同，下面是在 Windows XP Professional 系统中启动 IIS 的方法：

STEP① 选择"开始"菜单中的"设置"→"控制面板"命令，打开"控制面板"窗口。

STEP② 在"控制面板"中双击"管理工具"图标 ，打开"管理工具"对话框，如图 1-8 所示。

图 1-8 "管理工具"对话框

STEP 3 在"管理工具"对话框中双击"Internet 信息服务"图标，将启动 IIS，如图 1-9 所示。

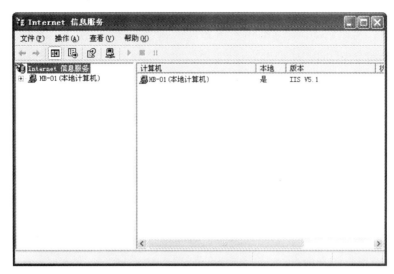

图 1-9 "Internet 信息服务"对话框

设置默认的网站站点

默认站点就是在浏览器的地址栏中输入 http://localhost 或 http://127.0.0.1 所显示的站点。该站点中的所有文件实际上位于 C:\Inetpub\wwwroot 文件夹中，其默认主页对应页面文件的名称是 Default.asp。

在 IIS 窗口中，用鼠标右键单击"本地计算机"→"网站"→"默认网站"命令，再右键单击"默认网站"将打开如图 1-10 所示的快捷菜单，用户可进行相应操作。

图 1-10 站点的右键快捷菜单

该快捷菜单中常用命令的意义和功能如下：

- "资源管理器"：可以启动 Windows 资源管理器，并打开 C:\Inetput\wwwroot 文件夹。
- "打开"：可以直接打开 C:\Inetput\wwwroot 文件夹窗口。
- "浏览"：可以启动浏览器，并打开该默认站点。另外，在站点的右键快捷菜单中也可以控制站点的激活或禁止状态。
- "启动"：可以激活站点，以便外界访问。
- "停止"：停止站点服务，这时站点就同外界完全断开，外界无法访问。
- "暂停"：暂时停止站点服务，可以重新选择该命令，以重新启动站点。另外，在站点的右键快捷菜单中也可以对站点进行其他类型的管理。
- "新建"：下一级菜单中只有"创建虚拟目录"这一个选项，通过这个命令可以建立单独的虚拟站点。
- "所有任务"：下一级菜单中只有"权限向导"命令，执行后将运行"权限向导"对话框，在这里可以设置安全属性等常规功能。
- "查看"：和 Windows 的操作查看功能一样，用来显示"名称"、"路径"的图标大小，并可以自定义命令。
- "重命名"：重新命名站点的名称。
- "刷新"：可以对站点进行刷新，以反映最近对站点进行的改动。
- "导出列表"：执行该命令后将自动生成一个.txt 文档，列出 IIS 建立站点的设置情况。
- "属性"：可以打开"属性"对话框，以设置站点属性。
- "帮助"：可以打开"帮助"对话框，里面有关于 IIS 设置的相关内容。

Dw 创建新网站站点

要利用 Dreamweaver CS5 进行 Web 应用程序的开发，首先要为开发的 Web 应用程序建立一个新的网站站点。一般来说，可以采用三种方法建立网站站点：真实目录、虚拟目录和真实站点。最常用的方法就是采用虚拟目录创建网站站点。

使用虚拟目录创建网站站点的步骤如下：

STEP 1 启动 IIS，用鼠标右键单击"默认网站"选项，打开如图 1-10 所示的快捷菜单。

STEP 2 从快捷菜单中，选择"新建"→"虚拟目录"命令，这时将打开如图 1-11 所示的"虚拟目录创建向导"对话框。

STEP 3 单击"下一步"按钮，在"虚拟目录别名"对话框中的"别名"文本框中输入站点名称，假设这里输入"website"，如图 1-12 所示。

STEP 4 单击"下一步"按钮，将打开如图 1-13 所示的"网站内容目录"对话框，提示用户输入虚拟目录的真实位置，这里输入的路径为 D:\Flash，Flash 文件夹里放置的就是网站的所有动画文件。

STEP 5 单击"下一步"按钮，将打开如图 1-14 所示的"访问权限"对话框，提示用户为当前目录设置访问权限。该对话框中各个选项的意义如下。

- "读取"：选择该项，则允许客户读取虚拟目录中的内容。通常必须选中该项，否则用户无法访问站点。

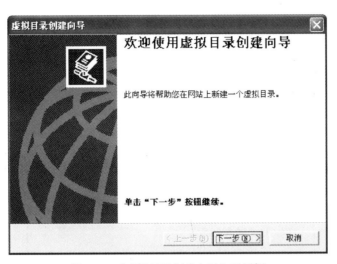

图 1-11 "虚拟目录创建向导"对话框

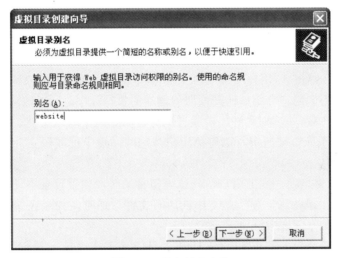

图 1-12 输入站点名称

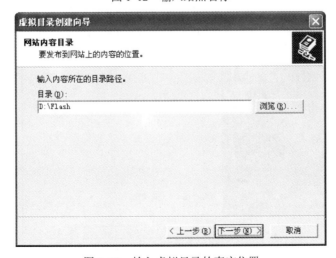

图 1-13 输入虚拟目录的真实位置

- "运行脚本（如 ASP）"：选择该项，则允许在虚拟目录中放置包含脚本的动态网页，以实现 Web 应用程序的相关功能。因为要开发基于 ASP 的 Web 应用程序，所以应该选中该项。

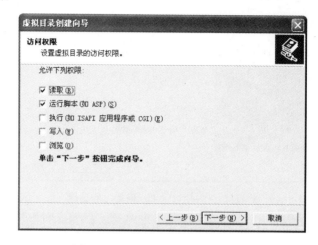

图 1-14　设置虚拟目录的访问权限

- "执行（如 ISAPI 应用程序或 CGI）"：选择该项，则在该虚拟目录中执行二进制程序。一般并不向用户介绍如何开发服务器端的执行程序，所以该项可以不选。
- "写入"：选中该项，则允许用户通过浏览器向站点中写入文件。对于一个安全站点来说，该项不应该被选中，以避免用户从您的站点中读取源文件，或是任意删除站点中的文件。
- "浏览"：选中该项，则当用户访问该虚拟目录时，如果目录中没有默认主页，则在浏览器中以目录的形式显示站点中的所有文件，通常，如果在站点中不是为了提供下载文件，则不应选中该项。

STEP 6　单击"下一步"按钮，将打开"已成功完成虚拟目录创建向导"对话框，如图 1-15 所示。设置完毕，单击"完成"按钮即完成操作。

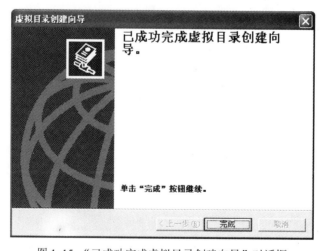

图 1-15　"已成功完成虚拟目录创建向导"对话框

1.3.4 设置站点属性

在 IIS 中可以设置站点或站点目录的多种属性。要设置站点或目录的属性，可以按照如下方法进行操作：启动 IIS，然后在 IIS 窗口左边列表框中选择要设置属性的站点或站点中的目录，这里选择"默认网站"选项，然后单击鼠标右键，选择"属性"命令，即可打开站点的"默认网站 属性"对话框，如图 1-16 所示。

图 1-16 "默认网站 属性"对话框

🔳 设置"网站"站点的标识和连接属性

在如图 1-16 所示的"网站"选项卡中，可以设置用于标识网站站点的有关参数。

● "网站标识"：在"网站标识"区域，可以重新修改站点的"描述"名称、"IP 地址"和"TCP 端口"。

● "连接"：在"连接超时"文本框中，可以设置保持连接的持续时间。一旦用户同服务器的连接时间超出了这里设置的时间，而且没有进行任何操作，则服务器将断开与用户的连接，该时间以秒为单位。如果选中"保持 HTTP 连接"复选框，则可以激活网站站点与 HTTP 的保持连接功能。

● "启用日志记录"：如果选中"保持 HTTP 连接"复选框，则可以激活网站站点的记录功能，以记录用户活动的细节，并按所选格式创建日志。通过阅读日志，可以了解哪些用户访问了站点，还可以知道用户访问了哪些信息。可以在"活动日志格式"列表中选择需要的格式。

Dw　设置主目录

在站点的"默认网站　属性"对话框中单击"主目录"选项卡，进入如图 1-17 所示的对话框。主目录属性设置相当重要，在浏览器里输入的域名指向的文件夹就是指这个主目录。限于篇幅，这里不对对话框中的所有选项进行介绍，只介绍一些较重要功能的设置。

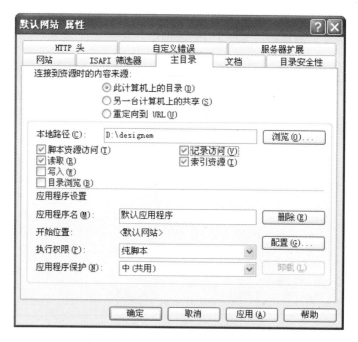

图 1-17　设置主目录属性

（1）"连接到资源时的内容来源"：在该区域，可以选择主目录的位置，其中包含如下三个选项：

- "此计算机上的目录"：选中该项，则将站点的主目录设置在本地计算机上，这时可以在下方的"本地路径"文本框中输入目录的全路径，如 D:\designem。
- "另一台计算机上的共享"：选中该项，则可以将站点的主目录设置在局域网上的其他计算机共享目录中。
- "重定向到 URL"：选中该项，则将该站点指向另外的 URL，通常可以用于将多个 IP 地址指向同一个站点的情况。

（2）"本地路径"：当选中"此计算机上的目录"或"另一台计算机上的共享"选项时，会在对话框上显示访问许可设置的内容项，其中最重要的是"本地路径"文本框中输入路径，只有正确输入定义站点的路径才可以访问到网站的内容。其实还包括"读取"和"写入"两个选项。需要注意的是，一般"读取"选项是一定要选中的，否则无法访问该主目录下的文件，而"写入"功能最好取消。

（3）"应用程序设置"："应用程序设置"可以控制 Web 应用程序的一些相应选项。所谓应用程序，指的是两个被标记为应用程序的启动点目录之间所包含的全部目录和文件。如果将站点的主目录标记为应用程序启动点，则站点中的每个虚拟目录和真实目录都将自动加入到应用程序中。建议将站点的主目录设置为应用程序。

（4）"执行权限"："执行权限"可以控制应用程序运行的权限，其中包括如下选项：

● "无"：选中该项，则在当前选中目录中不允许任何程序或脚本运行。

● "纯脚本"：选中该项，则使映射到脚本引擎的应用程序可以在该目录下运行，而无需拥有"执行"权限。可以对包含 ASP 脚本、Internet 数据库接口（IDC）脚本或其他脚本的目录使用"脚本"权限。"脚本"权限比"执行"权限安全，因为在这种权限下二进制文件是无法运行的。

● "脚本和可执行文件"：选中该项，则允许任何应用程序在该目录中运行，包括映射到脚本引擎的应用程序和 Windows NT 二进制文件（如.dll 和.exe 文件）。

Dw 设置默认文档

可以为选中的站点或目录定义默认文档，通过 URL 地址访问站点目录时，如果没有明确指定要打开文档的名称，将打开这里设置的默认文档。如果选中的目录是主目录，则默认文档就是常说的"主页"。在站点的属性对话框中，单击"文档"选项卡，进入如图 1-18 所示的对话框，即可进行相应设置。

图 1-18　设置默认文档

默认状态下，默认文档的名称是"Default.htm"和"Default.asp"，单击"添加"按钮，可以添加新的默认文档名称，单击"删除"按钮，可以删除不需要的默认文档名称。单击文档名称左侧的箭头按钮 **t** 和 **↓**，可以改变默认文档的优先级顺序。

1.3.5　设置服务器站点

设置服务器站点后，Dreamweaver CS5 才能在页面中插入合适的服务器脚本指令。如果选择使用 ASP 技术，则 Dreamweaver CS5 将插入 VBScript、JavaScript、ASP.NET、C#或

ASP.NET VB 脚本；如果选择使用 JSP 技术，则 Dreamweaver CS5 插入 Java 代码。定义站点以及设置站点的方法有两种，一种是通过定义站点向导来定义站点，另一种方法是直接定义站点。下面就定义站点向导的方法进行介绍。

用定义站点向导定义站点的操作步骤如下：

STEP 1 在本地计算机 D 盘建立 shop 站点文件夹，在文件夹内建立 images 子文件夹。启动 Dreamweaver CS5，打开 Dreamweaver CS5 的操作界面如图 1-19 所示。

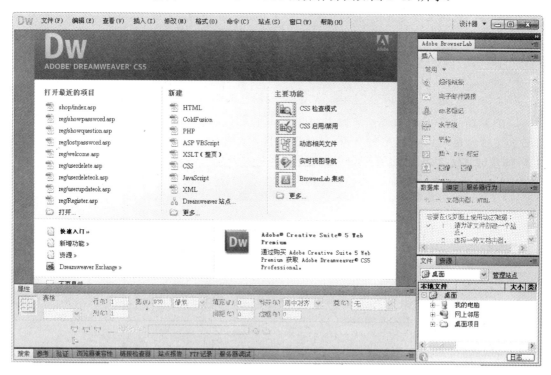

图 1-19 Dreamweaver CS5 的操作界面

STEP 2 执行菜单栏上的"站点"→"管理站点"命令，打开"管理站点"对话框，如图 1-20 所示。

STEP 3 在该对话框的左边是站点列表框，显示了所有已经定义的站点。单击右边的"新建"按钮，则打开"站点设置对象 未命名站点 1"对话框，如图 1-21 所示。

STEP 4 在"站点名称"文本框中输入将要建立的站点名称。这里输入"shop"作为站点的名称。在"本地站点文件夹"文本框中输入为 D:\shop\，输入这个地址表示是本地计算机的站点的地址，输入后如图 1-22 所示。

图 1-20 打开的"管理站点"对话框

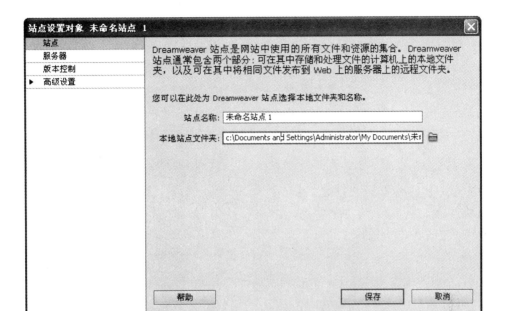

图 1-21 打开"站点设置对象"对话框

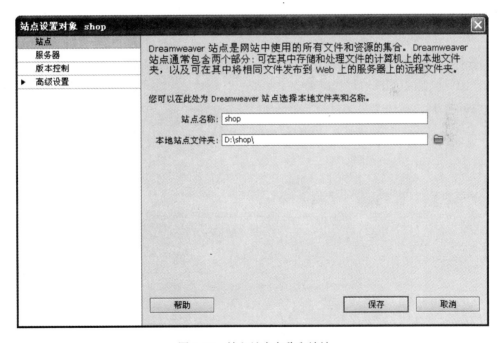

图 1-22 输入站点名称和地址

STEP⑤ 输入站点名称和地址后，单击"服务器"列选项，进行站点的服务器设置，如图 1-23 所示。通过该对话框，用户可以选择一种服务器技术。通过选择服务器技术可以实现动态网站的建设，在 Dreamweaver CS5 中包含的服务器技术有 ASP JavaScript、ASP VBScrip、ASP.NET、JSP 及 PHP MySQL 等解决方案。

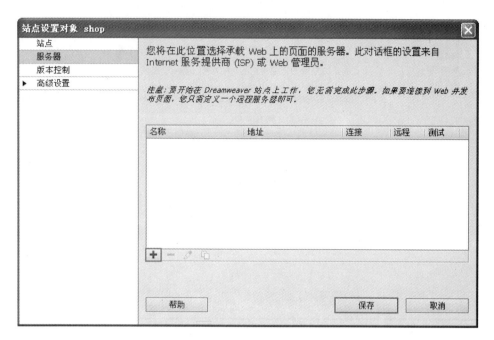

图 1-23　"站点设置对象 shop"对话框

STEP 6　单击对话框上的"添加新服务器"按钮 ，打开"基本"选项卡，在里面对服务器进行设置，"服务器名称"文本框输入名称为 shop，"连接方法"从下拉列表项中选择"本地/网络"，"服务器文件夹"的路径设置为：D:\shop\，Web URL（网站地址）设置为：http://127.0.0.1/，设置完成后，如图 1-24 所示。

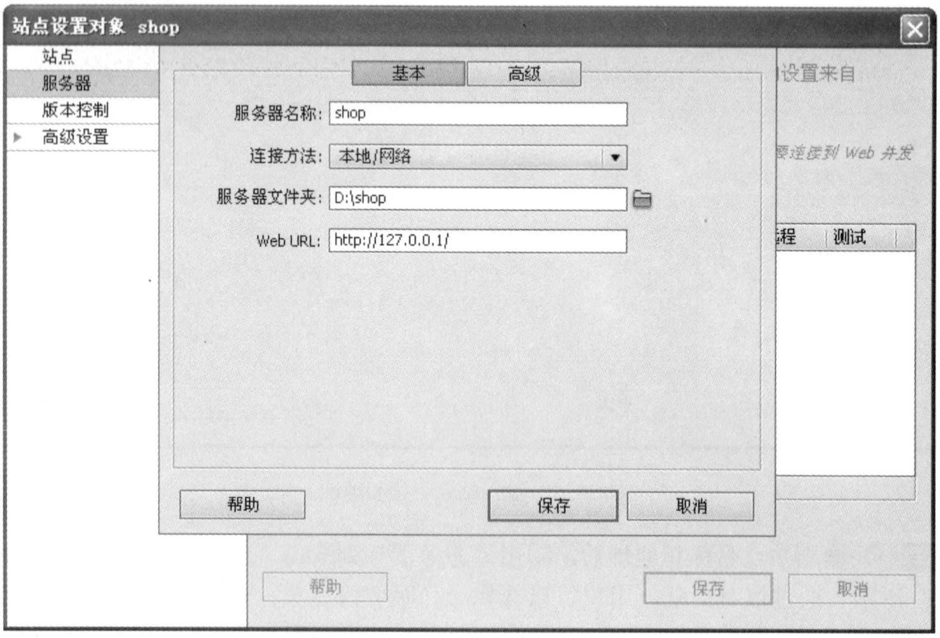

图 1-24　设置服务器属性

STEP 7 单击"高级"选项卡，打开服务器技术设置面板，这里单击选择"服务器模型"下拉三角按钮，在弹出的菜单中选择 ASP VBScript 选项，表示使用这种技术开发网站，具体的设置如图 1-25 所示。

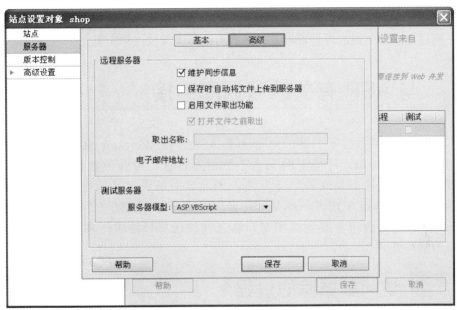

图 1-25 设置服务器技术

STEP 8 设置好服务器技术后，单击"保存"按钮，则会打开一个选择存储文件位置的对话框，如图 1-26 所示。

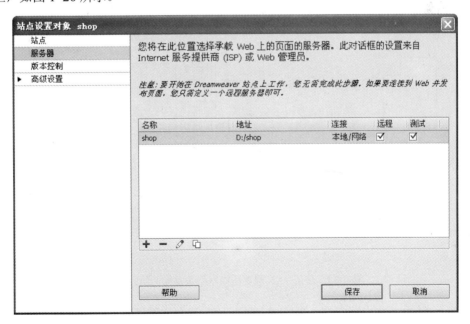

图 1-26 选择存储文件的位置

说明：

远程和测试复选框：如果用户选择了该项，并且在计算机上安装了 IIS，则可以在本地计算机上编辑和测试文件。

最后单击"保存"按钮，即可以完成站点的设置。到这里就完成了本地站点服务器的规划设计，通过这一个关键的设置可以方便后面的章节进行设计并应用。

Section

1.4 与 ASP 有关的数据库连接

目前支持 ASP 的数据库主要有 Microsoft Access 和 Microsoft SQL Server。Microsoft Access 是一种 Windows 环境下的关系型数据库系统，与其他数据库相比，Microsoft Access 所提供的各种工具既简单又方便，因此本书所讲述的数据库主要以 Microsoft Access 为主。Microsoft SQL Server 是一种客户端/服务器模式的关系型数据库管理系统，使用 Transact-SQL 语句在服务器和客户端之间传送资料请求，本书对 Microsoft SQL Server 只做简单介绍。

1.4.1 访问数据库的过程

利用数据库连接，可以将一个现有的数据库同当前的 Web 环境结合起来，通过简单、统一的编程接口和脚本代码，实现对数据库的控制。要利用 ASP 访问数据库中的数据，首先应该构建系统环境同数据库的连接。

使用 ASP 网页访问网络数据库的执行过程，如图 1-27 所示。

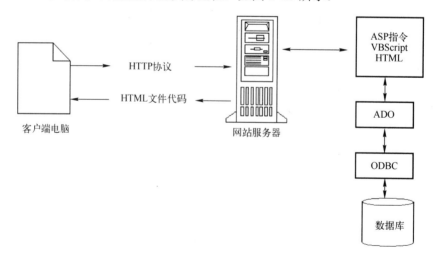

图 1-27　使用 ASP 网页访问网络数据库的执行过程

在图 1-27 中，客户端安装了浏览器，网站服务器端安装了网站服务器和 SQL Server 数据库服务器。使用 ASP 操作数据库的执行过程如下：

STEP 1 用户在客户端用浏览器向网站服务器发送 HTTP 协议的请求。

STEP 2 如果请求要读取的是 HTML 文件，则网站服务器直接将这个 HTML 文件返回。

STEP 3 如果请求要读取的是 ASP 文件，则网站服务器就要执行 ASP 文件。在 ASP 文件中，如果有访问数据库的操作，则通过 ADO，而 ADO 再通过 ODBC 访问数据库。网站服务器将访问结果生成 HTML 文件，并将生成的 HTML 文件返回。

STEP 4 在客户端的浏览器中，解释执行返回的 HTML 文件，最终显示服务器响应结果的页面。

1.4.2 创建 ODBC 连接

无论连接什么样的数据库，首先都要创建数据库到 ODBC 的连接，因为在创建数据库之前，必须提供一条可以使 ADO 定位、标识与数据库通信的途径。在 Windows 系统中，ODBC 的连接主要通过 ODBC 数据源管理器完成。

对于 Windows XP Professional 操作系统的用户来说，建立 ODBC 数据源管理器的操作步骤如下：

STEP 1 选择"开始"→"设置"→"控制面板"命令，打开"控制面板"对话框，如图 1-28 所示。

图 1-28 "控制面板"对话框

STEP 2 在该对话框中双击"管理工具"图标，将打开"管理工具"对话框，如图 1-29 所示。

图 1-29 "管理工具"对话框

STEP 3 双击"数据源（ODBC）"图标 ，即可打开"ODBC 数据源管理器"对话框。一个典型的 ODBC 数据源管理器如图 1-30 所示。

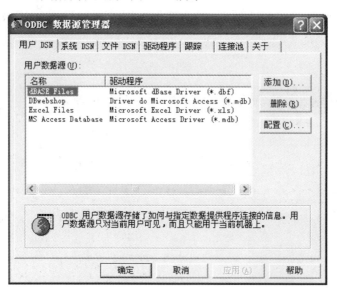

图 1-30 "ODBC 数据源管理器"对话框

STEP 4 "ODBC 数据源管理器"对话框中包含了多个选项卡，可以进行各种有关 ODBC 的操作。在默认状态下，"ODBC 数据源管理器"对话框已经内置了多种数据库 的驱动程序，单击"驱动程序"选项卡，就可以查看当前要连接的数据库类型是否位于 其中，其中"Driver do Microsoft Access(*.mdb)"选项即是使用 Access 数据库的驱动程 序，如图 1-31 所示。

图 1-31　选择数据源的驱动程序

注意：

DSN（Data Source Name，数据源名称），表示用于将应用程序和某个数据库相连接的信息集合。ODBC 数据源管理器使用该信息创建指向数据库的连接。通常 DSN 可以保存在文件或注册表中。一旦创建了一个指向数据库的 ODBC 连接，同该数据库连接的有关信息就被保存在 DSN 中，而在程序中如果要对数据库进行操作，也必须通过 DSN 进行。

STEP⑤　通过图 1-32 可以看到有三种数据源名称，分别是"用户 DSN"、"系统 DSN"和"文件 DSN"，这表明通过"ODBC 数据源管理器"对话框，可以创建这三种类型的 DSN。下面将分别介绍三种类型的 DSN 的不同之处：

- "用户 DSN"：用户 DSN 是被用户直接使用的 DSN，而 ASP 是不能使用它的，因此对于本书来说，不需要构建这种用户 DSN。用户 DSN 通常保存在注册表中，可以使用 regedt32 或 regedit 命令访问。
- "系统 DSN"：系统 DSN 是由系统进程（如 IIS）所使用的 DSN，系统 DSN 信息同样被存储在注册表中。
- "文件 DSN"：文件 DSN 同系统 DSN 的区别是它保存在文件中，而不是注册表中。默认状态下，文件 DSN 保存在 C:\Program Files\Common Files\ODBC\Data Sources 文件夹中。

文件 DSN 的优点在于便于移动，因为 DSN 信息保存在独立的文件中，如果用户希望将整个 Web 应用程序和数据库移动到其他计算机中，只需连同生成的 DSN 文件一起移动即可。而系统 DSN 因为信息是保存在注册表中的，所以移动起来就不那么方便了。但是，如果要经常修改数据库，文件 DSN 就显得不如系统 DSN 方便。使用系统 DSN 时，如果要改变所使用的数据库，只需简单地修改 Windows 的注册表。而使用文件 DSN，则必须每次都修改 Global.asa 文件。另外，如果需要在计算机上的许多不同应用程序中使用同一个 DSN，那么显然使用系统 DSN 更加方便。

STEP 6 由于本书使用系统进程 IIS 作为服务器的平台，所以通常将 ODBC 创建为"系统 DSN"。创建系统 DSN，首先要启动 ODBC 数据源管理器，然后选择"系统 DSN"选项卡，如图 1-32 所示。

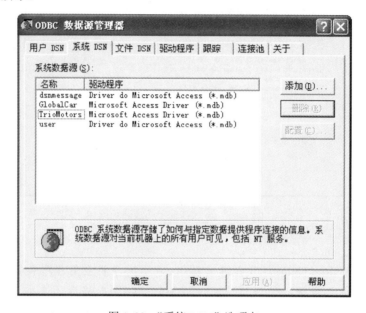

图 1-32 "系统 DSN"选项卡

STEP 7 单击"添加"按钮，将打开如图 1-33 所示的"创建新数据源"对话框，提示选择需要的数据源驱动程序。

图 1-33 选择数据源驱动程序

STEP 8 由于本书中使用的数据库是 Access，所以需要创建指向 Access 数据库的连接，因此应该在驱动程序列表中选择"Driver do Microsoft Access（*.mdb）"选项。

STEP⑨ 单击"完成"按钮，将打开如图 1-34 所示的"ODBC Microsoft Access 安装"对话框，提示输入数据源名称，并选择要连接的数据库文件。

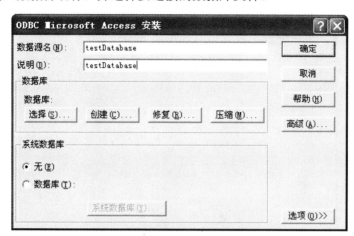

图 1-34 设置数据源名称及连接

STEP⑩ 在"数据源名"文本框中输入需要的数据源名称，这里输入"testDatabase"，在"描述"文本框中输入希望的描述信息，如"testDatabase"。

STEP⑪ 单击"选择"按钮，打开"选择数据库"对话框，可以选择适合的 Access 文件，如图 1-35 所示。

图 1-35 "选择数据库"对话框

STEP⑫ 单击"确定"按钮确认操作后，返回如图 1-34 所示的对话框中。

STEP⑬ 在"ODBC Microsoft Access 安装"对话框中还有其他一些选项，这些选项在此不需要使用，直接单击"确定"按钮，即可返回到 ODBC 数据源管理器的"系统 DSN"选项卡中，并且可以看到，刚刚创建的系统 DSN 名称显示在"系统数据源"列表中，如图 1-36 所示。

STEP⑭ 单击"确定"按钮，确认操作并关闭"ODBC 数据源管理器"对话框。

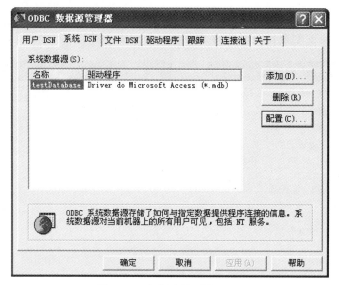

图 1-36　新创建的系统 DSN

1.4.3　创建 ADO 连接

如果要在 Dreamweaver CS5 中使用数据库，还必须创建数据库连接。在建立连接时必须选择一种合适的连接类型，如 ADO、JDBC 或 Cold Fusion。选择建立不同的连接类型，其操作方法及步骤也不一样。如果使用 ASP 技术，则必须创建"运行时刻 ADO 数据库连接"。

在 Dreamweaver CS5 中创建数据库连接时，可以创建两种类型的连接：设计时刻连接和运行时刻连接。

 设计时刻连接：就是在进行 Web 应用程序设计时使用的连接。

 运行时刻连接：就是在真正使用浏览器浏览站点时所使用的连接。

因为 Web 应用程序总是要被激活的，换句话说，站点总是要被浏览的，所以在 Dreamweaver CS5 中运行时刻连接的操作是必不可少的。如果用 Dreamweaver CS5 来开发网站建设，设计时刻连接是必不可少的。

大多数情况下，不必明确指定设计时刻连接，而只需将设计时刻连接同运行时刻连接设置为一致，就可以确保无论是设计时还是运行时，都能够正常访问到数据库。

对于设计时刻连接来说，决定连接方式的因素就是用户当前的开发环境，这与在站点中要使用的技术无关。使用 Windows 计算机并使用 Access 驱动程序，则需要创建 ADO 连接。而最终生成的站点中采用什么技术，则是在运行时刻连接方式中所设置的。

 建立 Dreamweaver CS5 在运行时刻的 ADO 连接

STEP 1　在 Dreamweaver CS5 中打开前面创建的 shop 站点，建立一个"index.asp"页面，选择菜单栏上的"窗口"→"数据库"命令，打开"应用程序"面板中的"数据库"选项卡，如图 1-37 所示。

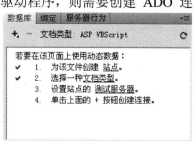

图 1-37　"数据库"选项卡

STEP 2 单击该选项卡中的"+"号按钮 **+**，从打开的下拉菜单中选择"数据源名称（DSN）"命令，将打开"数据源名称（DSN）"对话框，如图1-38所示。

图1-38 "数据源名称（DSN）"对话框

STEP 3 选中"使用本地 DSN"单选按钮。

STEP 4 在"连接名称"文本框中输入连接的名称，这里输入的是"testDatabase"。

STEP 5 在"数据源名称"下拉列表框中选择一个数据源名称，选择已经建立好的 "testDatabase"数据源。

STEP 6 在"用户名"和"密码"后面的文本框中分别输入用户名及密码，此两项也可以不用填写。

STEP 7 现在需要检测连接是否建立成功，单击"测试"按钮，弹出如图1-39所示的对话框，表示建立连接成功。

STEP 8 单击"确定"按钮，返回到"数据源"面板，可以看到在"数据源名称"对话框中可以看到新建立的连接，如图1-40所示。

图1-39 测试连接成功

图1-40 建立连接后的"数据库"对话框

Dw 建立 Dreamweaver CS5 在设计时刻的 ADO 连接

STEP 1 在 Dreamweaver CS5 的"文档"窗口中，选择菜单栏上的"窗口"→"数据库"命令，打开"数据库"面板。

STEP 2 单击该对话框中的"+"号按钮 **+**，从打开的下拉菜单中选择"自定义连接字符串"命令，打开"自定义连接字符串"对话框，如图1-41所示。

STEP 3 在"连接名称"文本框中输入连接的名称（一般可以输入"conn+数据库名称"作为连接的名称）。这里输入连接名称为"conn"。

STEP 4 在"连接字符串"文本框中输入服务器上的数据库的名称，如"testDatabase"。

STEP 5 选中"使用此计算机上的驱动程序"单选按钮。

STEP 6 现在可以检测连接是否建立成功，单击"测试"按钮，如果弹出如图 1-38 所示的对话框，则表示建立连接成功。

STEP 7 单击"确定"按钮确认操作并关闭"自定义连接字符串"对话框，在"数据库"对话框中可以看到新建立的连接，如图 1-42 所示。

图 1-41 "自定义连接字符串"对话框

图 1-42 建立的新连接

1.4.4 访问 SQL Server 数据库

ASP 应用程序使用 ADO（ActiveX Data Object）对象访问 SQL Server 数据库。ASP 网页源程序由三种语法成分组成：标记语句、脚本语句和 ASP 内建对象语句。

- "标记语句"：用来修饰页面的外观。标记由 HTML（Hypertext Makeup Language，超文本标记语言）编写。HTML 是一种包含超链接的网页元素的标记语言。在 ASP 网页中，使用 HTML 语句设计输入数据的界面在浏览器中显示的式样和将访问数据库的结果返回浏览器。

- "脚本语句"脚本语句中包含变量、表达式、函数以及流程控制语句等语法成分。HTML 中没有这些编写程序所应有的语法成分。在 ASP 网页中，使用脚本语句扩展网页处理数据的功能。常见的脚本语言有 VBScript、JavaScript 等语言，本节仅介绍 VBScript。VBScript 是 Visual Basic 的一个子集，在 ASP 网页中，可将 VBScript 插入到 HTML 的脚本标记中。

- "ASP 内建对象的特殊性"：它们是在 ASP 网页内预定义的。在脚本中，使用它们之前无须创建。在 ASP 网页中，使用 ASP 内建对象的方法创建 ADO 对象。然后，使用 ADO 对象访问 SQL Server 数据库。

在 ASP 页面中，访问 SQL Server 数据库的步骤如下：

STEP 1 使用 ASP 对象 server 的 createobject 方法，创建 ADO 的连接对象 connection，例如：

```
set conn=server.createobject("adodb.connection")
```

STEP 2 使用 ASP 对象 server 的 createobject 方法，创建 ADO 的记录集对象 recordset，例如：

```
set recs=server.createobject("adodb.recordset")
```

STEP 3 使用连接对象 conn 的 open 方法，连接数据源，例如：

```
str="driver={SQL Server};database=lib;server=(local);uid=sa;pwd=sa"
conn.open str
```

str 是连接字符串。其中，driver 指定 ODBC 的驱动程序；database 指定数据库；server 指定服务器；uid 指定用户；pwd 指定用户口令。

STEP 4 使用记录集对象 recs 的 open 方法，获取数据，例如：

```
sql="select * from books order by 登录号"
recs.open sql,conn,1,1
```

sql 是 SQL 语句字符串，指定对数据库的访问。记录集对象的 open 方法有 4 个参数，分别为：访问数据库的语句、连接对象、游标类型和锁定类型。

STEP 5 根据应用程序的需求，对结果集 recs 进行处理。比如，使用表格显示 recs 的内容。如果 SQL 语句中包含输入的参数，那么应在编写 SQL 语句字符串之前，从 ASP 对象 Request 的集合 form 和 QueryString 中，获取 SQL 语句中所需要的参数。

Section 1.5 高级 SQL 语句创建记录集

SQL 是 Structured Query Language（结构式查询语言）的缩写，是对数据库中的数据进行组织、管理和检索的一种工具。当用户想要检索数据库中的数据时，可以通过 SQL 语句发出请求，然后 DBMS 对该 SQL 请求进行处理并检索所要求的数据，最后将其返回给用户，这个过程被称之为数据库查询。在 Dreamweaver CS5 中使用 SQL 构建数据库查询，能够自动连接数据库对象，用户不需要书写复杂 SQL 代码。但是对于一些复杂的查询，如使用高级"记录集"对话框查询数据库，就有必要了解 SQL 语句，高级"记录集"对话框如图 1-43 所示。

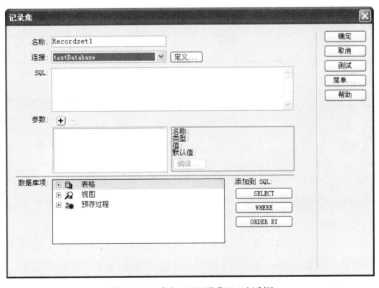

图 1-43 高级"记录集"对话框

　　SQL 是一种数据库子语言，SQL 语句可以被嵌入到另一种语言中，从而使其具有数据库存取功能。SQL 语法易于理解，大多数 SQL 语句都是直述其意的。SQL 也是一种交互式查询语言，允许用户直接查询存储数据，利用这一交互特性，用户可以在很短的时间内查询相当复杂的问题。下面就简要介绍一下如何使用简单的 SQL 查询语句。

1.5.1　查询整个表

　　查询是 SQL 语言的核心，而用于表达 SQL 查询的 SELECT 语句的功能较强，同时也是较为复杂的 SQL 语句，它从数据库中检索数据，并将查询结果提供给用户。

　　STEP① 当建立数据库连接后，选择菜单栏上的"窗口"→"绑定"命令，打开"绑定"对话框，单击该面板中的加号"+"按钮，在打开的下拉菜单中选择"记录集（查询）"命令，则打开"记录集"对话框。

　　STEP② 单击该对话框右侧的"高级"按钮，切换到高级"记录集"对话框，该对话框显示如图 1-44 所示。

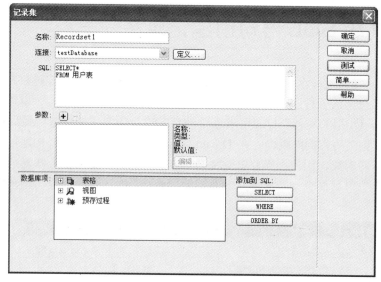

图 1-44　"记录集"对话框

　　将"名称"、"连接"参数设置完成后，在 SQL 文本区域中直接输入查询整个表的语句：

```
SELECT*
FROM 用户表
```

　　STEP③ 这条 SQL 语句表示从"bookdata"数据表中查询所有字段中的数据，也就是所有数据。此时可以测试该语句的功能，单击高级"记录集"对话框中的"测试"按钮，将打开如图 1-45 所示的记录集。

　　STEP④ 单击"确定"按钮，关闭该窗口，返回到高级"记录集"对话框。在该对话框中单击"确定"按钮，Dreamweaver CS5 会自动把记录添加到"应用程序"面板中的"绑定"选项卡的有效数据源列表中，如图 1-46 所示。

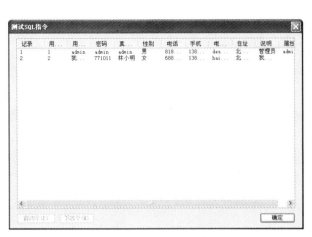

图 1-45 测试状态的记录集

图 1-46 绑定的记录集对话框

1.5.2 查询特定字段

打开高级"记录集"对话框，在该对话框中的 SQL 文本区域中输入：

SELECT 用户名
FROM 用户表

这条 SQL 语句表示从 bookdata 数据表中查询"产品编码"这个字段中的数据。

此时可以测试该语句的功能。单击高级"记录集"对话框中的"测试"按钮，将打开如图 1-47 所示的记录集。

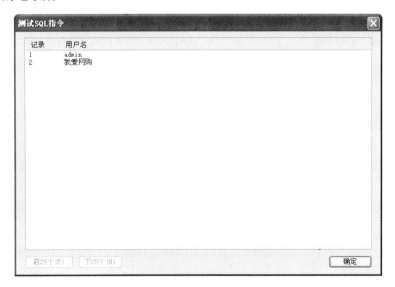

图 1-47 测试状态的记录集

单击"确定"按钮，关闭该窗口并返回到高级"记录集"对话框。在该对话框中单击"确定"按钮，Dreamweaver CS5 会自动把记录添加到数据绑定对话框的有效数据源列表中。

1.5.3　查询符合一定条件的特定字段

查询功能中包括查询符合一定条件的特定字段，如果没有一定的 SQL 语言基础，要直接在高级"记录集"对话框中编写命令是有一定困难的，所幸的是，在 Dreamweaver CS5 中，用户可以通过"记录集"高级设置面板直接查询符合一定条件的特定字段，下面就来介绍一下如何进行操作：

STEP① 打开光盘中本章节建立的 index.asp 页面，单击"应用程序"面板中的"绑定"选项卡，双击该选项卡中的"记录集（conn）"选项，打开"记录集"对话框，如图 1-48 所示。

STEP② 单击"筛选"下拉列表框右侧的第一个下拉三角按钮 ，打开下拉列表，选择要设置查询的特定字段选项，这里选择"产品 ID"选项。然后单击右侧的第二个下拉三角按钮 ，在打开的下拉列表中选择设置查询的方式为"="（完全等于）选项。

STEP③ 单击"筛选"下拉列表框第二行的第一个下拉三角按钮 ，打开下拉列表，选择"URL 参数"选项，在其右侧的文本框中输入"产品 ID"，表示从其他页面传递到该页面的"产品 ID"等于数据库中的"产品 ID"。

注意：

该设置在制作各系统时经常使用，如制作新闻系统时，单击某一个新闻标题时能打开详细的页面，使用的就是这种查询，关于查询的其他参数设置将在本书后面的章节中进行介绍。

图 1-48　打开的"记录集"对话框

STEP④ 单击"测试"按钮，则弹出"请提供一个测试值"对话框，在"测试值"文本框中输入"2"，如图 1-49 所示。

图 1-49 打开的"请提供一个测试值"对话框

STEP 5 单击"确定"按钮,就可以查找到第 2 条数据相关的内容,如图 1-50 所示。

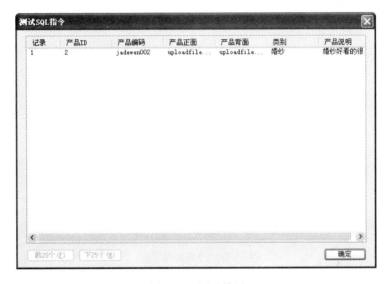

图 1-50 测试结果

STEP 6 单击"确定"按钮,返回"记录集"对话框,单击"高级"按钮,打开高级"记录集"对话框,如图 1-51 所示,可以看到系统自动加入的 SQL 命令。

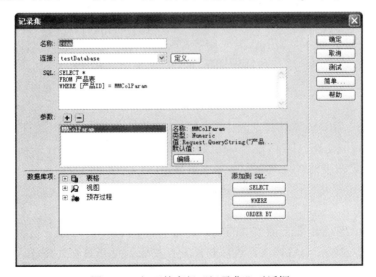

图 1-51 打开的高级"记录集"对话框

1.5.4　记录排序

打开"记录集"对话框，单击"排序"下拉列表框右侧的第一个下拉三角按钮 ，打开下拉列表，选择要设置排序的字段选项，如这里选择"产品 ID"选项。然后单击右侧的第二个下拉三角按钮 ，在打开的下拉列表中选择设置排序方式为"降序"，如图 1-52 所示。

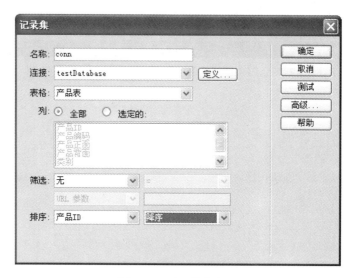

图 1-52　设置排序字段

这样的设置可以使查询的记录按加入的产品 ID 号降序排列。

通过以上几个简单的实例可以看出，SQL 的 SELECT 语句和英文语法很相像。SELECT 语句的完整格式包括 6 个语句，其中 SELECT 和 FROM 语句是必须包含的，其他语句可以任选，每个语句的功能如下：

Dw Select 语句

Select 语句列出所有要求 SELECT 语句检索的数据项。它放在 SELECT 语句开始处，指定此查询要检索的数据项。这些数据项通常用选择表表示，即一组用 "," 隔开的选择项。按照从左到右的顺序，每个选择项产生一个列的查询结果，一个选择项可以是以下项目中的一个或几个：

● 列名：标识 FROM 语句指定表中的列。如果列名作为选择项，则 SQL 直接从数据库表中的每行取出该列的值，再将其放在查询结果的相应行中。

● 常数：指定在查询结果的每行中都放上该值。

● SQL 表达式：说明必须将要放入查询结果中的值按表达式的规定进行计算。

Dw From 语句

From 语句列出包含所要查询数据的表，它由关键字 FROM 后跟一组用逗号分开的表名组成。每个表名都代表一个包括该查询要检索数据的表。这些表称为 SQL 语句的数据源，因为查询结果都源于它们。

Dw Where 语句

Where 语句只查询某些行中满足一定条件的数据，这些行用搜索条件描述。

Dw Group By 语句

Group By 语句指定汇总查询，即不是对每行产生一个查询结果，而是将相似的行进行分组，再对每组产生一个汇总结果。

Dw Having 语句

Having 语句产生由 Group By 得到的某些组的结果，和 Where 语句一样，所需要的组也用一个搜索条件指定。

Dw Order By 语句

Order By 语句将查询结果按一列或多列进行排序。如果省略此语句，则查询结果将是无序排列的。

Section 1.6 创建 ASP 动态对象

所有的数据库操作，都是根据查询条件从数据库中挑选出符合需要的记录，在"绑定"面板中绑定记录集，通过在页面上增加或删除记录集对象来实现操作的。由于显示在页面上的内容是不固定的，是随着数据库查询结果的变化而变化的，因此，在页面上显示数据库数据的操作，也被称为"添加动态对象"。本节将从整体上介绍添加动态对象的步骤和方法以及相关的知识。

1.6.1 创建动态对象的步骤

使用 Dreamweaver CS5 创建动态对象的方法和步骤如下：

STEP 1 创建静态页面。在设计动态网页的过程中，为了把握页面的总体外观，可以先将网页设计成一个静态页面。设计好页面的总体布局后，再向页面中添加动态对象。

STEP 2 创建数据源及记录集。数据源可以是一个记录集对象、返回记录集对象的命令对象，也可以是包含递交按钮的 HTML 表单或其他元素。完成数据源的定义之后，在数据绑定面板中，就能够显示出相应的数据源内容。

STEP 3 指定要显示动态对象的区域。在页面中绘制出要容纳动态对象的地方。正常情况下，动态对象将被显示在表单中。

STEP 4 动态对象绑定。从数据绑定面板中，选择要显示在页面上的动态对象，并插入到页面中指定的位置上。这时 Dreamweaver CS5 会自动向页面中添加相应的服务器端脚本，以实现动态对象的显示。

STEP 5 添加服务器行为。为页面上的动态对象添加服务器行为，通过行为控制完成指定任务。

以上就是构建一个动态对象的大致过程，其中第 4 步动态对象绑定就是这一节中要介绍的添加动态对象操作。

1.6.2 添加动态对象的方法

在 Dreamweaver CS5 中，可以采用多种方法在页面中添加动态对象，例如，可以利用"绑定"面板添加动态对象，也可以利用"属性"面板添加动态对象，还可以用 Dreamweaver CS5"文档"窗口中的菜单完成动态对象的添加。在 Dreamweaver CS5 中，在页面中添加动态对象的基本方法如下：

STEP① 从"绑定"面板中选择要显示的数据源项。如果是"记录集"类型的数据源，则选择其中的字段；如果是"服务器对象"类型的数据源，则选择数据源本身。

STEP② 将选择的数据源项拖曳到文档中需要的位置上，或是将插入点放到文档中需要的位置，再单击"绑定"面板上的"插入"按钮 插入 。

当动态对象被添加到页面中以后，会以占位符的形式 显示在页面中，因为像这种动态对象会占据一定的文档空间，因此将它称为"ASP 占位符"。图 1-53 显示了插入<%=(conn.Fields.Item("产品编码").Value)%>数据源时的占位符。

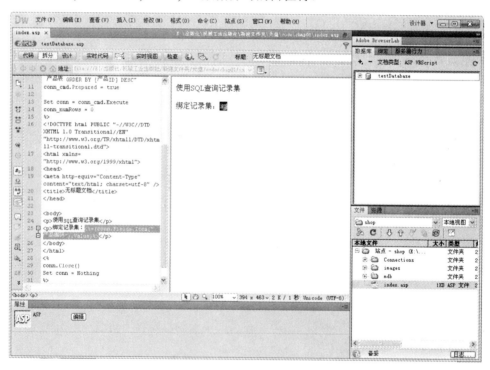

图 1-53 显示的动态对象

如果插入的动态对象是 Request（请求变量）参数，并且指定了集合类型，则采用{集合类型.变量名}的形式，如{Request.MM_user}。

如果没有指定 Request（请求变量）所使用的集合，或是将 Session（阶段变量）或 Application（应用程序变量）参数作为活动内容添加到文档中，则会采用{ASP 对象名.变量名}的方式，如{Application.MM_user}。

1.6.3 定义数据源

在将动态对象添加到网页中以前，必须定义一个数据源来提供动态对象。数据源可以是记录集的一个域、HTML 表单的提交值或是服务器对象、请求变量、阶段变量或应用程序变量等。数据源的来源实际上分为两大类，一类是记录集，主要以请求变量的形式出现；另一类是服务器对象，主要以请求变量、阶段变量或应用程序变量的形式出现。在"绑定"面板上，显示了数据源的类型，如图 1-54 所示。

记录集是最常使用的数据源，在 ASP 中，记录集是通过构建请求变量实现的。记录集可以看成是临时的数据表，其中的每一列就是一个字段，而每一行就是一条记录。向页面上添加动态对象，其实就是从记录集的临时数据表中，将要显示的字段内容放入页面的过程。

Dw 定义请求变量的数据源

请求变量是 ASP 技术中用于传递数据的最常用的对象，它主要用于从浏览器中读取递交的数据，并传递到服务器上。定义 Request（请求变量）类型的数据源，其方法和步骤如下：

STEP 1 在 Dreamweaver CS5 中打开一个建立好的动态网页，选择菜单栏上的"窗口"→"绑定"命令，打开"绑定"面板。在数据"绑定"面板中单击加号"+"按钮，在打开的下拉菜单中选择"请求变量"命令，如图 1-55 所示。

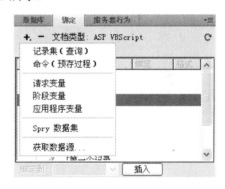

图 1-54 数据绑定面板中的数据源　　　图 1-55 执行"请求变量"命令

STEP 2 打开"请求变量"对话框，单击"类型"文本框右边的下拉三角按钮，打开下拉菜单，从中可以选择请求变量要使用的集合类型，如图 1-56 所示。如果选择"请求"选项，则表明使用默认集合，即 Request.QueryString 集合。

该下拉列表中各个选项的意义和功能如下：

- Request.Cookie：用于访问和存取保存在浏览器端的 Cookie 数据。
- Request.QueryString：用于从浏览器中读取以 GET 方法递交的数据。
- Request.Form：用于从浏览器中读取以 POST 方法递交的数据。
- Request.ServerVariables：用于获取服务器端的环境变量。
- Request.ClientCertificates：用于获取客户端的身份权限数据。

STEP 3 选择完使用的集合类型之后，在"名称"文本框中输入变量名称，如"MM_user"，如图1-57所示。

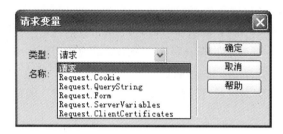
图1-56 选择请求变量类型

图1-57 设置"请求变量"名称

STEP 4 设置完成后，单击"确定"按钮，即完成了数据源的创建。同时在"绑定"面板中将显示创建的数据源名称，如图1-58所示。重复上面的操作，可以添加多个请求变量数据源。

Dw 定义阶段变量的数据源

在ASP中，阶段变量主要用于创建会话作用域变量，即同每个用户本身相关的变量。定义阶段变量的数据源，其方法和步骤如下：

STEP 1 选择菜单栏上的"窗口"→"绑定"命令，打开"绑定"面板。在"绑定"面板中单击"+"号按钮 ，在打开的下拉菜单中选择"阶段变量"命令，此时，将打开"阶段变量"对话框，如图1-59所示。

图1-58 建立的请求变量数据源

图1-59 "阶段变量"对话框

STEP 2 在"名称"文本框中输入阶段变量名称，如输入"MM_user"。

STEP 3 设置完成后，单击"确定"按钮，确认操作，则完成了数据源的创建。同时在数据绑定面板中将显示创建的数据源名称，如图1-60所示。重复上面的操作，可以添加多个阶段变量数据源。

Dw 定义应用程序变量的数据源

在ASP中，应用程序变量主要用于创建应用程序作用域变量，即在整个应用程序执行期间所有人都可以使用的变量。定义应用程序变量的数据源，其方法和步骤如下：

STEP 1 选择菜单栏中的"窗口"→"绑定"命令，打开"绑定"面板。在数据"绑定"面板中单击"+"号按钮 ，在打开的下拉菜单中选择"应用程序变量"命令，此时，将打开"应用程序变量"对话框，如图1-61所示。

图 1-60 创建的阶段变量数据源　　　　　　图 1-61 "应用程序变量"对话框

STEP2 在"名称"文本框中输入应用程序变量名称,如"MM_user"。

STEP3 设置完成后,单击"确定"按钮,确认操作,即完成了数据源的创建。同时在数据绑定面板上将显示创建的数据源名称,如图 1-62 所示。重复上面的操作,可以添加多个应用程序变量数据源。

图 1-62 创建的应用程序变量数据源

Dw 删除数据源

删除数据源的操作步骤如下:

STEP1 在数据"绑定"面板中的数据源列表中,选择需要删除的数据源。

STEP2 单击"−"号按钮即可完成删除操作。

读书笔记

第 2 章　Web 2.0 标准静态网页的搭建

　　通过第 1 章的学习，我们已经掌握了动态网页制作的基础知识，也了解到制作动态网页之前需要制作出静态网页。网页设计发展到现在，已经使用 div+CSS 布局的 Web 2.0 标准，相对于代码条理混乱、样式结构杂乱的表格布局，CSS 带来了全新的布局方法，使网页设计更轻松、更自由。本章将详细介绍使用 Web 2.0 标准设计网页布局的方法，为下面动态功能模块的建设做好前期准备工作。

从入门到精通

教学重点

div+CSS 布局方法
列表元素布局
CSS 盒模型
元素的非常规定位方式

div+CSS 布局方法

在 XHTML 中应用 div+CSS 标签进行网页布局是目前最新的网页制作技术，Dreamweaver CS5 软件中也严格要求使用这种技术进行排版。在这里，使用 CSS 代码控制布局可以使网页更加符合 Web 2.0 标准。

2.1.1 div 标签的 CSS 控制方法

div 标签在 Web 2.0 标准的网页中使用非常频繁，相对于其他 XHTML 元素，div 有什么特别之处呢？其实 div 标签，跟其他元素类似，是一种网页编排的元素，需要通过使用 CSS 代码，对其进行样式的控制。

div 标签是双标签，是以<div></div>的形式存在，其间可以放置任何内容，包括其他的 div 标签。也就是说，div 标签是一个没有任何特性的容器而已。

创建一个标准的 XHTML 1.0 文档，命名为 divindex.html，编写 divindex.html 文件代码如下：

```
<!DOCTYPE html PUBLIC "-//W3C//DTD XHTML 1.0 Transitional//EN" "http://www.w3.org/TR/xhtml1/DTD/xhtml1-transitional.dtd">
<html xmlns="http://www.w3.org/1999/xhtml">
<head>
<meta http-equiv="Content-Type" content="text/html; charset=gb2312" />
<title>div 标签</title>
</head>
<body>
<div>第 1 个 div 标签</div>
<div>第 2 个 div 标签</div>
<div>第 3 个 div 标签</div>
<div>第 4 个 div 标签</div>
</body>
</html>
```

建立站点文件夹 div，并设置好 IIS，在浏览器地址栏中输入 http://127.0.0.1/divindex.html，具体浏览效果如图 2-1 所示。

没有 CSS 的帮助，div 标签没有任何特别之处，只是无论如何调整浏览器窗口，每个 div 标签都各占一行。即默认情况下，一行只能容纳一个 div 标签。

那么怎么才能实现对 div 标签的 CSS 控制呢？这里通过 id 选择符向 div 加入 CSS 代码，使 div 拥有背景色以及宽度，修改 divindex.html 代码如下：

```
<!DOCTYPE html PUBLIC "-//W3C//DTD XHTML 1.0 Transitional//EN" "http://www.w3.org/TR/xhtml1/DTD/xhtml1-transitional.dtd">
<html xmlns="http://www.w3.org/1999/xhtml">
<head>
```

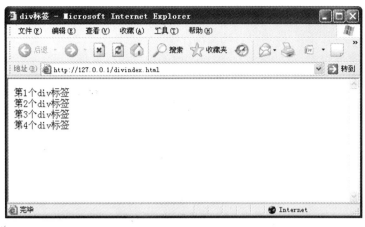

图 2-1 实例运行的效果

```
<meta http-equiv="Content-Type" content="text/html; charset=gb2312" />
<title>div 标签</title>
<style type="text/css">
    #no1,#no2{background-color:#eee;
        }
    #no3,#no4{background-color:#999;
        width:300px;
        }
</style>
</head>
<body>
<div id="no1">第 1 个 div 标签</div>
<div id="no2">第 2 个 div 标签</div>
<div id="no3">第 3 个 div 标签</div>
<div id="no4">第 4 个 div 标签</div>
</body>
</html>
```

在浏览器地址栏中输入 http://127.0.0.1/divindex.html，浏览器的运行效果如图 2-2 所示。

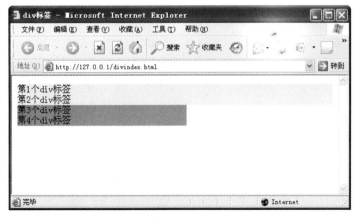

图 2-2 设置背景后的 div 标签

通过背景色的设置，可以看出对 div 的 CSS 控制只需要对需要控制的 div 命名 id，然后写入相应的 CSS 控制代码，即可以自动实现控制。但是从图 2-2 中，我们可以看到 div 标签默认占据一行，宽度也为一行的宽度。通过宽度的设置可以发现，并不是因为 div 的宽度为一行，导致无法容纳后面的 div 标签，而是无论宽度多少，一行始终只有一个 div 标签，读者须谨记。

div 标签作为网页 CSS 布局的主要元素，其优势非常明显。相对于表格布局，div 更加灵活，因为 div 只是一个没有任何特性的容器，CSS 可以非常灵活地对其进行控制，组成网页的每一块区域。在大多数情况下，仅仅通过 div 标签和 CSS 的配合，即可完成页面的布局。

2.1.2　XHTML 中的块状元素和内联元素

XHTML 的布局核心标签是 div，div 属于 XHTML 中的块状元素。XHTML 的标签默认为两种元素，一种是块状元素，另一种是内联元素。

　Dw 块状元素

该元素是矩形的，有自己的高度和宽度。默认情况下，在父容器中占据一行，同一行无法容纳其他元素及文本。其他的元素将显示在其下一行，简单地说，我们可以看作它们是被块状元素"挤"下去的。块状元素就是一个矩形容器，边缘非常硬，CSS 设置了高度和宽度后，形状无法被改变。

　Dw 内联元素

和块状元素相反，内联元素没有固定形状，也无法设置宽度和高度。内联元素形状由其内含的内容决定，所以在宽度足够的情况下，一行能容纳多个内联元素。如果说块状元素是一个"硬盒子"，那么内联元素就是一个软软的"布袋子"（形状由内容决定）。

块状元素适合于大块区域的排版，所以常用来布局页面。而内联元素适合于局部元素的样式设置，所以常用于设置局部文字样式。

2.1.3　div 元素的样式设置

要使用 div 元素进行网页布局，首先应学会使用 CSS 灵活控制 div 元素的样式。本节就围绕几个常用的实例来介绍 div 元素的多种样式设置，使读者快速理解 div 元素。

作为单个 div 元素，width 属性用于设置其宽度，height 属性用于设置其高度，常用像素（px）作为固定尺寸的单位。XHTML 元素中设置样式的默认单位为像素。

当单位为百分比时，div 元素的宽度和高度为自适应状态，即宽度和高度适应浏览器窗口尺寸而变化。

在前面创建的 div 站点文件夹内创建名为 divset.html 的文件，编写 divset.html 文件代码如下：

```
<!DOCTYPE html PUBLIC "-//W3C//DTD XHTML 1.0 Transitional//EN" "http://www.
w3.org/TR/xhtml1/DTD/xhtml1-transitional.dtd">
<html xmlns="http://www.w3.org/1999/xhtml">
```

```
<head>
<meta http-equiv="Content-Type" content="text/html; charset=gb2312" />
<title>设置 div 样式</title>
<style type="text/css">
#one {
    background-color: #ccc;
    border:1px solid #000;
    width:200px;
    height:100px;
}
#two {
    background-color: #ccc;
    border:1px solid #000;
    width:50%;
    height:25%;
}
</style></head>
<body>
<div id="one">固定 div 的宽度和高度</div><hr />
<div id="two">自适应 div 的宽度和高度</div>
</body>
</html>
```

这时候的浏览效果如图 2-3 所示。

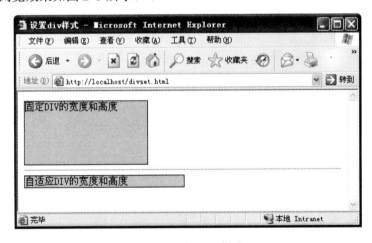

图 2-3 设置 div 样式

实例中第 1 个 div 宽度和高度固定，形成了一个盒子，宽度和高度是不可以改变的。而第 2 个 div 由于设置其宽度为 50%，其宽度随着浏览器宽度的变化而变化。但是第 2 个 div 的高度虽然设置为 25%，按理说，其高度应该随着浏览器高度的变化而变化。然而在实例中 div 高度仅和文本高度相当，好像高度设置没有起作用。这是因为设置高度自适应有一个前提，div 的高度自适应是相对于父容器的高度，实例中 div 父容器为 body 或者 xhtml。body 或者 xhtml 在本例中没有设置高度，div 的高度自适应没有参照物，也就无法生效。

接下来，在 CSS 中为 body 和 xhtml 设置高度，就可解决 div 的高度自适应问题了。将 body 和 HTML 的高度直接设置为 100%即可，不会对页面有任何影响。在编码中的 CSS 部分加入如下代码：

```
xhtml,body{height:100%;}
```

为了考虑多种浏览器的兼容性，将 xhtml 和 body 同时设置为 100%宽度。浏览器的浏览效果如图 2-4 所示。

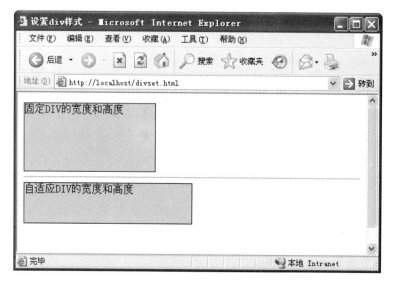

图 2-4　为 div 标签设置高度适应后的效果

调整浏览器高度后，第 2 个 div 的高度随之变化。各种浏览器对 XHTML 和 CSS 的解析方式有差异，在后面的章节中将详细讨论解决浏览器兼容性问题的解决办法。

2.1.4　网页的宽度

由于网页访问者的电脑显示分辨率各不相同，常见的显示分辨率（单位：像素）为 800×600、1024×768、1280×1024 等。所以在布局页面时，要充分考虑到页面内容的布局宽度，一旦内容宽度超过显示宽度，页面将出现水平滚动条。对于页面的高度，一般由页面内容决定。网页布局应符合浏览者的习惯，应尽量保证网页只有垂直滚动条。

页面布局宽度一般考虑最小显示分辨率的浏览用户，近些年的显示器的显示分辨率最小为 800×600（15 寸 CRT 显示器），其最小宽度为 800 像素。浏览器的边框及滚动条部分约占 24 像素左右，所以布局宽度为分辨率的水平像素减去 24 像素。所以过去网页布局宽度一般为 778 像素，再宽就会使页面产生水平滚动条。由于计算机设备的飞速发展，现在使用 800×600 显示分辨率的用户已经很少了，现在页面布局宽度最大不超过 1002～1003 像素（考虑到最小宽度 1024 像素，即 1024×768 显示分辨率）。网页的宽度设计效果，如图 2-5 所示。

定义宽为 778 或者 1002 像素

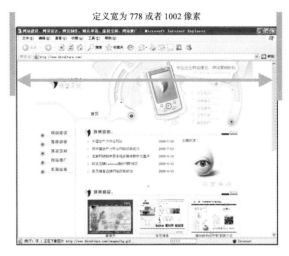

图 2-5　网页的宽度设计

2.1.5　水平居中显示

制作网页时，通常需要将整个网页的内容在浏览器中居中显示，使用 XHTML 表格布局页面时，只需将布局表格的 align 属性设置为 center 即可。而 div 居中没有属性可以设置，只能通过 CSS 控制其位置。在布局页面前，网页设计者一定要把页面的默认边距清除。为了方便操作，常用的方法是将所有对象的边距清除，即设置 margin 属性和 padding 属性。margin 属性代表对象的外边距（上、下、左、右），padding 属性代表对象的内边距，也叫填充（上、下、左、右）。margin 属性和 padding 属性类似于表格单元格的 cellspacing 属性和 cellpadding 属性，不过 margin 属性和 padding 属性作用于所有块状元素。

使 div 元素水平居中的方法有多种，常用的方法是用 CSS 设置 div 的左右边距，即 margin-left 属性和 margin-right 属性。当设置 div 左外边距和右外边距的值为 auto，即自动时，左外边距和右外边距将相等，即达到了 div 水平居中的效果。

在站点 div 目录下创建网页 XHTML 1.0 文件，命名为 divalign.html，编写 divalign.html 文件代码如下：

```
<!DOCTYPE html PUBLIC "-//W3C//DTD XHTML 1.0 Transitional//EN" "http://www.w3.org/TR/xhtml1/DTD/xhtml1-transitional.dtd">
<html xmlns="http://www.w3.org/1999/xhtml">
<head>
<meta http-equiv="Content-Type" content="text/html; charset=gb2312" />
<title>水平居中</title>
<style type="text/css">
xhtml,body{height:100%;}
*{margin:0px;
  padding:0px;
  }
#web{width:75%;
```

```
   height:100%;
   background-color:#ccc;
   border:1px solid #000;
   margin-left:auto;
   margin-right:auto;
   }
</style>
</head>
<body>
   <div id="web">这里是整个网页的内容</div>
</body>
</html>
```

在浏览器地址栏中输入 http://127.0.0.1/divalign.html，浏览效果如图 2-6 所示。

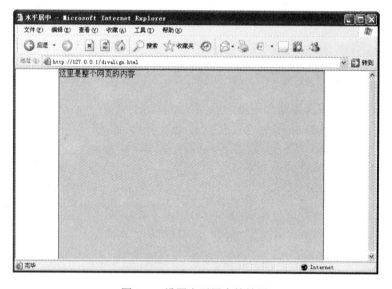

图 2-6　设置水平居中的效果

设置外边距的 CSS 代码可以进一步简化，使用 margin 属性，编码如下：

```
margin:0px auto;
```

说明：

margin 属性值后面的 0 代表上边距和下边距为 0 像素，auto 代表左边距和右边距为 auto，即自动设置。这里 0px 和 auto 之间使用空格符号分隔，而不是逗号。

2.1.6　div 的嵌套

为了实现复杂的布局结构，div 也需要互相嵌套。不过在布局页面时应尽量少嵌套，因为 XHTML 元素多重嵌套，将影响浏览器对代码的解析速度。在 div 站点文件夹中，创建 XHTML 1.0 标准文档，命名为 divindiv.html，编写 divindiv.html 文件代码如下：

```
<!DOCTYPE html PUBLIC "-//W3C//DTD XHTML 1.0 Transitional//EN" "http://www.w3.
org/TR/xhtml1/DTD/xhtml1-transitional.dtd">
<html xmlns="http://www.w3.org/1999/xhtml">
<head>
<meta http-equiv="Content-Type" content="text/html; charset=gb2312" />
<title>div 嵌套</title>
<style type="text/css">
*{margin:0px;
  padding:0px;
   }
#web{width:778px;
      height:500px;
      background-color:#ccc;
      margin:0px auto;
      }
#banner{width:500px;
      height:250px;
      background-color:#eee;
      border:1px solid #000;
      margin:0px auto;
      }
#foot{width:500px;
        height:250px;
        background-color:#eee;
        border:1px solid #000;
        margin:0px auto;
        }
</style></head>
<body>
<div id="web">
  <div id="banner">banner</div>
    <div id="foot">foot</div>
</div>
</body>
</html>
```

本实例综合了居中的知识，内部的 2 个 div 水平居中在其父容器（外部 div）中。在浏览器地址栏中输入 http://127.0.0.1/divindiv.html，浏览效果如图 2-7 所示。

2.1.7　div 的浮动

通过 div 布局网页，结果是一个 div 标签占据一行，怎样才能够实现布局中并列的 2 块区域呢？块状元素有一个很重要的"float"属性，可以使多个块状元素并列于一行。float 属性也被称为浮动属性，对前面的 div 元素设置浮动属性后，当前面的 div 元素留有足够的空白宽度时，后面的 div 元素将自动浮上来，和前面的 div 元素并列于一行。float 属性的值为

left、right、none 和 inherit。

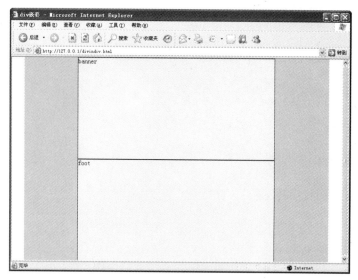

图 2-7　div 嵌套效果

● float 属性值为 inherit 时，这是继承属性，代表继承父容器的属性；

● float 属性值为 none 时，块状元素不会浮动，这也是块状元素的默认值；

● float 属性值为 left 时，块状元素将向左浮动；

● float 属性值为 right 时，块状元素将向右浮动。

　　在使用的时候要使两个 div 并列于一行的前提是，这一行有足够的宽度容纳两个 div 的宽度。下面我们以实例的形式讲解 div 的浮动设置，具体步骤如下：

STEP① 打开 Dreamweaver CS5，创建站点 div，站点的属性设置如图 2-8 所示。

图 2-8　定义 div 站点

STEP② 创建后，新建立一个网页文件（XHTML 1.0），命名为divfloat.html，编写文件代码如下：

```
<!DOCTYPE html PUBLIC "-//W3C//DTD XHTML 1.0 Transitional//EN" "http://www.w3.org/TR/xhtml1/DTD/xhtml1-transitional.dtd">
<html xmlns="http://www.w3.org/1999/xhtml">
<head>
<meta http-equiv="Content-Type" content="text/html; charset=gb2312" />
<title>设置div浮动</title>
<style type="text/css">
*{margin:0px;
  padding:0px;
  }
#first{width:150px;
    height:100px;
    background-color:#ccc;
    border:1px solid #000;
    float:left;
    }
#second{width:180px;
    height:100px;
    background-color:#eee;
    border:1px solid #000;
    }
</style></head>
<body>
<div id="first">第 1 个 div</div>
<div id="second">第 2 个 div</div>
</body>
</html>
```

STEP③ 实例中将两个 div 设置为不同的宽度和不同的背景色，在浏览器地址栏中输入 http://127.0.0.1/divfloat.html，浏览效果如图 2-9 所示。

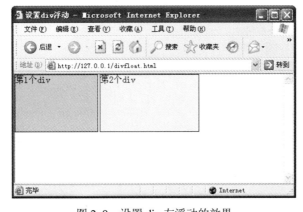

图 2-9　设置 div 左浮动的效果

STEP ④ 只设置了第 1 个 div 元素向左浮动，第 2 个 div 元素"流"上来了，并紧挨着第 1 个 div 元素。接下来设置第 2 个 div 向右浮动，代码如下：

```
#second{width:180px;
     height:100px;
     background-color:#eee;
     border:1px solid #000;
     float:right
     }
```

STEP ⑤ 在浏览器地址栏中输入 http://127.0.0.1/divfloat.html，浏览效果如图 2-10 所示。

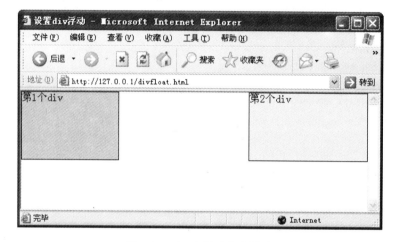

图 2-10　div 左浮动和右浮动

STEP ⑥ 修改后第 2 个 div 紧挨着其父容器（浏览器）的右边框，这两个 div 元素也可以换个位置，即设置 CSS 代码如下：

```
*{margin:0px;
  padding:0px;
  }
#first{width:150px;
     height:100px;
     background-color:#ccc;
     border:1px solid #000;
     float:right;
     }
#second{width:180px;
     height:100px;
     background-color:#eee;
     border:1px solid #000;
     float:left;
     }
```

STEP ⑦ 浏览器中的浏览效果，如图 2-11 所示。

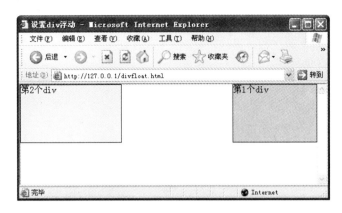

图 2-11 交换 div 浮动方向

浮动属性是 CSS 布局的利器，可以通过不同的浮动属性值灵活地定位 div 元素，以达到灵活布局网页的目的。块状元素（包括 div）浮动的范围，由其父容器所决定，本实例中 div 元素的父容器就是 body 或 html。

为了更加灵活地定位 div 元素，CSS 提供了 clear 属性。clear 属性的值为 none、left、right 和 both，默认值为 none。当多个块状元素由于第 1 个元素设置了浮动属性而并列时，如果某个元素不需要被"流"上去，即可设置相应的 clear 属性。

STEP① 在站点文件夹内创建 XHTML 1.0 文件，命名为 divclear.htm，编写文件代码如下：

```
<!DOCTYPE html PUBLIC "-//W3C//DTD XHTML 1.0 Transitional//EN" "http://www.
w3.org/TR/xhtml1/DTD/xhtml1-transitional.dtd">
<html xmlns="http://www.w3.org/1999/xhtml">
<head>
<meta http-equiv="Content-Type" content="text/html; charset=gb2312" />
<title>div 的清除属性</title>
<style type="text/css">
*{margin:0px;
  padding:0px;
  }
.web{width:500px;
    height:100px;
    background-color:#ccc;
    margin:0px auto;
    }
.one,.two,#three1,#three2,#three3,#three4{width:150px;
    height:30px;
    background-color:#eee;
    border:1px solid #000;
    }
.one{float:left;}
.two{float:right;}
#three1{clear:none;}
```

```
#three2{clear:right;}
#three3{clear:left;}
#three4{clear:both;}
</style></head>
<body>
<div class="web">
    <div class="one">第 1 个 div</div>
    <div class="two">第 2 个 div</div>
    <div id="three1">第 3 个 div（clear:none;）</div>
</div>
<div class="web">
    <div class="one">第 1 个 div</div>
    <div class="two">第 2 个 div</div>
    <div id="three2">第 3 个 div（clear:right;）</div>
</div>
<div class="web">
    <div class="one">第 1 个 div</div>
     <div id="three3">第 3 个 div（clear:left;）</div>
    <div class="two">第 2 个 div</div>
</div>
<div class="web">
    <div class="one">第 1 个 div</div>
    <div id="three4">第 3 个 div（clear:both;）</div>
    <div class="two">第 2 个 div</div>
</div>
</body>
</html>
```

STEP 2 在 IE 浏览器地址栏中输入 http://127.0.0.1/divclear.html，按〈Enter〉键，浏览效果如图 2-12 所示。

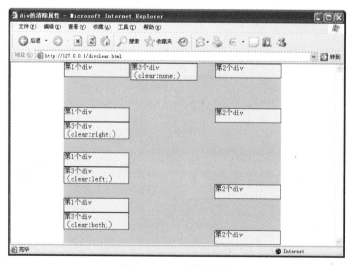

图 2-12 div 清除属性

2.1.8　网页布局实例

通过前面综合学习布局知识，读者已经初步掌握了使用 div+CSS 进行布局的基础知识，本节将制作一个典型的网页布局实例。该实例要求页面有上下 4 行区域，分别用作广告区、导航区、主体区和版权信息区。而主体区又分为左右 2 个大区，左区域用于文章列表，右区域用于 6 个主体内容区。布局区域比较多，用表格布局需要很多行代码才能完成。利用 div 和 CSS 可以很好地完成，并且代码比较简练。

根据实例要求作图，并分析布局的结构，从而方便编写 div 布局的结构代码，这里做分析图，如图 2-13 所示，并在每个区域做了 id 命名（#符号开头），以方便 div 编写。

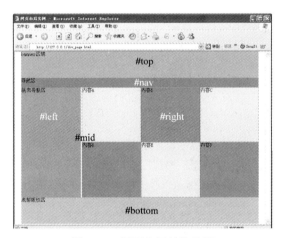

图 2-13　网页布局结构分析

从分析图中可以看清整个页面的结构，其中，#top 代表广告区、#nav 代表导航区、#mid 代表主体区、#left 代表#mid 所包含的左区域、#right 代表#mid 所包含的右边区域、#bottom 代表版权信息区。

#right 区域包含 6 个具体内容区，由于这些内容区的尺寸相同，所以在实例中将会使用 class 选择符作为统一样式，对这 6 个区域进行 CSS 样式指定。根据结构分析图编写 XHTML 部分的结构代码如下：

```
<div id="top">banner 区域</div>
<div id="nav">导航区</div>
<div id="mid">
  <div id="left">纵向左导航区</div>
  <div id="right">
    <div class="content">内容 A</div>
    <div class="content">内容 B</div>
    <div class="content">内容 C</div>
    <div class="content">内容 D</div>
    <div class="content">内容 E</div>
    <div class="content">内容 F</div>
```

```
        </div>
    </div>
    <div id="bottom">底部版权区</div>
```

这里在 6 个具体内容区域，用了同一个 class 名称的选择符，用于在 CSS 中指定统一的样式。在 D:\web\目录下创建网页文件（XHTML 1.0），命名为 div_page.htm，编写 div_page.htm 文件代码如下：

```
<!DOCTYPE html PUBLIC "-//W3C//DTD XHTML 1.0 Transitional//EN"
"http://www.w3.org/TR/xhtml1/DTD/xhtml1-transitional.dtd">
<html xmlns="http://www.w3.org/1999/xhtml">
<head>
<meta http-equiv="Content-Type" content="text/html; charset=gb2312" />
<title>网页布局实例</title>
<style type="text/css">
*{
        margin:0px;
        padding:0px;
    }
#top,#nav,#mid,#bottom{
            width:778px;
            margin:0px auto;}
#top{
                height:80px;
                background-color:#00FF00;}
    #nav{
                height:30px;
                background-color:#3333FF;}
    #mid{
                height:350px;}
    #left{
            width:194px;
            height:350px;
            border:1px solid #999;
            float:left;
            background-color:#FF3333;}
    #right{
            height:350px;
            background-color:#CCCC00;}
    .content{
            width:191px;
            height:174px;
            background-color:#FFFF00;
            border:1px solid #999;
            float:left;}
    #content2{background-color:#FF00FF;}
    #bottom{ height:80px;
```

```
        background-color:#00FFFF;}
</style>
</head>
<body>
        <div id="top">banner 区域</div>
        <div id="nav">导航区</div>
        <div id="mid">
        <div id="left">纵向导航区</div>
        <div id="right">
          <div class="content">内容 A</div>
          <div class="content" id="content2">内容 B</div>
          <div class="content">内容 C</div>
          <div class="content" id="content2">内容 D</div>
          <div class="content">内容 E</div>
          <div class="content" id="content2">内容 F</div>
        </div>
        </div>
        <div id="bottom">底部版权区</div>
</body>
</html>
```

这里稍微修改了 XHTML 部分的代码，选择了 4 个具体内容区域，加上了 id 名称为 content2 的属性，这是为了使这 4 个区域有不同的背景色。在浏览器地址栏中输入 http://localhost/div_page.htm，浏览效果如图 2-13 所示。

本例综合了前面的布局知识，如居中等。由 CSS 代码可得，主体内容区（id 名称为 mid）的宽度是 778 像素，高度是 350 像素。

主体内容区（id 名称为 mid）的宽度与高度为什么会与内含的 div 宽度有偏差呢？这涉及浏览器解析 CSS 时对宽度和高度的计算方法，IE 7.0 及以上版本的浏览器和 FireFox 浏览器，解析 div 的宽度和高度设置值并不包括边框。由 CSS 代码可得，纵向导航区（id 名称为 left）和具体内容区（class 名称为 content）的边框宽度为 1 像素。

宽度和高度的计算是合理布局页面的基础，一旦计算有误将导致页面布局混乱。并且针对不同浏览器有不同计算方法，本书实例使用 IE 6.0 浏览器，后面章节中将介绍不同浏览器兼容性的解决办法。

注意：

在宽度和高度的计算中，IE 6.0 以前版本的浏览器，解析 div 的宽度和高度设置值包括边框，如果读者使用的是 IE 6.0 以前版本的浏览器，可以尝试修改宽度值，以达到图 2-14 的效果。

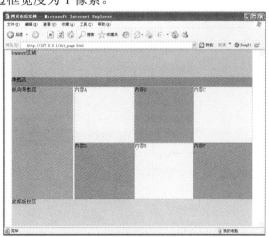

图 2-14 网页布局实例

列表元素布局

　　介绍完 div+CSS 的网页整体结构布局后，还需要掌握列表元素的使用方法。Web 2.0 标准的 XHTML 一个很重要的原则就是，使用合适的标签组成页面结构。合适的标签指标签有语义，并且条理清晰，可读性好。所以，页面大块区域的布局一般使用 div 元素，但在某些区域（如导航条）可以考虑使用其他元素，如使用比较广泛的列表元素。

2.2.1　列表元素制作导航条

　　在传统的 HTML 页面制作中，列表元素使用并不多，而在 CSS 的帮助下，列表元素变得空前强大，甚至应用于小区域布局。列表元素的 li 是块状元素，所以有宽度和高度设置，并且可以通过浮动属性的设置使多个 li 元素并排。这种结构非常适合网页的导航条布局。

　　由于在页面布局时列表元素不需要编号，所以列表元素更多使用 ul 标签。

　　在 D:\web\目录下创建网页文件（XHTML1.0），命名为 nav_ul.htm，编写 nav_ul.htm 文件代码如下：

```
<!DOCTYPE html PUBLIC "-//W3C//DTD XHTML 1.0 Transitional//EN" "http://www.w3.
org/TR/xhtml1/DTD/xhtml1-transitional.dtd">
<html xmlns="http://www.w3.org/1999/xhtml">
<head>
<meta http-equiv="Content-Type" content="text/html; charset=gb2312" />
<title>导航条制作</title>
<style type="text/css">
*{margin:0px;
  padding:0px;}
#nav{
        width:500px;
    height:20px;
    margin:0px auto;
    background-color:#FF9900;}
li{ width:123px;
    height:20px;
    border:1px solid #0000FF;
    text-align:center;
    float:left;}
</style>
</head>
<body>
        <ul id="nav">
        <li>首页</li>
```

```
        <li>新闻</li>
        <li>联系我们</li>
        <li>留言板</li>
        </ul>
    </body>
</html>
```

为了更方便看到导航条的表现，在这里，笔者将 ul 设置成橘黄色背景色，并将 li 设置成蓝色边框，在浏览器地址栏中输入 http://localhost/nav_ul.htm，浏览效果如图 2-15 所示。

图 2-15　导航条布局

2.2.2　导航条的制作

在实际操作中，为了增加导航条的互动，列表元素常常配合超链接元素一起使用。超链接有伪类选择符，可以呈现链接文字和用户互动的 4 个状态，即未访问前、鼠标滑过、鼠标单击时和被访问后。其实 Web 2.0 标准中，不仅超链接有这些伪类选择符，li 等其他元素同样有:hover 和:active 这两个伪类选择符，只是 IE 浏览器只支持超链接元素的伪类选择符。为了兼容 IE 浏览器，只得配合超链接制作互动导航条。

说明：
FireFox 浏览器比 IE 浏览器更接近 Web 标准的代码解析，所以 FireFox 浏览器支持其他元素的伪类选择符。

虽然超链接元素是内联元素，但在本例中，这里用 CSS 代码将其转换为块状元素，然后设置其宽度和高度。这样就不需要设置 li 元素的样式了，只要设置 li 元素的浮动属性，就可以使 li 元素并列摆放。在 D:\web\ 目录下创建网页文件（XHTML1.0），命名为 nav_ul_a.htm，编写 nav_ul_a.htm 文件代码如下：

```
<!DOCTYPE html PUBLIC "-//W3C//DTD XHTML 1.0 Transitional//EN" "http://www.w3.
org/TR/xhtml1/DTD/xhtml1-transitional.dtd">
<html xmlns="http://www.w3.org/1999/xhtml">
<head>
<meta http-equiv="Content-Type" content="text/html; charset=gb2312" />
<title>导航条制作</title>
<style type="text/css">
```

```
* {margin:0px;
    padding:0px;}
ul{list-style:none;}
#nav{width:500px;
      height:20px;
      margin:0px auto;
      background-color:#FF9900;}
li{float:left;}
li a{display:block;
      width:117px;
      height:20px;
      border:1px solid #0000FF;
      margin-left:5px;
      font-weight:bold;
      text-decoration:none;
      text-align:center; }
    li a:link{
              background-color:#990000;
                color:#9900FF;}
    li a:hover{background-color:#00CC00;
                color:#FFFF00;}
    li a:active{background-color:#FF0000;}
    li a:visited{background-color:#00FF00;}
</style>
</head>
<body>
            <ul id="nav">
            <li>
                <a href="#" title="这是网站首页">首页</a>
            </li>
            <li>
                <a href="#" title="这是新闻的链接">新闻</a>
            </li>
            <li>
                <a href="#" title="这是沟通的渠道">联系我们</a>
            </li>
            <li>
                <a href="#" title="这是留言的链接">留言板</a>
            </li>
            </ul>
        </body>
</html>
```

为了更方便看到导航条的表现，这里将 ul 设置为橙色背景色，并将超链接元素设置为蓝色边框。在不同状态下，超链接以及内含文本有不同颜色。在浏览器地址栏中输入 http://localhost/nav_ul_a.htm，浏览效果如图 2-16 所示。

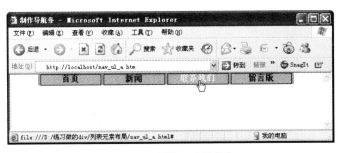

图 2-16 制作互动导航条

2.2.3 导航条的互动布局

读者可能有疑惑，既然超链接转换为块状元素了，为什么 4 个超链接区域块可以并列于一行呢？这是因为虽然超链接块没有设置浮动属性，但其直属的父容器，即 li 元素设置了浮动属性，所以实际是 4 个 li 元素并列。通过引入超链接的伪类选择符，导航条有了互动性。根据用户不同的操作，超链接可呈现出不同的样式，如背景色的改变和文本颜色的改变。为了使超链接的文本更突出，本例使用了 font-weight 属性，设置其值为 bold，即使文本加粗。通过将 text-decoration 属性设置为 none，去除了超链接默认的下划线。

为了导航条各子项不至于过于拥挤，本例中使用了 margin-left 属性，即左边距，使每个超链接块都有 5 像素的左边距。考虑到边距、超链接块的宽度和边框粗细，ul 元素宽度设置为 425 像素，即图 2-16 中的黄色部分。

注意：

通常网页设计中很少使用 ul 元素的列表符号，所以把 ul 标签选择符的 list-style 属性设置为 none，表示页面中任何 ul 列表结构都没有列表符号。

Section 2.3 CSS 盒模型

CSS 盒模型，对于使用 div+CSS 布局的方法来说是非常重要的概念，因为盒模型是 CSS 定位布局的核心内容。读者学习了布局网页的基本方法，只需利用 div 元素和列表元素，即可完成页面大部分的布局工作。但是前面学习的知识更注重实践操作，读者并不理解布局的原理，常常在布局页面的过程中，会遇到无法理解的问题。学习完本节的盒模型的知识后，读者将拥有较完善的布局观，基本可做到使用代码完成 div+CSS 的布局操作。

2.3.1 CSS 盒模型的概念

XHTML 中的大部分元素（特别是块状元素），都可以看作是一个盒子，而网页元素的定位，实际就是这些大大小小的盒子在页面中的定位。当某个块状元素被 CSS 设置了浮动属性，这个盒子就会自动的排到上一行。网页布局即关注这些盒子在页面中如何摆放、如何嵌套的问题，而这么多盒子摆在一起，最需要关注的是盒子尺寸计算和是否流动等要素。为什么要把 XHTML 元素作为盒模型来研究呢？因为 XHTML 元素的特性和一个盒子非常相似，盒子里面的内容到盒子的边框之间的距离即填充（padding）；盒子本身有边框（border）；盒子边框外和其他盒子之间有边界（margin），盒模型示意图如图 2-17 所示。

　　大多数 XHTML 元素的结构都类似于图 2-17 所示，除了包含的内容（文本或图片）外，还有内边距、边框和外边距一层层的包裹。读者在布局网页和定位 XHTML 元素时要充分考虑到这些要素，才可以更加自如地摆放这些盒子。

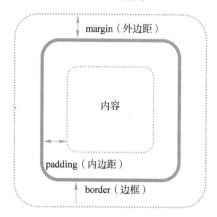

图 2-17　盒模型示意图

　　外边距属性即 CSS 的 margin 属性，CSS 中可拆分为 margin-top（顶部外边距）、margin-bottom（底部外边距）、margin-left（左边外边距）和 margin-right（右边外边距）。CSS 的边框属性（border）和内边距属性（padding）同样可拆分为 4 边。在 Web 2.0 标准中，CSS 的 width 属性即为盒子所包含内容的宽度，而整个盒子的实际宽度即为：

盒子宽度=

padding-left+border-left+margin-left+width+padding-right+border- right+margin-right

相应地，CSS 的 height 属性即为盒子所包含内容的高度，而整个盒子的实际高度即为：

盒子高度=

margin-top+border-top+padding-top+height+padding-bottom+border-bottom+margin-bottom

盒模型在使用的过程中，还要注意以下几点：

（1）边界值可为负值，但随着浏览器的不同显示可能会不一样；

（2）填充值不可以为负值；

（3）对于块级元素，未浮动的垂直相邻元素的上边界和下边界会被压缩。

（4）对于浮动元素，边界不压缩，且若浮动元素不声明宽度，则其宽度趋向于 0。

（5）如果盒中没有任何内容，不管宽度和高度设置值为多少，都不会被显示。

2.3.2　外边距的控制

　　在 CSS 中，margin 属性可以统一设置，也可以上下左右分开设置。在 D:\web\目录下创建网页文件（XHTML1.0），命名为 box_margin.htm，编写 box_margin.htm 文件代码如下：

```
<!DOCTYPE html PUBLIC "-//W3C//DTD XHTML 1.0 Transitional//EN" "http://www.w3.
org/TR/xhtml1/DTD/xhtml1-transitional.dtd">
<html xmlns="http://www.w3.org/1999/xhtml">
<head>
<meta http-equiv="Content-Type" content="text/html; charset=gb2312" />
<title>外边距设置</title>
<style type="text/css">
*{margin: 0px;}
#all{width:600px;
      height:500px;
      margin:0px auto;
      background-color:#FF9900;}
#a,#b,#c,#d,#e{
              width:200px;
              height:100px;
              text-align:center;
              line-height:100px;
              background-color:#FFFF00;}
#a{margin-left:10px;
   margin-bottom:25px;}
#b{margin-left:5px;
   margin-right:10px;
   margin-top:11px;
   float:left;
   }
#c{margin-bottom:10px;}
#e{margin-left:10px;
   margin-top:20px;}
</style>
</head>
<body>
        <div id="all">
        <div id="a">a 盒子</div>
        <div id="b">b 盒子</div>
        <div id="c">c 盒子</div>
        <div id="d">d 盒子</div>
        <div id="e">e 盒子</div>
        </div>
</body>
</html>
```

　　为了更方便地看到 div 的表现，这里将外部 div 设置为枯黄色背景色，并将内部 div 设置为黄背景色。在浏览器地址栏中输入 http://localhost/box_margin.htm，浏览效果如图 2-18 所示。这个实例非常典型，特别是 b 盒子、c 盒子和 d 盒子之间的关系，具体关系图如图 2-19 所示。

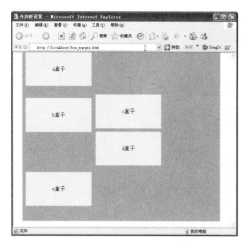

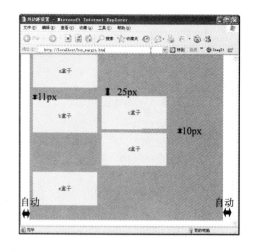

图 2-18　外边距设置　　　　　　　　图 2-19　外边距关系图

由于 b 盒子设置了向左浮动，所以紧随其后的 c 盒子自然移上来，和 b 盒子并列在同一行，如图 2-19 所示，b 盒子的高度为：

height+margin-top=111（像素）

而 c 盒子的高度为：

height+margin-bottom=110（像素）

由此可见，在这一行中 c 盒子下面留有 1 像素的空隙，d 盒子正是利用这 1 像素的空间"流"上来，所以 b 盒子、c 盒子和 d 盒子存在于同一行上。

说明：

当然，读者可以尝试把 b 盒子的顶部边距设置为 10 像素，这时 b 盒子和 c 盒子高度一致。此时，d 盒子无法"流"上来，d 盒子将自动换行，位于 b 盒子下面。

2.3.3　边框的样式设置

边框（border）作为盒模型的组成部分之一，其样式非常受重视。边框的 CSS 样式设置，不但影响到盒子的尺寸，还影响到盒子的外观。边框（border）的属性值有三种，边框尺寸（像素）、边框类型和边框颜色（十六进制）。在 D:\web\ 目录下创建网页文件（XHTML1.0），命名为 box_border.htm，编写 box_border.htm 文件代码如下：

```
<!DOCTYPE html PUBLIC "-//W3C//DTD XHTML 1.0 Transitional//EN" "http://www.w3.
org/TR/xhtml1/DTD/xhtml1-transitional.dtd">
<html xmlns="http://www.w3.org/1999/xhtml">
<head>
<meta http-equiv="Content-Type" content="text/html; charset=gb2312" />
<title>边框样式设置</title>
<style type="text/css">
*{margin:0px;}
#all{ width:490px;
```

```
                    height:400px;
                 margin:0px auto;
                 background-color:#FF9900;}
#a,#b,#c,#d,#e,#f,#g{ width:180px;
                             height:70px;
                             text-align:center;
                             line-height:60px;
                             background-color:#99FF00;}
#a{ width:400px;
      margin:7px;
   border:1px solid #000000;}
#b{ border:30px solid #996600;
      float:left;}
#c{ margin-left:6px;
      border:30px groove #0099FF;}
#d{ margin-left:6px;
      border:2px dashed #000000;
      float:left;}
#e{ margin-left:6px;
      border:2px dotted #000000;
      float:left;}
#f{ margin:6px;
      border-left:2px solid #0000FF;
      border-top:2px solid #0000FF;
      border-right:2px solid #CC3300;
      border-bottom:2px solid #CC3300;
      float:left;}
#g{ margin-top:6px;
      border-top:2px groove #999999;}
</style>
</head>
<body>
            <div id="all">
             <div id="a">a 盒子</div>
             <div id="b">b 盒子(solid 类型)</div>
             <div id="c">c 盒子(groove 类型)</div>
             <div id="d">d 盒子（dashed 类型）</div>
             <div id="e">e 盒子（dotted 类型）</div>
             <div id="f">f 盒子</div>
             <div id="g">g 盒子</div>
            </div>
</body>
</html>
```

　　为了更方便地看到 div 的表现，这里将外部 div 设置为#FF9900 背景色，并将内部
div 设置为#99FF00 背景色。在浏览器地址栏中输入 http://localhost/box_border.htm，浏览

效果如图 2-20 所示。

图 2-20　边框样式设置

这个实例使 XHTML 对象看起来更像是个盒子了，边框只是盒子包装中的一层，最外层的包装是不可见的外边距。边框的宽度计算非常重要，读者定位元素要充分考虑边框宽度，如图 2-20 所示，边框的常用设置方法为：

border:宽度　类型　颜色；

这是 4 条边框统一设置的方法，如果要分别设置 4 条边框，则将 border 改为 border-top（顶部边框）、border-bottom（底部边框）、border-left（左边框）和 border-right（右边框）。将"类型"修改成不同样式的边框线条，常用的有 solid（实线）、dashed（虚线）、dotted（点状线）、groove（立体线）、double（双线）、outset（浮雕线）等，读者可以逐个尝试。

2.3.4　内边距的设置

内边距（padding）类似于 HTML 中表格单元格的填充属性，即盒子边框和内容之间的距离。内边距（padding）和外边距（margin）很相似，都是不可见的盒子的组成部分，只不过内边距（padding）和外边距（margin）之间夹着边框。在 D:\web\目录下创建网页文件（XHTML 1.0），命名为 box_padding.htm，编写 box_padding.htm 文件代码如下：

```
<!DOCTYPE html PUBLIC "-//W3C//DTD XHTML 1.0 Transitional//EN" "http://www.w3.
org/TR/xhtml1/DTD/xhtml1-transitional.dtd">
    <html xmlns="http://www.w3.org/1999/xhtml">
```

```
<head>
<meta http-equiv="Content-Type" content="text/html; charset=gb2312" />
<title>内边距的设置</title>
<style type="text/css">
*{ margin:0px;}
#all{width:460px;
     height:400px;
     margin:0px auto;
     padding:50px;
     background-color:#FF9900;}
#a,#b,#c,#d,#e,#f,#g{width:200px;
                     height:80px;
                     border:1px solid #0000FF;
                     background-color:#00FF00;}
p{width:100px;
  height:50px;
  padding-top:20px;
  background-color:#CC99CC;}
#a{padding-left:70px;}
#b{padding-top:60px;}
#c{padding-right:50px;}
#d{padding-bottom:40px;}
</style>
</head>
<body>
<div id="all">
          <div id="a">
          <p>a 盒子</p>
          </div>
          <div id="b">
          <p>b 盒子</p>
          </div>
          <div id="c">
          <p>c 盒子</p>
          </div>
          <div id="d">
          <p>d 盒子</p>
          </div>
</div>
</body>
</html>
```

为了更方便地看到 div 的展现，这里将外部 div 设置为#FF9900 背景色，并将内部 div 设置为#00FF00 背景色，而将 p 元素设置为#CC99CC 背景色。在浏览器地址栏中输入http://localhost/box_padding.htm，浏览效果如图 2-21 所示。

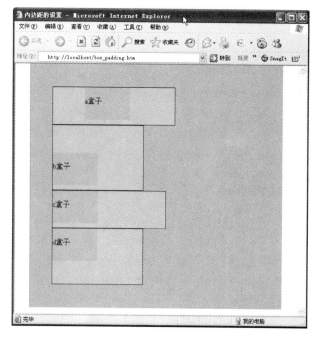

图 2-21　内边距的设置

2.3.5　盒模型兼容问题

微软浏览器 IE 6.0 以后的版本，内嵌了两种表现模式：标准模式和兼容模式。在标准模式中，浏览器根据 W3C 所定的规范显示页面；而在兼容模式中，页面以 IE 5.0，甚至 IE 4.0 显示页面的方式来显示，使以前的网页也能正常显示。这两种模式最大的问题就是盒模式的兼容问题，但是，IE 在兼容模式下，运行的盒模式依然在最新版本的 IE 7.0 中保留着，一旦页面使用兼容模式浏览，IE 7.0 将变成跟 IE 5.0 一样不兼容 Web 标准。

不仅 IE 浏览器，其他浏览器都有类似的多种解析模式，如 Opera 浏览器、FireFox 浏览器等。使用浏览器不同的模式通过不同的 DTD（文档类型声明）来实现，在早期的 HTML 页面制作中，HTML 声明部分直接使用如下形式：

<html>…</html>

这样的页面在浏览器中浏览时会使用兼容模式，如果 HTML 页面使用如下 DTD 声明：

<!DOCTYPE HTML PUBLIC "-//W3C//DTD HTML 4.01//EN" "http://www.w3.org/TR/ html4/strict.dtd">
<html xmlns="http://www.w3.org/1999/xhtml">

或

<!DOCTYPE html PUBLIC "-//W3C//DTD XHTML 1.0 Transitional//EN" "http://www.w3. org/TR/xhtml1/DTD/xhtml1-transitional.dtd">
<html xmlns="http://www.w3.org/1999/xhtml">

前者代表 HTML 4.0 的严格类型的文档类型声明，后者代表 XHTML 的文档类型声明，这两种 DTD 将使浏览器使用标准模式。

说明：

虽然 IE 6.0 和 IE 7.0 浏览器对 Web 标准没有实现完全兼容，但相对于以前的版本，IE 标准化程度提高了很多。所以读者制作标准页面，应使用 XHTML 的 DTD。

元素的非常规定位方式

前面学习了大量的 XHTML 元素的定位方法，由于盒模型的限制，导致元素无法在页面中随心所欲进行摆放。但是网页内容需要一些能随意摆放的元素，CSS 则提供了绝对定位模式和相对定位模式，这两种定位模式需要设置 CSS 的 position 属性。

position 的原意为位置、安置、状态。在 CSS 布局中，position 属性非常重要，很多特殊容器定位必须用 position 完成。position 属性有 4 个值，分别是：static、absolute、fixed、relative，其中 static 是默认值，代表无定位（一般用于取消特殊定位的继承，恢复默认）。

2.4.1　CSS 绝对定位

当容器的 position 属性值为 absolute 时，这个容器即被绝对定位了。绝对定位在几种定位方法中使用最广泛，这种方法能够很精确地将元素移动到你想要的位置。使用绝对定位容器的前面的或者后面的容器会认为这个层并不存在，即这个容器浮于其他容器上，它是独立出来的，类似于 Photoshop 软件中的图层。所以 position 属性中的 absolute 用于将一个元素放到固定的位置非常方便。

当多个绝对定位容器放在同一个位置时，显示哪个容器的内容呢？类似于 Photoshop 的图层有上下关系，绝对定位的容器也有上下关系，在同一个位置只显示最上面的容器。在计算机显示中把垂直于显示屏幕平面的方向称为 z 方向，CSS 绝对定位的容器的 z-index 属性对应这个方向，z-index 属性的值越大，容器越靠上。即同一个位置上的两个绝对定位的容器只显示 z-index 属性值较大的。

注意：

当容器都没有设置 z-index 属性值时，默认后面的容器 z 值大于前面的绝对定位的容器。

如果对容器设置了绝对定位，默认情况下，容器将紧挨着其父容器对象的左边和顶边，即父容器对象左上角。定位的方法为在 CSS 中设置容器的 top（顶部）、bottom（底部）、left（左边）和 right（右边）的值，这 4 个值的参照对象是浏览器的 4 条边。在 D:\web\目录下创建网页文件（XHTML 1.0），命名为 pos_ab.htm，编写 pos_ab.htm 文件代码如下：

```
<!DOCTYPE html PUBLIC "-//W3C//DTD XHTML 1.0 Transitional//EN" "http://www.w3.
```

```
org/TR/xhtml1/DTD/xhtml1-transitional.dtd">
<html xmlns="http://www.w3.org/1999/xhtml">
<head>
<meta http-equiv="Content-Type" content="text/html; charset=gb2312" />
<title>CSS 的绝对定位</title>
<style type="text/css">
*{margin: 0px;
    padding:0px;}
#all{height:500px;
        width:700px;
        margin-left:100px;
        background-color:#FFCC99;}
#box1,#box2,#box3,#box4,#box5{width:200px;
        height:60px;
        border:5px double    #0000FF;
        position:absolute;}
#box1{ top:10px;
        left:90px;
        background-color:#CC9900;}
#box2{ top:20px;
        left:120px;
        background-color:#99CC00;}
#box3{ bottom:150px;
        left:70px;
        background-color:#99CC00;}
#box4{ top:10px;
        right:120px;
        z-index:10;
        background-color:#99CC00;}
#box5{ top:20px;
        right:180px;
        z-index:9;
        background-color:#CC9900;}
#a,#b,#c{width:350px;
        height:100px;
        border:1px solid #CC3300;
        background-color:#9966CC;}
</style></head>
<body>
<div id="all">
    <div id="box1">第 1 个固定的 div 容器</div>
    <div id="box2">第 2 个固定的 div 容器</div>
    <div id="box3">第 3 个固定的 div 容器</div>
    <div id="box4">第 4 个固定的 div 容器</div>
    <div id="box5">第 5 个固定的 div 容器</div>
    <div id="a">第 1 个无定位的 div 容器</div>
```

```
        <div id="b">第 2 个无定位的 div 容器</div>
        <div id="c">第 3 个无定位的 div 容器</div>
    </div>
    </body>
    </html>
```

这里将外部 div 设置为#FFCC99 背景色，并将内部无定位的 div，设置为#9966CC 背景色，而将绝对定位的 div 容器，分别设置为#CC9900 和#99CC00 背景色，并设置了 double 类型的边框。在浏览器地址栏中输入 http://localhost/pos_ab.htm，浏览效果如图 2-22 所示。

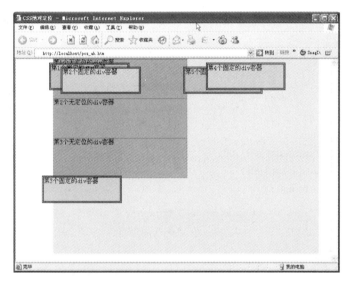

图 2-22　CSS 绝对定位

从本例中可看出，设置了 top、bottom、left 和 right 其中至少一种属性后，5 个绝对定位的 div 容器彻底摆脱了其父容器（id 名称为 all）的束缚，独立地漂浮在上面。而在未设置 z-index 属性值时，第 2 个绝对定位的容器，显示在第 1 个绝对定位的容器上方（即后面的容器 z-index 属性值较大）。相应地，第 5 个绝对定位的容器虽然在第 4 个绝对定位的容器后面，但由于第 4 个绝对定位的容器的 z-index 值为 10，第 5 个绝对定位的容器的 z-index 值为 9，所以第 4 个绝对定位的容器，显示在第 5 个绝对定位的容器的上方。

说明：

读者可以随意拖动浏览器的窗口大小，观察绝对定位的 div 容器的位置变化。这里还需要注意的是，在 IE 6.0 和 IE 7.0 中的浏览效果是不一样的。

2.4.2　CSS 固定定位

当容器的 position 属性值为 fixed 时，这个容器即被固定定位了。固定定位和绝对定位非常类似，不过被定位的容器不会随着滚动条的拖动而变化位置。在视野中，固定定位的容器的位置是不会改变的。在 D:\web\ 目录下创建网页文件（XHTML 1.0），命名为 pos_fix.htm，编写 pos_fix.htm 文件代码如下：

```
<!DOCTYPE html PUBLIC "-//W3C//DTD XHTML 1.0 Transitional//EN" "http://www.w3.
org/TR/xhtml1/DTD/xhtml1-transitional.dtd">
<html xmlns="http://www.w3.org/1999/xhtml">
<head>
<meta http-equiv="Content-Type" content="text/html; charset=gb2312" />
<title>CSS 固定定位</title>
<style type="text/css">
*{margin:0px;
    padding:0px;}
#all{width:500px;
        height:900px;
        background-color:#FF9900;}
#fixed{width:110px;
        height:90px;
        border:16px outset #993300;
        background-color:#00FF00;
        position:absolute;
        top:30px;
        left:20px;}
#a{width:250px;
    height:350px;
    margin-left:30px;
    background-color:#0099FF;
    border:2px outset #000;}
</style></head>
<body>
<div id="all">
    <div id="fixed">固定的容器</div>
    <div id="a">无定位的 div 容器</div>
</div>
</body>
</html>
```

这里将外部 div 设置为#FF9900 背景色，并将内部无定位的 div 设置为#0099FF 背景色，而将固定定位的 div 容器设置为#00FF00 背景色，并设置了 outset 类型的边框。在浏览器地址栏中输入 http://localhost/pos_fix.htm，浏览效果如图 2-23 所示。

读者可以尝试拖动浏览器的垂直滚动条，固定容器的位置不会有任何改变。不过 IE 6.0 版本的浏览器不支持 fixed 值的 position 属性，所以网上类似的效果都是采用 JavaScript 脚本编程完成的。

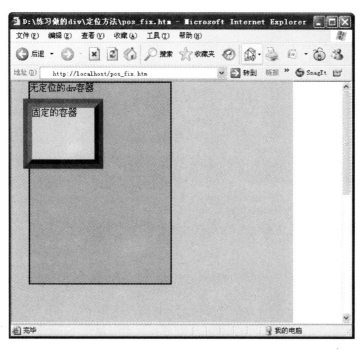

图 2-23　CSS 固定定位

2.4.3　CSS 相对定位

当容器的 position 属性值为 relative 时，这个容器即被相对定位了。相对定位和其他定位相似，也是独立地浮在上面。不过相对定位的容器的 top（顶部）、bottom（底部）、left（左边）和 right（右边）属性参照对象是其父容器的 4 条边，而不是浏览器窗口，并且相对定位的容器浮上来后，其所占的位置仍然留有空位，后面的无定位容器仍然不会"挤"上来。在 D:\web\目录下创建网页文件（XHTML 1.0），命名为 pos_rel.htm，编写 pos_rel.htm 文件代码如下：

```
<!DOCTYPE html PUBLIC "-//W3C//DTD XHTML 1.0 Transitional//EN" "http://www.w3.
org/TR/xhtml1/DTD/xhtml1-transitional.dtd">
<html xmlns="http://www.w3.org/1999/xhtml">
<head>
<meta http-equiv="Content-Type" content="text/html; charset=gb2312" />
<style type="text/css">
*{margin: 0px;
  padding:0px;}
#all{width:500px;
     height:500px;
     background-color:#FF9900;}
#fixed{width:130px;
       height:90px;
       border:15px ridge #0000FF;
       background-color:#99FF00;
```

```
        position:relative;
        top:15px;
        left:15px;}
#a,#b{width:250px;
    height:150px;
    background-color:#FFCCFF;
    border:2px outset #000;}
</style></head>
<body>
<div id="all">
    <div id="a">第 1 个无定位的 div 容器</div>
    <div id="fixed">相对定位的容器</div>
    <div id="b">第 2 个无定位的 div 容器</div>
</div>
</body>
</html>
```

这里将外部 div 设置为#FF9900 背景色，并将内部无定位的 div 设置为#FFCCFF 背景色，而将相对定位的 div 容器设置为#99FF00 背景色，并设置了 inset 类型的边框。在浏览器地址栏中输入 http://localhost/pos_rel.htm，浏览效果如图 2-24 所示。

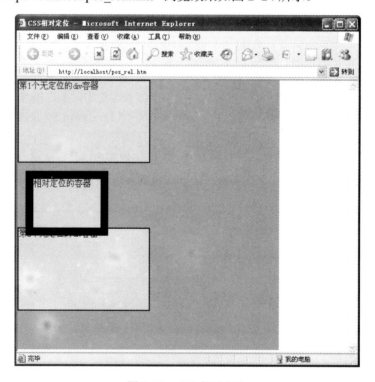

图 2-24　CSS 相对定位

相对定位的容器其实并未完全独立，浮动范围仍然在父容器内，并且其所占的空白位置仍然有效地存在于前后两个容器之间。

2.4.4 CSS 程序简化

虽然 CSS 文件或者嵌入的 CSS 都是纯文本文件，但对其进行整理和缩写，对于减少代码有很大帮助，当 CSS 定义的代码量比较多时，更加突显整理及缩写的重要性。

在本节的内容中，我们将介绍 CSS 程序简化的注意事项，具体缩写方法将结合后面的实例进行详细讲解。

Dw 缩写属性

使用 Dreamweaver 定义 CSS 虽然很方便，但是程序生成的代码比较复杂，div 的 CSS 规则定义的方框属性中定义的填充（padding）属性，系统会自动将上下左右 4 个属性分开定义，而实际情况下可以缩写在同一行内。

类似的情况还有：背景(background)、字体（font）、边框（border）、列表（list-style）、填充（padding）、边界（margin）等属性。

● 上右下左

填充、边框和边界都有 4 个边，可以合并成一行，按照"上右下左"（顺时针）的顺序定义，中间以空格来分隔，如"margin:5px 10px 15px 20px;"。

如果"上≠下"但是"左=右"，可以简写成 3 个值（上 左右 下），如"margin:5px 10px 15px;"，等同于"margin:5px 10px 15px 10px;"。

如果"上=下"且"左=右"，可以简写成两个值（上下 左右），如"margin:10px 20px;"，等同于"margin:10px 20px 10px 20px;"。

如果上下左右都相等，就可以合并成一个值，如"margin:5px;"，等同于"margin:5px 5px 5px 5px;"。

● 缩写颜色

类似于"#00FF00"，这样两位重复的颜色值，可以缩写为"#0F0"。

● 压缩属性

有些关于属性的定义可以压缩到一行中，各属性中间以空格分隔，如"font"（字体）的大小、颜色和粗细等。

Dw 利用通配符

在 CSS 的最开始部分定义通用 CSS 规则，通用规则对所有的选择符号都起作用，这样就可以统一声明绝大部分标签都会涉及的属性，比如边框、边界和填充等。

用通配符【*】进行声明，如下所示：

```
*{
Margin:0;
Padding:0;
}
```

此时，所有元素的边界和填充都为 0。而在其后可以再进行其他的规则声明，后面声明的规则会替换掉前面的通配属性定义。这样是为了避免一些未声明的元素，因为浏览器默认样式而造成的错位情况。

Dw 继承

子元素自动继承父元素的属性值，像字体、颜色等，所以对于可以继承的 CSS 规则，不需要重复定义。

Dw 组合

某些有相同属性的选择符可以统一定义。有相同属性的选择符中间以逗号"，"分隔，如"body，#main，table{border:0；}"，等同于分别定义这 3 个选择符的边框为 0。

Dw 0px 与 0

无论什么单位，都是 0，因此 0px=oin=0px=0。

在后面的实例章节中，将以实例的形式详细介绍 CSS 缩写的方法。到这里，我们已经介绍了 div+CSS 的网页布局相关知识，相信读者已经掌握 div+CSS 大体的布局方法，以及列表的布局元素及元素的概念等，在后面的章节中，我们将学习如何应用 div+CSS 制作静态的网页。

第 3 章 用户管理系统

用户管理系统是网站建设中常见的一种动态系统。用户管理系统一般具有登录注册、资料修改、找回密码及注销身份等功能。本章将创建一个企业的用户管理系统。该实例中主要用到了创建数据库和数据表、建立数据源连接、建立记录集、创建各种样本页、添加重复区域显示多条记录、页面之间传递信息等方法和技巧。

本章的实例效果

从入门到精通

教学重点

搭建用户管理系统开始平台 📁
数据库的设计与连接 📁
登录、注册、修改、找回密码功能 📁
用户管理系统开发后的测试 📁

3.1 搭建用户管理系统开发平台

用户管理系统常用于大型的动态网站，一般都在网站的首页单独列出一个模块用于用户登录，因此开发用户管理系统首先要制作相关的静态网页效果。用户管理系统在网站首页中的位置如图 3-1 所示。

用户管理系统在首页中的位置

图 3-1　用户管理系统在网站首页中的位置

首页的布局在设计的过程中需要使用 Photoshop 分割图片，配置 IIS 站点浏览，建立本实例的站点 chap03，使用 div+CSS 布局静态页面。

3.1.1 使用 Photoshop CS5 分割图片

下面就开始使用 Photoshop CS5 的切片工具分割首页图片。

STEP 1 首先，在本地计算机的 D 盘建立站点文件夹 chap03，在站点文件夹中建立常用文件夹（如 css、images、psd），如图 3-2 所示。然后从光盘里找到站点 chap03/psd 文件夹下的 index.psd 文件，将其复制到本地站点的 psd 文件夹中。

图 3-2　建立站点文件夹

STEP 2 启动 Photoshop CS5 图像处理软件。选择菜单栏中的"文件"→"打开"命令，打开首页 index.psd 文件，效果如图 3-3 所示。

图 3-3 首页可切片效果

STEP 3 开始分割各部分图片。首先切割最上面的 Logo 所在行的图片。单击工具箱中的"切片工具"按钮 ，从场景的左上角拉到标题的右下角，如图 3-4 所示。图中虚线框区域就是切片大小，切片后左上角会显示一个 **01** 图标。

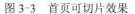

图 3-4 Logo 部分的切片效果

STEP 4 接下来分割其他图片部分。保持"切片工具"按钮 为选中状态，按下〈Ctrl+H〉组合键，打开辅助线视图，可以先用辅助线分割好需要分割的区域，再按照辅助线，将整个网页分割成 15 个小图片，如图 3-5 所示。

STEP 5 导出网页。到这里，切片工作基本完成。现在，要做的就是把它导出为真正的网页。选择菜单栏中的"文件"→"存储为 Web 和设备所用格式"命令，打开"存储为 Web 和设备所用格式"对话框，设置为"GIF"格式，"颜色"值为 256，"扩散"模式，"仿色"值为 100%，"Web 靠色"值为 100%，其他设置如图 3-6 所示。

STEP 6 单击"储存"按钮，打开"将优化结果存储为"对话框，单击选择"保存在"后面的下拉三角按钮 ，选择建立的 chap03 文件夹，其他设置保持默认值，如图 3-7 所示。

图 3-5 整个首页分割后的效果

图 3-6 "存储为 Web 和设备所用格式"对话框

图 3-7 "将优化结果存储为"对话框设置

STEP 7　单击"保存"按钮，完成保存切片的操作。打开保存文件的路径，可以看到自动生成了一个 images 的文件夹，文件夹中是首页分割后的小图片，设计时就是通过调用这些小图片组成首页效果的，如图 3-8 所示。

图 3-8　分割后的小图片

3.1.2　配置用户管理系统站点服务器

使用 IIS 在本地计算机上构建用户管理系统网站的站点。

配置系统站点服务器的步骤如下：

STEP 1　首先启动 IIS，在 IIS 窗口中右键单击"默认网站"选择菜单中的"属性"命令，打开"默认网站 属性"对话框，如图 3-9 所示。

图 3-9　"默认网站 属性"对话框

STEP 2 单击"主目录"选项卡，在"本地路径"文本框中输入设置站点文件夹路径为"D:\chap03"，其他设置保持默认值，如图 3-10 所示。

图 3-10 设置网站的"本地路径"

STEP 3 单击"文档"选项卡，单击对话框中的"添加"按钮，打开"添加默认文档"对话框，在"默认文档名"文本框中输入 index.asp，如图 3-11 所示。

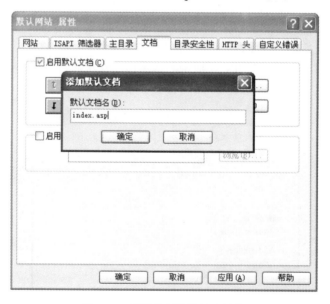

图 3-11 设置首页的默认文档名

STEP 4 单击"确定"按钮，返回"文档"选项卡，再单击对话框上的"向上移动位置"按钮 ![t]，将其移动到第一位，移动后的对话框如图 3-12 所示。

图 3-12 设置浏览的优先位置

STEP⑤ 单击"确定"按钮，完成"默认网站 属性"的配置，由于前面已经使用 Photoshop CS5 对页面进行了切片，并自动保存生成了 index.html 页面，所以打开 IE 浏览器输入地址：http://127.0.0.1，即可打开页面切片后的效果。如果可以浏览到用 Photoshop CS5 切片后的网页效果，说明站点服务器的配置已经完成，就可以开始下一个步骤的制作。

3.1.3 创建编辑站点 chap03

使用 Dreamweaver CS5 进行网页布局设计时，首先需要用定义站点向导定义站点，具体操作步骤如下：

STEP① 打开 Dreamweaver CS5，选择菜单栏中的"站点"→"管理站点"命令，打开"管理站点"对话框。

STEP② 对话框的左边是站点列表框，其中显示了所有已经定义的站点。单击右边的"新建"按钮，从弹出的下拉菜单中选择"站点"命令，则打开"站点设置对象"对话框，进行如下参数设置：

"站点名称"：chap03。

"本地站点文件夹"：D:\chap03\。

如图 3-13 所示。

STEP③ 单击列表框中的"服务器"选项，进行如下参数设置。

"服务器名称"：chap03。

"连接方法"：本地/网络。

"服务器文件夹"：D:\chap03\。

"Web URL"：http://127.0.0.1。

如图 3-14 所示。

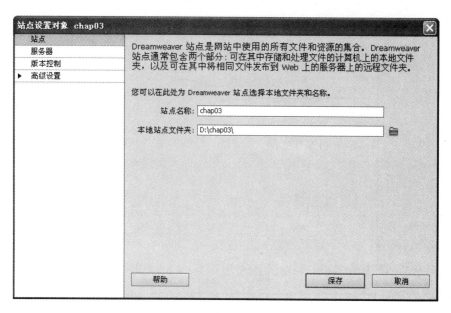

图 3-13 定义站点

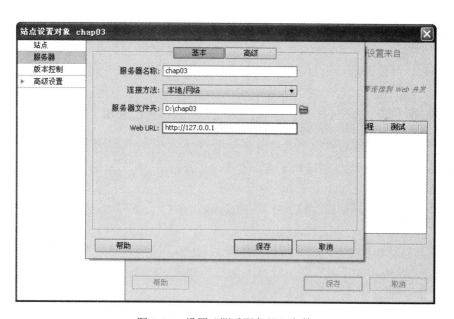

图 3-14 设置"测试服务器"参数

STEP 4 单击"保存"按钮,则完成站点的定义设置。在 Dreamweaver CS5 中就已经拥有了刚才所设置的站点了。

3.1.4 div+CSS 布局网页

整体的页面布局规划设计如图 3-15 所示。

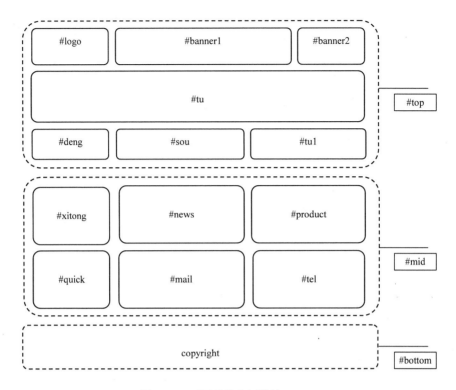

图 3-15　页面整体布局设计

使用 div+CSS 布局首页的步骤如下：

STEP 1 将原来的 index.html 中的所有代码删除，然后修改为标准的 ASP 文档格式，将</head>以上的代码优化为如下代码：

```
<%@LANGUAGE="VBSCRIPT" CODEPAGE="65001"%>//宣告为 ASP 文档
<!DOCTYPE html PUBLIC "-//W3C//DTD XHTML 1.0 Transitional//EN" "http://www.w3.org/TR/xhtml1/DTD/xhtml1-transitional.dtd">
<html xmlns="http://www.w3.org/1999/xhtml">
<head>
<meta http-equiv="Content-Type" content="text/html; charset=gb2312" />
<link rel="stylesheet" href="css/style.css" type="text/css"/>//链接 CSS 样式的文件
<title>用户管理系统</title>
</head>
```

STEP 2 其他 div 的布局代码如下：

```
<body>
<div id="top">
<div id="logo"><img src="/images/index_01.gif" width="247" height="91" /></div>
<div id="banner">
<div id="banner1">
    <div class="banner1"><a href="#">首　页</a>　　<a href="#">产品介绍</a>　　<a href="#">行业动态</a>　　<a href="#">应用案例</a>　　<a href="#">联系我们</a></div>
```

```
        </div>
        <div id="banner2">
        <div class="banner2"><a href="#">促销产品</a>　<a href="#">产品目录</a>　<a href="#">品牌目
录</a>　<a href="#">库存产品</a>　<a href="#">解决方案</a>　<a href="#">技术要领</a></div>
        </div>
        </div>
        <div id="banner3">
        </div>
        <div id="tu"><img src="/images/index_05.gif"></div>
        <div id="deng"><img src="/images/index_06.gif"></div>
        <div id="sou"><img src="/images/index_07.gif"></div>
        <div id="tu1"><img src="/images/index_08.gif"></div>
        </div>
        <div id="mid">
        <div id="xitong">
        <form method="POST" name="form1" id="form1"  >
          <div class="use">用户：<input name="username" type="text" id="username" size="10" /> </div>
          <div class="deng"></div>
          <div class="pass">密码：<input name="password" type="text" id="username" size="10" />
            <input type="submit" name="button" id="button" value="登录" />
          </div>
        </form>
          <div class="newuser"><a href="register.asp">注册新用户 </a></div>
          <div class="zhaohui"><a href="lostpassword.asp">取回密码 </a></div>
        </div>
        <div id="news">
        <div class="news">
        <p>北海港筹划重大资产重组...                [2008-02-30]</p>
        <p>境外银行入境套利五路径...                [2008-03-21]</p>
        <p>打造跨国公司服务链...                    [2008-04-22]</p>
        <p>某某集团面临重组...                      [2008-05-01]</p>
        </div>
        </div>
        <div id="product"><img src="/images/index_11.gif" width="460" height="141"  /></div>
        <div id="quick"><img src="/images/index_12.gif" width="247" height="154"  /></div>
        <div id="mail"><img src="/images/index_13.gif" width="317" height="154"   /></div>
        <div id="tel"><img src="/images/index_14.gif" width="460" height="154"   /></div>
        </div>
        <div id="bottom"> <img src="/images/index_15.gif"   /></div>
        </body>
        </html>
```

STEP 8 div 布局完成后需要将该页面保存，选择菜单栏上的"文件"→"另存为"命令，打开"另存为"对话框，在"文件名"文本框中输入文件名为"index.asp"，单击"保存类型"后面的下拉三角按钮 ，在打开的下拉列表框中选择 Active Server Pages（*.asp；*.asa）菜单项，如图 3-16 所示。单击"保存"按钮完成首页的布局设计。

图 3-16 "另存为"对话框设置

STEP ④ 在站点中建立 css 文件夹，并建立一个 style.css 样式文件，对首页的样式控制
代码如下：

```
/* 页面整体 CSS*/
*{ margin:0px;
    padding:0px;}
  body{ width:100%; height:100%; font-size:12px; background:#000;}

/*设置页面链接*/
a:link {
color: #000000;
text-decoration: none;
}
a:visited {
text-decoration: none;
color:#666666;
}
a:hover {
text-decoration: underline;
color: #FF9900;
}
a:active {
text-decoration: none;
color: #000000;
}
/* 设置所有图片的边框为 0*/
img {border: 0;}
/* 设置最外层居中显示，实现让整个页面居中显示*/
#top,#mid,#bottom{ margin:auto; width:1024px;}
```

```
/*  设置左浮动的标签*/
#logo,#banner,#banner3,#deng,#sou,#tu1,#xitong,#news,#product,#quick,#mail,#tel
{ float:left;}
/*top 部分*/
#banner{
width:778px;
width:91px;}
#banner1{ width:545px;
            height:62px;
        background-image:url(/images/index_02.gif);}
        .banner1{ width:520px;
            height:21px;
        margin-left:9px;
        margin-top:40px;
        font-size:18px; font-weight:bold;}
    .banner1 a:link {
    color: #000000;
    text-decoration: none;
}
.banner1 a:visited {
text-decoration: none;
color:#000;
}
.banner1 a:hover {
text-decoration: underline;
color: #FF9900;
}
.banner1 a:active {
text-decoration: none;
color: #000000;
}
#banner2{ width:545px;
            height:29px;
        background-image:url(/images/index_04.gif);}
.banner2{ width:400px;
            height:13px;
        margin-left:130px;
        margin-top:10px;}
.banner2 a:link {
color: #000000;
text-decoration: none;
}
.banner2 a:visited {
text-decoration: none;
color:#FFF;
}
```

```
.banner2 a:hover {
text-decoration: underline;
color: #FF9900;
}
.banner2 a:active {
text-decoration: none;
color: #000000;
}
#banner3{ width:232px;
         height:91px;
         background-image:url(/images/index_03.gif);}
.banner3{ width:150px;
         height:13px;
         margin-left:22px;
         margin-top:40px;}
/*mid 部分*/
#xitong{ width:247px;
         height:141px;
         background-image:url(/images/index_09.gif);}
.use{
margin-left:48px;
margin-top:6px;}
.deng{
margin-left:100px;
}
.pass{
margin-left:48px;
margin-top:10px;
}
.newuser{
margin-left:140px;
margin-top:10px;
}
.zhaohui{
margin-left:140px;
margin-top:10px;
}
#news{ width:317px;
    height:141px;
background-image:url(/images/index_10.gif);}
.news{
margin-left:20px;
margin-top:45px;
line-height: 19px;
}
```

STEP⑤ 制作完成后在 IE 6.0 浏览器中的显示效果如图 3-17 所示。

图 3-17 制作完成的首页效果

STEP 6 将首页的中间部分删除，另存为 moban.asp 作为二级页面备用，如图 3-18 所示。

图 3-18 制作的二级页面效果

Section 3.2 数据库设计与连接

用户管理系统要设计一个存储用户注册资料的数据库文件。实例设计中使用的 Access 数据库 user 数据表如图 3-19 所示，在后面的实例中能够利用该表实现用户名、密码等资料的添加。

图 3-19　实例设计中的 user 数据表

3.2.1　数据库设计

用户系统数据库设计的步骤如下：

STEP 1　创建数据库的第一步是根据要制作的网站所要面对的访问者做一个调查分析，了解来访者的情况。

STEP 2　根据第一步的调查分析，设计数据表 user 的字段结构，如表 3-1 所示。

表 3-1　user 数据表结构

意　义	字段名称	数据类型	字段大小	必填字段	允许空字符串	索　引
主题编号	ID	自动编号	长整型			有（无重复）
用户账号	username	文本	20	是	否	无
用户密码	password	文本	20	是	否	无
真实姓名	truename	文本	20	是	否	无
用户性别	sex	文本	2	是	否	无
邮箱地址	Email	文本	50	否	是	无
密码遗失提示问题	Question	文本	50	是	否	无
密码提示问题答案	Answer	文本	50	是	否	无
用户权限	Authority	数字	长整型			无

说明：

数据库中常见属性解释如下：

字段大小：在自动编号的字段大小中常见的是长整型和同步复制 ID，长整型是 Access 项目中的一种 4B（32bit）数据类型，存储-2^{31}（即$-2\,147\,483\,648$）~$2^{31}-1$（即$2\,147\,483\,647$）之间的数字。

必填字段：是一些用户必须填写的字段，在更新数据库时，如果为空将无法更新。

允许空字符串：空字符串，首先它是字符串，但是这个字符串没有内容。空就是 null，不是任何东西，不能等于任何东西。

索引：索引是一个单独的、物理的数据库结构，它是依赖于表建立的，它提供了数据库编排表数据的内部方法。一个表的存储是由两部分组成的，一部分用来存放表的数据页面；另一部分存放索引页面。

STEP 3 首先运行 Microsoft Access 程序。单击"空白数据库"按钮，在主界面的右侧打开"空白数据库"面板，如图 3-20 所示。单击"空白数据库"面板上的"浏览到某个位置来存放数据库"按钮，打开"文件新建数据库"对话框。

图 3-20　打开"空白数据库"面板

STEP 4 在"保存位置"后面的下拉列表框中选择前面创建站点 chap03 中的 mdb 文件夹，在"文件名"文本框中输入文件名 user，为了让创建的数据库能被通用，在"保存类型"下拉列表框中选择"Microsoft Access 数据库(2000)"选项，如图 3-21 所示。

图 3-21　"文件新建数据库"对话框

STEP 5 单击"确定"按钮，返回"空白数据库"面板，再单击"空白数据库"面板的"创建"按钮，即在 Microsoft Access 中创建了一个 user.mdb 数据库文件，同时 Microsoft Access 自动默认生成了一个"表 1：表"数据表，如图 3-22 所示。

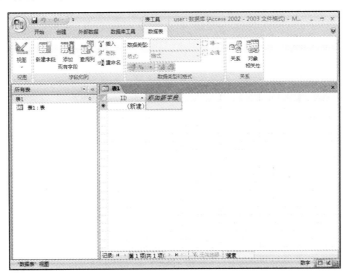

图 3-22 创建的默认数据表

STEP 6 右键单击"表 1：表"，打开快捷菜单，执行快捷菜单中的"设计视图"命令，打开"另存为"对话框，在"表名称"文本框中输入数据表名称 user，如图 3-23 所示。

STEP 7 单击"确定"按钮，系统将自动打开创建好的 user 数据表，如图 3-24 所示。

图 3-23 "另存为"对话框

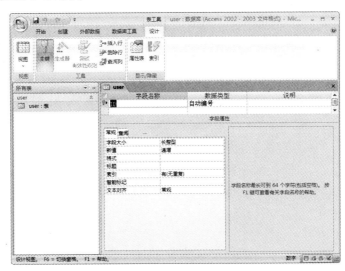

图 3-24 建立的 user 数据表

STEP 8 按表 3-1 输入各字段的名称并设置其相应属性，结果如图 3-25 所示。

说明：

Access 为 user 数据表自动创建了一个主键值 ID，主键是在所建数据库中建立的唯一一个真实值，数据库通过建立主键值，方便后面搜索功能的调用，但要求所产生的数据没有重复。

字段名称	数据类型	说明
ID	自动编号	
username	文本	
password	文本	
truename	文本	
sex	文本	
Email	文本	
Question	文本	
Answer	文本	
Authority	数字	

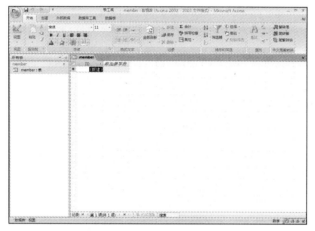

图 3-25　创建表的字段

STEP 9　双击 user：表 按钮，打开 user 数据表，如图 3-26 所示。

图 3-26　创建的 user 数据表

STEP 10　为了方便用户访问，可以在数据库中预先编辑一些记录对象，其中 admin 用户（即为管理员）的权限（即 Authority 字段）值为 1，其余用户权限值为 0，即为一般用户，如图 3-27 所示。

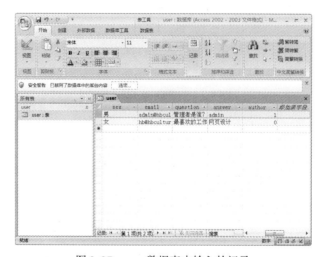

图 3-27　user 数据表中输入的记录

STEP⑪ 编辑完成，单击"保存"按钮，完成数据库的创建，最后关闭 Access 软件。

3.2.2 数据库连接

在数据库创建完成后，需要在 Dreamweaver 中建立数据源连接对象，才能在动态网页中使用这个数据库文件。接下来介绍在 Dreamweaver 中用 ODBC 连接数据库的方法，在操作的过程中要注意 ODBC 连接时参数的设置。

说明：

开放数据库互连（ODBC）是 Microsoft 引用的一种早期数据库接口技术。Microsoft 引用这种技术的一个主要原因是，以非语言专用的方法提供给程序员一种访问数据库内容的简单方法。换句话说，访问 DBF 文件或 Access Basic 以得到 MDB 文件中的数据时，无须懂得 Xbase 程序设计语言。

一个完整的 ODBC 由下列几个部件组成：

应用程序（Application）：该程序位于控制面板 ODBC 内，其主要任务是管理安装的 ODBC 驱动程序和管理数据源。

驱动程序管理器（Driver Manager）：驱动程序管理器包含在 ODB DLL 中，对用户是透明的，其任务是管理 ODBC 驱动程序，是 ODBC 中最重要的部件。

ODBC 驱动程序：是一些 DLL，提供了 ODBC 和数据库之间的接口。

数据源：数据源包含了数据库位置和数据库类型等信息，实际上是一种数据连接的抽象叫法。

具体连接步骤如下：

STEP① 依次单击"控制面板"→"管理工具"→"数据源 (ODBC)"→"系统 DSN"命令，打开"ODBC 数据源管理器"中的"系统 DSN"选项卡，如图 3-28 所示。

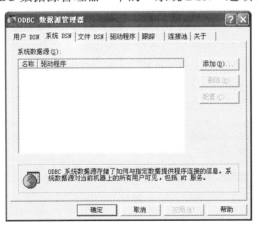

图 3-28　"ODBC 数据源管理器"中的"系统 DSN"选项卡

STEP② 在图 3-28 中单击"添加（D）"按钮，打开"创建新数据源"对话框，在"创建新数据源"对话框中，选择 Driver do Microsoft Access（*.mdb）选项，如图 3-29 所示。

图 3-29 "创建新数据源"对话框

STEP 3 单击"完成"按钮,打开"ODBC Microsoft Access 安装"对话框,在"数据源名(N)"文本框中输入 user,如图 3-30 所示。

图 3-30 "ODBC Microsoft Access 安装"对话框

STEP 4 在图 3-30 所示对话框中单击"选择(S)"按钮,打开"选择数据库"对话框,单击"驱动器(V)"列表框右侧的下拉三角按钮 ▼,从下拉列表框中找到创建数据库步骤中数据库所在的盘符,在"目录(D)"中找到在创建数据库步骤中保存数据库的文件夹,然后单击左上方"数据库名(A)"选项组中的数据库文件 user.mdb,则数据库名称自动添加到"数据库名(A)"下的文本框中,如图 3-31 所示。

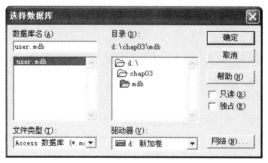

图 3-31 选择数据库

STEP 5 找到数据库后，单击"确定"按钮回到"ODBC Microsoft Access 安装"对话框中，再次单击"确定"按钮，将返回到"ODBC 数据源管理器"中的"系统 DSN"选项卡，可以看到"系统数据源"中已经添加了一个名称为"user"、驱动程序为"Driver do Microsoft Access（*.mdb）"的系统数据源，如图 3-32 所示。

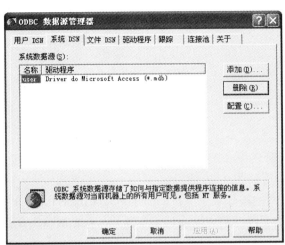

图 3-32 添加系统数据源后的"系统 DSN"选项卡

STEP 6 再次单击"确定"按钮，完成"ODBC 数据源管理器"中"系统 DSN"的设置。

STEP 7 启动 Dreamweaver CS5，打开前面制作的 index.asp 静态页面。在 Dreamweaver 软件中执行菜单中的"文件"→"窗口"→"数据库"命令，打开"数据库"面板，如图 3-33 所示。

STEP 8 单击"数据库"面板中的 按钮，弹出如图 3-34 所示的菜单，选择"数据源名称（DSN）"选项。

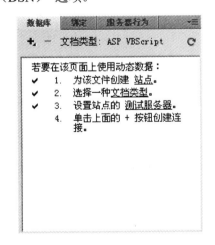

图 3-33 "数据库"面板   图 3-34 选择"数据源名称（DSN）"选项

STEP 9 打开"数据源名称（DSN）"对话框，在"连接名称"文本框中输入 connuser，单击"数据源名称（DSN）"下拉列表框右侧的下拉三角按钮![button]，从打开的数据源名称（DSN）下拉列表中选择 user，其他保持默认值，如图 3-35 所示。

图 3-35　选择数据源名称

STEP10 在"数据源名称（DSN）"页面中，单击"确定"按钮后完成此步骤。此时在"数据库"面板中的内容应如图 3-36 所示。

STEP11 同时，在网站根目录下将自动创建名为 Connections 的文件夹，该文件夹内有一个名为 connuser.asp 的文件，它可以用记事本打开，内容如图 3-37 所示。

图 3-36　设置的数据库

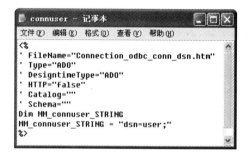

图 3-37　自动生成的 connuser.asp 文件

说明：

connuser.asp 文件中记载了数据库的连接方法及连接参数，其各行代码的含义如下：

```
***********************************************************************
<%
' FileName="Connection_odbc_conn_dsn.htm"
' Type="ADO"
//类型为 ADO
' DesigntimeType="ADO"
//前三行代码是设置数据库的连接方式为 ADO 的连接方法
' HTTP="false"
//设置 http 的连接方法为否
' Catalog=""
//设置目录为空
' Schema=""
```

```
//概要内容为空
Dim MM_user_STRING
//定义为 user 数据库名的绑定
MM_user_STRING = "dsn=user;"
//设置为 DSN 数据源连接
%>
*********************************************************************
```

如果网站要上传到远程服务器端，则需要对数据库的路径进行更改。

STEP 12 选择菜单栏上的"文件"→"保存"命令，则完成数据库的连接。

3.3 登录功能

用户管理系统所需要的页面比较多，所以需要进行一个整体的规划。在该系统中，除了可以让用户输入"用户名"和"密码"进行登录外，还应该包括"注册新用户"和"找回遗失密码"的功能。当用户在"用户名"文本框和"密码"文本框中分别输入用户名和密码，并单击"登录"按钮后，将进入一个登录页面，该页面应该具有验证用户名和密码是否正确的功能。如果用户名和密码都正确，将直接进入用户管理系统主页；如果不正确，则将显示不正确信息，并提示重新注册信息。如果是新用户，则可以直接单击"注册新用户"链接文本，进入注册新用户页面。如果忘记密码，则可以单击"取回密码"文本链接，进入找回遗失密码的页面。另外，还需要为用户提供修改个人资料和注销身份的功能。虽然，这两个功能没有在该页面上显示出来，但是它们和注册信息都有直接关系，因此，它们也属于用户管理系统之中。

通过上面的分析与设计，该用户管理系统主要由以下一些动态网页构成，见表3-2：

表3-2　用户数据设计表

需要制作的页面	页面名称
用户登录页面	index.asp
登录成功页面	welcome.asp
登录失败页面	loginfail.asp
注册新用户页面	register.asp
注册成功显示页面	registerok.asp
注册失败显示页面	registerfail.asp
用户找回遗失密码的页面	lostpassword.asp
显示提示问题的页面	showquestion.asp
正确回答问题后显示密码的页面	showpassword.asp
修改个人资料的页面	userupdate.asp
用户删除账号的页面	userdelete.asp

3.3.1 登录主页面

在用户访问该登录系统时，首先要进行身份验证，这个功能是靠登录页面实现的。如果输入的用户名和密码与数据库中已有的用户名和密码相匹配，则登录成功，进入到 welcome.asp 页面；如果输入的用户名和密码与数据库中已有的用户名和密码不匹配，则登录失败，进入显示登录失败的页面 loginfail.asp。

制作步骤如下：

STEP① 首先来看一下登录系统中都包含哪些内容，当用户进入站点后，看到的是登录系统的页面 index.asp，图 3-38 所示为登录系统的主页面。

图 3-38 登录系统主页面

STEP② index.asp 页面是这个登录系统的首页，也是用于输入登录信息的页面。打开刚创建的 index.asp 页面，输入网页标题"用户管理系统"，选择菜单栏上的"文件"→"保存"命令。

STEP③ 选择"用户："在"属性"面板的"文本域"文本框中设置名称为"username"，参数设置如图 3-39 所示。

图 3-39 设置登录用户名的字段名称

STEP④ 选择"密码："在"属性"面板的文本域文本框中设置名称为"password"，参数设置如图 3-40 所示。

STEP⑤ 为了让没有注册的浏览者方便注册，需要输入"注册新用户"文本，并将该文本设置为一个切换到用户注册页面 register.asp 的链接对象，以方便注册新用户，效果如图 3-41 所示。

图 3-40 设置登录用户密码的字段名称

图 3-41 建立"注册新用户"链接

STEP 6 如果已经注册的用户忘记了密码，还希望以其他方式能够重新获得密码，可以输入"取回密码"文本，并将该文本设置为一个切换到取回密码页面 lostpassword.asp 的链接对象，以方便用户取回密码，如图 3-42 所示。

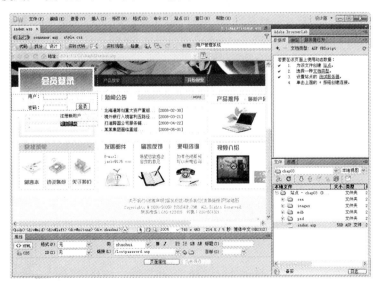

图 3-42 取回密码设置

STEP 7 表单编辑完成后，下面来编辑该网页的动态内容，使用户可以通过该网页中表单的提交实现登录功能。选择菜单栏中的"窗口"→"服务器行为"命令，打开"服务器行为"面板。单击该面板上的"+"号按钮，从打开的菜单中选择"用户身份验证"→"登录用户"命令，如图 3-43 所示，向该网页添加登录用户的服务器行为。

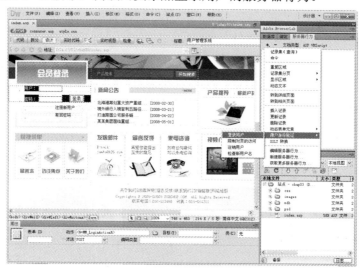

图 3-43　添加"登录用户"的服务器行为

STEP 8 打开如图 3-44 所示的"登录用户"对话框，由于该对话框中需要设置的参数较多，下面将逐一向读者进行介绍。

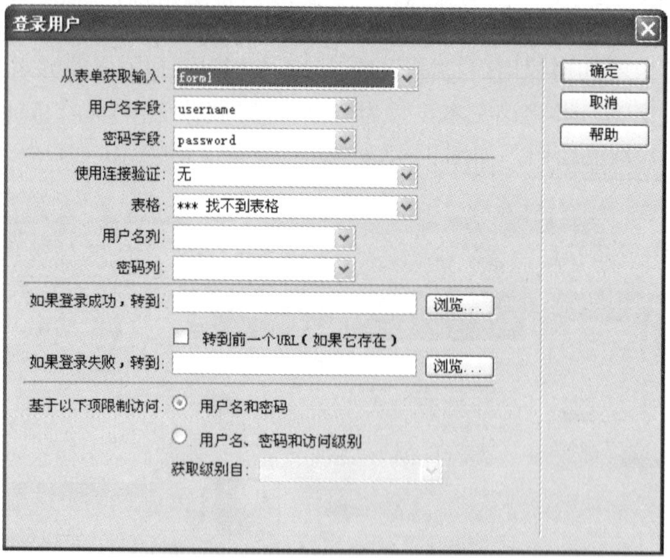

图 3-44　"登录用户"对话框

STEP 9 "登录用户"对话框的第一部分用来设置表单中的文本域的功能，需要进行如下设置：

● 从"从表单获取输入"下拉列表中选择该服务器行为使用网页中的 form1 表单对象中浏览者填写的对象。

● 从"用户名字段"下拉列表中选择文本域 username 对象，设定该用户登录服务器行为的用户名数据来源为表单的 username 文本域中浏览者输入的内容。

● 从"密码字段"下拉列表中选择文本域 password 对象，设定该用户登录服务器行为的用户名数据来源为表单的 password 文本域中浏览者输入的内容。

"登录用户"对话框的第二部分是用来设置服务器行为使用到的数据源连接的一些参数。

● 从"使用连接验证"下拉列表中选择用户登录服务器行为使用的数据源连接对象为 connuser。

● 从"表格"下拉列表中选择该用户登录服务器行为使用到的数据库表对象为 user。

● 从"用户名列"下拉列表中选择表 user 存储用户名的字段为 username 字段。

● 从"密码列"下拉列表中选择表 user 存储用户密码的字段为 password 字段。

完成后的设置如图 3-45 所示。

图 3-45　设置数据源连接

"登录用户"对话框的第三部分用来设置用户登录成功或失败时分别转向的页面。

● 在"如果登录成功，转到"文本框中输入登录成功后，转向/welcome.asp 页面。

● 在"如果登录失败，转到"文本框中输入登录失败后，转向/loginfail.asp 页面。

完成后的设置如图 3-46 所示。

这两个网页将在后面单独进行编辑。

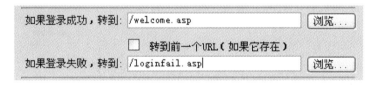

图 3-46　设置页面转向

注意：

如果选中"如果登录成功，转到"栏下方的"转到前一个 URL(如果它存在)"复选框，则登录成功后浏览器会回到浏览 index.asp 的前一页。

"登录用户"对话框的最后一部分是用来设置后面设定用户浏览权限所要用到的一些参数。

● 选择"基于以下项限制访问"后面的"用户名、密码和访问级别"单选按钮，设定后面将根据用户的用户名、密码及权限级别共同决定其浏览网页的权限。然后从"获取级别自"下拉列表中选择 Authority 字段，表示根据 Authority 字段的数字来确定用户的权限级别。

完成后的设置如图 3-47 所示。

图 3-47　设置访问权限

通过以上步骤完成设置工作。设置完成后的"登录用户"对话框如图 3-48 所示。注意对照检查。

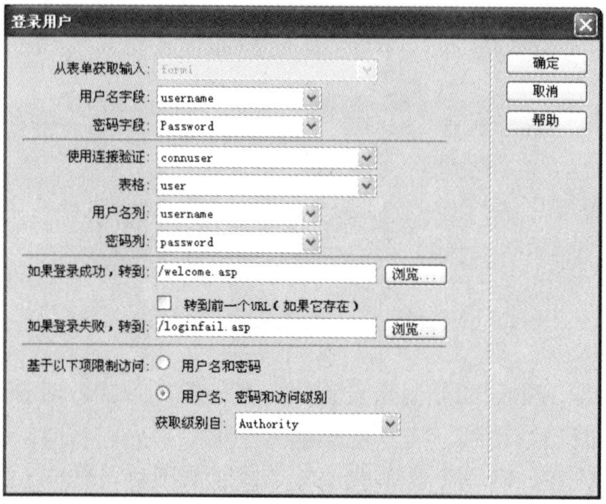

图 3-48　设置完成后的"登录用户"对话框

STEP⑩ 设置完成后，单击"确定"按钮，关闭该对话框，返回到"文档"窗口。在"服务器行为"面板中增加了一个"登录用户"行为，如图 3-49 所示。

STEP⑪ 同时，可以看到表单对象对应的"属性"面板的"动作"属性值为<%=MM_LoginAction%>，如图 3-50 所示。它的作用就是实现用户登录功能，这是一个 Dreamweaver CS5 自动生成的动作对象。

STEP⑫ 选择菜单栏上的"文件"→"保存"命令，将该文档保存到本地站点中。

图 3-49　"服务器行为"面板

图 3-50　表单对应的"属性"面板

3.3.2 完善登录页面

当用户输入的登录信息不正确时，切换到 loginfail.asp 页面，显示登录失败的信息。如果浏览者输入的登录信息正确，将切换到 welcome.asp 页面，如图 3-51 所示。

图 3-51 登录成功界面

本节将完善登录功能页面，制作步骤如下：

STEP 1 将制作的 moban.asp 另存为 loginfail.asp 页面，并在网页标题栏中输入"登录失败"。

STEP 2 在文档中修改布局效果，并输入登录失败的说明文字。在"文档"窗口中选中"这里"文本，在其对应的"属性"面板中的"链接"文本框中输入 index.asp，将其设置为指向 index.asp 页面链接。显示用户登录失败信息的 loginfail.asp 页面如图 3-52 所示。

图 3-52 登录失败页面 loginfail.asp

STEP 3 选择菜单栏中的"文件"→"保存"命令，将该文档保存，完成 loginfail.asp 页面的创建。

STEP 4 将制作的 moban.asp 另存为 welcome.asp 页面，并在网页标题栏中输入"登录成功"。

STEP 5 使用 Dreamweaver CS5 中提供的制作静态网页的工具完成如图 3-53 所示的静态部分。为了测试登录系统的方便，在此只编辑了一些简单的内容。

图 3-53 登录成功欢迎界面的内容

STEP 6 选择菜单栏中的"窗口"→"绑定"命令，打开"绑定"面板，单击该面板上"+"号按钮，从打开的菜单中选择"阶段变量"命令，为网页中定义一个阶段变量，如图 3-54 所示。

STEP 7 此时将打开"阶段变量"对话框。在"名称"文本框中输入"阶段变量"的名称 MM_username，如图 3-55 所示。

图 3-54 添加阶段变量   图 3-55 定义阶段变量

STEP 8 设置完成后，单击该对话框中的"确定"按钮，关闭该对话框，返回到"文档"窗口。在"绑定"面板中，将显示一个动态数据对象组 Session。单击 Session 图标左边的

"+"号按钮，可以查看所有的阶段变量，可以看到刚才定义的 MM_username 显示在其中，如图 3-56 所示。

STEP 9 在"文档"窗口中通过拖动鼠标选择"XXXXXX"文本，然后在"绑定"面板中选择 MM_username 变量，再单击"绑定"面板底部的"插入"按钮 插入 ，将其插入到该"文档"窗口中设定的位置。插入完毕，可以看到"XXXXXX"文本被{Session.MM_username}占位符代替，如图 3-57 所示。这样，就完成了这个显示登录用户用户名阶段变量的添加工作。当网页在浏览器中显示时，该阶段变量将被具体的用户名代替。

图 3-56 通过"绑定"面板建立的阶段变量

图 3-57 绑定后的效果

说明：

以上定义的阶段变量对当前站点内所有的网页文件都是有效的。用户登录成功时，服务器就为用户建立一个会话变量，在一般情况下，为用户提供的大部分功能都是基于这个会话对象的，如果用户浏览完毕，需要退出时，就必须结束这个会话变量；否则，有可能造成用户信息泄露。在一般情况下，如果用户关闭浏览器或用户长时间没有操作以致服务器就认为用户已经离开，都可以结束该用户的会话对象。但是，不能通过这两种消极的方式来结束会话，应该在网页中为用户提供一个积极的结束会话。在 Dreamweaver CS5 中要实现这种功能很简单，只要通过"注销用户"的服务器行为就可以了。

STEP 10 在"文档"窗口中通过拖动鼠标选中"注销用户"文本。打开"服务器行为"

面板。单击该面板中的"+"号按钮，从打开的菜单中选择"用户身份验证"命令，从打开的子菜单中选择"注销用户"命令，如图3-58所示。

图3-58 选择"注销用户"命令

STEP11 打开"注销用户"对话框。在该对话框中可为所选中的文本添加一个结束会话的服务器行为，其设置如下：

- 在该对话框中的"在以下情况下注销"栏中选中"单击链接"单选按钮，单击文本框右侧的下拉三角按钮 ，在打开的下拉列表中选择"所选范围："注销用户"，设置结束会话动作的触发事件是网页中的"注销用户"文本被单击。
- 在"在完成后，转到"文本框中输入/logout.asp，设置结束会话后，转到 logout.asp 页面。

完成后的设置如图3-59所示。

图3-59 设置完成后的"注销用户"对话框

STEP12 设置完成后，单击"确定"按钮，关闭该对话框，返回到"文档"窗口。在"服务器行为"面板中增加了一个"注销用户"行为，如图3-60所示。同时，可以看到"结束会话"文本链接对应的"属性"面板中的"链接"属性值为<%=MM_Logout %>，如图3-61所示。它是 Dreamweaver CS5 自动生成的动作对象。

图 3-60　"服务器行为"面板

图 3-61　表单对应的"属性"面板

STEP ⑬ 选择菜单栏中的"文件"→"保存"命令，将该文档保存到本地站点中。

3.3.3　登录功能测试

制作好一个系统后需要进行测试才能上传到服务器进行使用。下面就对登录功能进行测试，其步骤如下：

STEP ① 打开 IE 浏览器，在地址栏中输入http://127.0.0.1，打开 index.asp 文件，如图 3-62 所示。

图 3-62　打开制作的首页效果

STEP 2 在网页的表单对象的文本框及密码框中输入用户名及密码，输入完毕，单击"登录"按钮。

STEP 3 如果第二步填写的登录信息是错误的，则浏览器就会转到错误信息显示页面 loginfail.asp，显示登录错误信息，如图 3-63 所示。

图 3-63　登录失败页面 loginfail.asp 的显示效果

STEP 4 如果输入的用户名和密码都正确（如输入前面数据库中预先输入的 admin），则转到 welcome.asp 页面，显示登录成功信息。同时，网页中将显示出登录用户名，如图 3-64 所示。这是因为在网页中设置了名为 MM_username 的阶段变量。

图 3-64　登录成功页面 welcome.asp 的显示效果

STEP⑤ 如果想结束会话，只需要单击"结束会话"文本链接即可。结束会话后，浏览器就会转到页面 logout.asp（该页面需要事先设计静态的页面效果），向用户显示出结束会话成功的信息。这个页面也需要进行单独制作，方法同前面。如果想重新登录，只需要单击"这里"文本链接，就可以转到页面 index.asp，重新登录，如图 3-65 所示。

图 3-65　结束会话成功

到这一步登录功能页面就制作完成了，读者可以根据自己设计的网页内容适当地增加和修改关键字段，扩展用户注册的功能。

Section 3.4 注册功能

一个用户管理系统还需要有注册新用户的功能，对于新用户来说，通过单击 index.asp 页面上的"注册新用户"文本链接，进入到名为 register.asp 的页面，输入注册信息后单击"注册"按钮，即可实现注册功能。

3.4.1　注册主页面

register.asp 页面用于新用户注册，注册新用户的操作实质上是向 user.mdb 数据库中的 user 表中添加记录的操作，制作完成后的页面如图 3-66 所示。

具体设计步骤如下：

STEP① 将制作的 moban.asp 另存为 register.asp 页面，并在网页标题栏中输入"用户注册"。

STEP② 使用 Dreamweaver CS5 中提供的制作静态网页的工具完成如图 3-67 所示的静态部分。

图 3-66　注册系统的主页面样式

图 3-67　register.asp 页面静态设计

注意:

　　为表单对象命名时,由于表单对象中的内容将被添加到 user 表中,因此可以设置表单对象名定义与数据表中相应字段名称相同。例如,将用于添加用户名的文本框命名为 username,把用于添加密码的文本框命名为 password 等。这样做的目的是,当该表单中的内容被添加到 user 表中时它们会自动配对,即将文本“确认密码”对应的文本框命名为 password1。

　　STEP 3 需要设置一个验证表单的动作,用来检验浏览者在表单中填写的内容是否满足数据库中表 user 中字段的要求。这样,在将用户填写的注册资料提交到服务器之前,就会对用户填写的资料进行验证。对于不符合要求的信息,可以向浏览者显示错误的原因,并让浏览者重新输入。首先选择制作页面中的整个表单，然后选择菜单栏中的"窗口"→"行为"命令，打开"行为"面板。单击"行为"面板中的"+"按钮，从打开的"行为"列表中选择"检查表单"命令，将打开"检查表单"对话框。

STEP④ 在该对话框中进行如下设置：

● 设置 username 文本域的验证条件"值"为："必需的"；"可接受"选"任何东西"，即该文本域必须填写，不能为空。

● 设置 truename 文本域的验证条件"值"为："必需的"；"可接受"选"任何东西"，即该文本域必须填写，不能为空。

● 设置 password 文本域的验证条件"值"为："必需的"；"可接受"选"任何东西"，即该文本域必须填写，不能为空。

● 设置 password1 文本域的验证条件"值"为："必需的"；"可接受"选"任何东西"，即该文本域必须填写，不能为空。

● 设置 email 文本域的验证条件"值"为："必需"的；"可接受"选"电子信件地址"。

● 设置 question 文本域的验证条件"值"为："必需的"；"可接受"选"任何东西"，即该文本域必须填写，不能为空。

● 设置 answer 文本域的验证条件"值"为："必需的"；"可接受"选"任何东西"，即该文本域必须填写，不能为空。

该动作完成后的设置如图 3-68 所示。

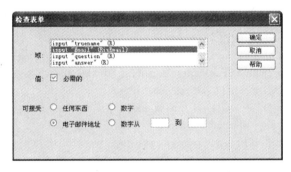

图 3-68　设置"检查表单"动作

STEP⑤ 设置完成后，单击"确定"按钮，返回到"文档"窗口。在对应的"标签检查器"面板中设置"行为"动作的触发事件为 onSubmit，表示按下"提交"按钮则进行检测，设置完成后如图 3-69 所示。

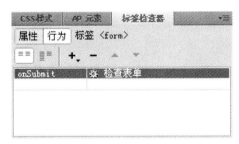

图 3-69　设置"行为"动作

说明：

在该网页中可以看到设置了两个填写密码的文本域，这样做的目的是让用户连续两次输入密码内容，如果两次密码一致，服务器则接受密码。这样可以避免用户在输入密码时由于按错键造成密码丢失。但是，Dreamweaver CS5 的验证表单动作没有提供检查密码一致性的功能，还需要在源代码中加入一段简单的程序来实现这种功能。

STEP 6 在"文档"窗口中单击工具栏上的代码按钮 [拆分] ，切换到代码编辑窗口，然后在验证表单动作的源代码中加入如下代码：

if (MM_findObj('password').value!=MM_findObj('password1').value) errors += '-两次密码输入不一致 \n';

修改后该动作的源代码如下：

```
<script type="text/JavaScript">
<!--
function MM_findObj(n, d) { //v4.01
   var p,i,x;  if(!d) d=document; if((p=n.indexOf("?"))>0&&parent.frames.length) {
      d=parent.frames[n.substring(p+1)].document; n=n.substring(0,p);}
   if(!(x=d[n])&&d.all) x=d.all[n]; for (i=0;!x&&i<d.forms.length;i++) x=d.forms[i][n];
   for(i=0;!x&&d.layers&&i<d.layers.length;i++) x=MM_findObj(n,d.layers[i].document);
   if(!x && d.getElementById) x=d.getElementById(n); return x;
}

function MM_validateForm() { //v4.0
   var i,p,q,nm,test,num,min,max,errors='',args=MM_validateForm.arguments;
   for (i=0; i<(args.length-2); i+=3) { test=args[i+2]; val=MM_findObj(args[i]);
      if (val) { nm=val.name; if ((val=val.value)!="") {
         if (test.indexOf('isEmail')!=-1) { p=val.indexOf('@');
            if (p<1 || p==(val.length-1)) errors+='- '+nm+' .\n';
         } else if (test!='R') { num = parseFloat(val);
            if (isNaN(val)) errors+='- '+nm+' must contain a number.\n';
            if (test.indexOf('inRange') != -1) { p=test.indexOf(':');
               min=test.substring(8,p); max=test.substring(p+1);
               if (num<min || max<num) errors+='- '+nm+' must contain a number between '+min+' and '+max+'.\n';
         } } } else if (test.charAt(0) == 'R') errors += '- '+nm+' 需要输入.\n'; }
      }
      if (MM_findObj('password').value!=MM_findObj('password1').value) errors += '-两次密码输入不一致 \n';
      if (errors) alert('注册时出现如下错误:\n'+errors);
      document.MM_returnValue = (errors == '');
   }
   //-->
</script>
```

编辑代码完成后，单击工具栏上的设计按钮 [设计] ，返回到"文档"窗口。

此时，可以测试一下执行的效果。两次输入不同的密码，然后单击"确认"按钮，提交表单中填写的内容。此时，将打开一个如图 3-70 所示的警告框。

图 3-70　提示错误

STEP 7 接下来应该在数据库中添加一条用户记录，把这些合格的数据添加到这条记录的相应字段中去。这就需要在该网页中添加一个"插入记录"的服务器行为。打开"服务器行为"面板。单击该面板中的"+"号按钮，从打开的菜单中选择"插入记录"命令打开"插入记录"对话框。

STEP 8 在该对话框中进行如下设置：

● 从"连接"下拉列表中选择 connuser 作为数据源连接对象。

● 从"插入到表格"下拉列表中选择 user 作为使用的数据库表对象。

● 在"插入后，转到"文本框中设置记录成功添加到表 user 后，切换到/regok.asp 网页。

● 该对话框的下半部分用于将网页中的表单对象和数据库中表 user 中的字段一一对应起来。

设置完成后该对话框如图 3-71 所示。

图 3-71　设置完成后的"插入记录"对话框

STEP 9 设置完成后，单击"确定"按钮，关闭该对话框，返回到"文档"窗口。

STEP⑩ 用户名在数据库表中的关键字也是用户登录的身份标志，是不能重复的。所以在添加记录之前，一定要先在数据库中查找该用户名是否存在，如果存在，则不能进行注册。在 Dreamweaver CS5 中已经提供了一个检查新用户名的服务器行为用于实现该操作。单击"服务器行为"面板中的"+"号按钮，从打开的菜单中选择"用户身份验证"→"检查新用户名"命令，如图 3-72 所示，向该网页添加检查新用户名的服务器行为。

图 3-72 添加"检查新用户名"的服务器行为

STEP⑪ 此时，将打开一个"检查新用户名"对话框，在该对话框中进行如下设置：
- 在"用户名字段"下拉列表中选择 username 字段。
- 在"如果已存在，则转到"文本框中输入/regfail.asp。表示如果用户名已经存在，则切换到 regfail.asp 页面，显示注册失败信息。该网页将在后面进行编辑。

设置完成后的对话框如图 3-73 所示。

图 3-73 "检查新用户名"对话框

STEP⑫ 设置完成后，单击该对话框中的"确定"按钮，关闭该对话框，返回到"文档"窗口。可以看到，在"服务器行为"面板中增加了一个"检查新用户名"行为，如图 3-74 所示。

STEP⑬ 选择菜单栏中的"文件"→"保存"命令，将该文档保存到本地站点中，完成本页的制作。

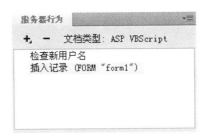

图 3-74 增加"检查新用户名"行为

3.4.2 完善注册功能

为了方便浏览者进行登录，应该在 regok.asp 页面中设置一个切换到 index.asp 页面的链接对象，以方便用户进行登录。同时，为了方便浏览者重新进行注册，应该在 regfail.asp 页面中设置一个切换到 register.asp 页面的链接对象，以方便用户进行重新注册。

STEP 1 将制作的 moban.asp 另存为 regok.asp 页面，使用 Dreamweaver CS5 中提供的制作静态网页的工具完成如图 3-75 所示的静态部分。 制作比较简单，这里不再赘述。其中"这里"文本设置为指向 index.asp 页面的链接。

图 3-75 注册成功 regok.asp 页面

STEP 2 如果用户输入的注册信息不正确或用户名已经存在，则应该向用户显示注册失败的信息。这里再新建一个 regfail.asp 页面，该页面的设计如图 3-76 所示。其中"这里"文本设置为指向 register.asp 页面的链接。

3.4.3 注册功能测试

编辑工作完成后，就可以测试该注册页面的执行情况了。

STEP 1 打开 IE 浏览器，在地址栏中输入 http://127.0.0.1/register.asp，打开 register.asp 文件，如图 3-77 所示。

图 3-76　注册失败 regfail.asp 页面

图 3-77　打开的测试页面

STEP ②　在此可以在该注册页面中故意输入一些不正确的信息，如漏填一些 username、password 等必填字段，或填写非法的 E-mail 地址，或在确认密码时两次输入的密码不一致，以测试网页中验证表单动作的执行情况。如果填写的信息不正确，则浏览器应该打开警告框，向浏览者显示错误原因，如图 3-78 所示。

STEP ③　在该注册页面中注册一个已经存在的用户名，如输入"admin"，用来测试检测新用户服务器行为的执行情况。然后单击"确定"按钮，此时由于用户名已经存在，浏览器应自动切换到 regfail.asp 页面，如图 3-79 所示，提示浏览者该用户名已经存在。此时，浏览者可以单击"这里"文本链接，返回 register.asp 页面，以便重新进行注册。

STEP ④　在该注册页面中填写如图 3-80 所示的正确注册信息，然后单击"确定"按钮。

图 3-78　出错提示

图 3-79　注册失败页面显示

图 3-80　填写注册信息

STEP 5 由于这些注册资料完全正确且这个用户名没有重复。浏览器应切换到 regok.asp 页面，向浏览者显示注册成功的信息，如图 3-81 所示。此时，浏览者可以单击"这里"文本链接，切换到 index.asp 页面，以便进行登录。

图 3-81　注册成功页面显示

STEP 6 可以在 Access 中打开用户数据库文件 user.mdb，查看其中的 user 表对象的内容。此时可以看到，在该表的最后，增加了一条新记录，如图 3-82 所示。这条数据就是刚才在网页 register.asp 中提交的注册用户的信息。

图 3-82　表 user 中添加了一条新记录

这个实例是用户管理系统的注册功能页面的制作和测试。通过本节内容的学习，读者已经可以独立完成网站的注册系统，并将其应用到复杂的网站系统中。

Section 3.5　资料修改与删除功能

一般情况下，用户管理系统都应该为用户提供修改注册资料的功能，该功能应包括用户资料修改及删除用户的操作。实际上，修改注册用户的过程就是更新记录的过程。本节将介绍如何实现用户资料的修改及删除功能。

3.5.1　资料修改页面

该页面主要是把用户所有资料都列出，通过更新记录的命令实现制作。具体的制作步骤如下：

STEP① 将制作的 moban.asp 另存为 userupdate.asp 页面，使用 Dreamweaver CS5 中提供的制作静态网页的工具完成如图 3-83 所示的静态部分。

图 3-83　userupdate.asp 静态页面

STEP② 打开"绑定"面板，单击该面板中的"+"号按钮，从打开的菜单中选择"记录集(查询)"命令，打开"记录集"对话框。

STEP③ 在该对话框中进行如下设置：

● 在"名称"文本框中输入 Recordset1 作为该记录集的名称。

● 从"连接"下拉列表中选择 connuser 数据源连接对象。

● 从"表格"下拉列表中，选择使用的数据库表对象为 user。

● 在"列"选项组中选择"全部"单选按钮。

● 在"筛选"栏中设置记录集过滤的条件为 username：=：阶段变量：MM_UserName。

完成后的设置如图 3-84 所示。

图 3-84　定义记录集

STEP 4 设置完成后，单击该对话框中的"确定"按钮，关闭该对话框。返回到"文档"窗口，此时"绑定"面板中就绑定了一个 Recordset1 记录集，如图 3-85 所示。

STEP 5 然后将 Recordset1 记录集中的字段绑定到页面上相应的位置。对于网页中的单选按钮组 sex 对象，绑定动态数据可以按照如下方法，单击"服务器行为"面板中的"+"号按钮，从打开的菜单中选择"动态表单对象"→"动态单选按钮"命令，打开"动态单选按钮"对话框。设置动态单选按钮组对象。从动态"单选按钮组"下拉列表中选择 form1 表单中的单选按钮组 sex。单击"选取值等于"文本框右面的 按钮，从打开的动态数据列表框中选择记录集 Recordset1 中的 sex 字段，设置完成后对话框如图 3-86 所示。

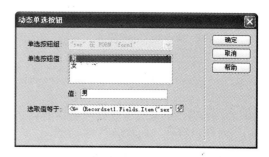

图 3-85　绑定的记录集　　　　　　　　图 3-86　设置动态单选按钮

STEP 6 用鼠标将数据绑定到页面上相应的位置后，页面的显示如图 3-87 所示。

图 3-87　绑定动态内容后的 userupdate.asp 页面

STEP 7 单击"服务器行为"面板中的"+"号按钮，从打开的菜单中选择"更新记录集"命令，为网页添加更新记录的服务器行为。打开"更新记录"对话框。该对话框与插入记录对话框十分相似，具体的设置情况如图 3-88 所示，这里不再赘述。

图 3-88　"更新记录"对话框

STEP 8 设置完成后，单击"确定"按钮，关闭该对话框，返回到"文档"窗口。选择菜单栏中的"文件"→"保存"命令，将该文档保存到本地站点中。

注意：

由于本页的 MM_username 值是来自上一页注册成功后的用户名值，所以单独测试将提示出错信息，需要先登录后，在登录成功页面中单击"修改个人资料"链接到该页面才会产生效果，这在后面的测试实例中将进行详细介绍。

3.5.2　完善修改功能

用户修改注册资料成功后，应切换到 userupdateok.asp 页面。在该网页中，应该向用户显示资料修改成功的信息。同时，如果用户想继续修改资料，则应该为用户提供一个返回到 userupdate.asp 页面的文本链接。如果用户不需要修改，则应该为用户提供一个切换到 welcome.asp 页面的文本链接。为了向用户提供更加友好的界面，应该在网页中显示用户修改的结果，以提示用户检查修改是否正确。

具体制作步骤如下：

STEP 1 将制作的 moban.asp 另存为 userupdateok.asp 页面，使用 Dreamweaver CS5 中提供的制作静态网页的工具完成如图 3-89 所示的静态部分。

STEP 2 为了向用户提供更加友好的界面，应该在网页中显示用户修改的结果，以提示用户检查修改是否正确。为了实现该目的，首先应该定义一个记录集，其方法与制作 userupdate.asp 页面中定义记录集的方法一样。然后添加记录集中的动态数据对象，把用户修改后的信息显示在空白页面中，如图 3-90 所示。

图 3-89 userupdateok.asp 静态页面

图 3-90 设计修改成功的页面

3.5.3 删除注册功能

制作 useredelete.asp 页面，这个页面用于实现删除用户功能，具体制作步骤如下：

STEP① 将制作的 moban.asp 另存为 useredelete.asp 页面，使用 Dreamweaver CS5 中提供的制作静态网页的工具完成如图 3-91 所示的静态部分。

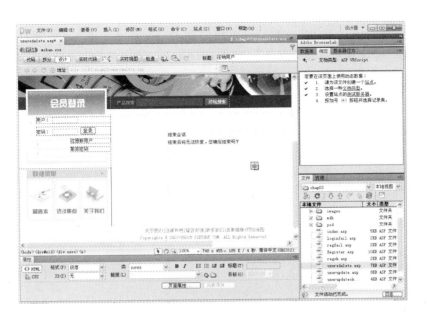

图 3-91 useredelete.asp 静态页面

STEP 2 打开 welcome.asp 页面，首先在 welcome.asp 页面中增加一个切换到用户记录删除页面 useredelete.asp 的链接对象，输入"删除注册"并在"属性"面板中的"链接"文本框中输入 useredelete.asp，设置后的 welcome.asp 页面如图 3-92 所示。

图 3-92 加入"删除注册"链接

STEP 3 切换到 useredelete.asp 页面。由于需要在 useredelete.asp 页面中显示用户的注册信息，所以应该定义一个记录集。其方法与制作 userupdate.asp 页面中定义记录集的方法一样。

STEP 4 在"文档"窗口中插入一个表单。将鼠标指针放置在表单中，选择菜单栏中的

"插入"→"表单"→"按钮"命令，在表单中插入一个按钮，并通过对应的"属性"面板将该表单中的动作设置为"提交表单"，修改按钮名为"确定删除"。设置完成后的页面如图3-93所示。

图 3-93 确定删除

STEP 5 打开"服务器行为"面板。单击该面板中的"+"号按钮，从打开的菜单中选择"删除记录"命令，将打开"删除记录"对话框。

STEP 6 在该对话框中进行如下设置：

● 从"连接"下拉列表中选择 connuser 作为数据源连接对象。

● 从"从表格中删除"下拉列表中选择 user 作为使用的数据库表对象。

● 从"选取记录自"下拉列表中选择 Recordset1 记录集作为要删除的记录对象。

● 在"唯一键列"下拉列表中选择主键字段为 ID

● 从"提交此表单以删除"下拉列表中选择 form1。

● 在"删除后，转到"文本框中设置记录成功删除后，切换到/userdeleteok.asp 网页。

设置完成后该对话框如图3-94所示。

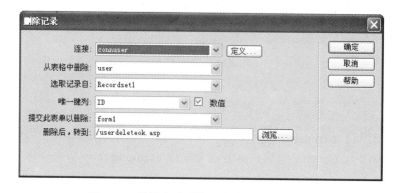

图 3-94 设置完成后的"删除记录"对话框

STEP 7 设置完成后，单击"确定"按钮，关闭该对话框，返回到"文档"窗口。

STEP 8 由于删除记录的操作是不可挽回的，为避免用户误操作应该在页面中设置让用户取消的功能。在"文档"窗口中输入"单击此处取消结束会话"文本，然后设置该文本链接到 welcome.asp 页面。

该页面制作完成后如图 3-95 所示。

图 3-95 useredelete.asp 页面

STEP 9 选择菜单栏中的"文件"→"保存"命令，将该文档保存到本地站点中。

STEP 10 当用户删除成功后，应切换到成功删除信息的页面，制作删除注册的静态网页 userdeleteok.asp 效果如图 3-96 所示。

图 3-96 userdeleteok.asp 静态页面设计

3.5.4 资料修改与删除功能测试

编辑工作完成后，需要对资料修改的执行情况进行测试其测试步骤如下：

STEP① 打开 IE 浏览器，在地址栏中输入 http://127.0.0.1/ index.asp，打开 index.asp 文件。在该页面中输入登录信息，登录成功后，单击"修改您的注册资料"链接文本，切换到 userupdate.asp 页面，如图 3-97 所示。

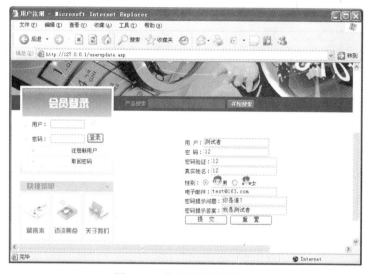

图 3-97　修改用户注册资料

STEP② 在该页面中进行一些修改，这里修改密码，然后单击"提交"按钮将修改结果发送到服务器端。当用户记录更新成功后，浏览器会切换到 userupdateok.asp 页面中，显示资料修改成功的信息和该用户修改后的资料信息，并提供切换到资料修改页面和切换到主页面的链接对象，如图 3-98 所示。

图 3-98　更新记录成功显示页面

"删除注册"功能的方法是：通过单击"登录成功"中的"删除注册"命令进入删除页面，删除注册信息，如图 3-99 所示。

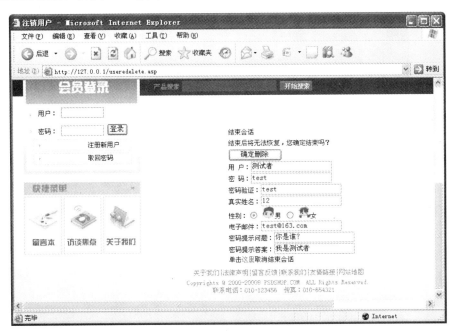

图 3-99 删除页面

上述测试结果表明，用户注册资料修改和删除系统已经成功制作完成。

3.6 找回密码功能

在注册新用户时要求新用户提供一个问题和答案，然后利用这个问题和答案帮助用户在忘记密码时找回遗失的密码。如果用户提供的答案和原答案相同，就可以找回遗失的密码；否则，无法找回遗失的密码。本节将主要介绍如何实现站点中的密码查询功能。

3.6.1 查询主要页面设计

本小节制作找回密码的主要页面 lostpassword.asp，具体制作步骤如下：

STEP 1 将制作的 moban.asp 另存为 lostpassword.asp 页面，使用 Dreamweaver CS5 中提供的制作静态网页的工具完成如图 3-100 所示的静态部分。

STEP 2 将输入用户名的文本域命名为 inputname。在"文档"窗口中选中表单对象，然后在其对应的"属性"面板中，在"表单 ID"文本框中输入 form1，在"动作"文本框中输入 showquestion.asp 作为该表单提交的对象页面。在"方法"下拉列表中选择"POST"作为该表单的提交方式，如图 3-101 所示。

图 3-100 lostpassword.asp 页面

图 3-101 设置表单提交的动态属性

STEP 3 当用户在 lostpassword.asp 页面中输入用户名，并单击"提交"按钮后，将通过表单将用户名提交到 showquestion.asp 页面中。该页面的作用就是根据用户名从数据库中找到对应记录的提示问题并显示在 showquestion.asp 页面中，同时请用户输入问题的答案。将制作的 moban.asp 另存为 showquestion.asp 页面，使用 Dreamweaver CS5 中提供的制作静态网页的工具完成如图 3-102 所示的静态部分。

图 3-102 showquestion.asp 静态设计

STEP 4 在"文档"窗口中选中表单对象，然后在其对应的"属性"面板中，在"动作"文本框中输入 showpassword.asp 作为该表单提交的对象页面。在"方法"下拉菜单中选择"POST"作为该表单的提交方式，如图 3-103 所示。接下来将输入密码提示问题答案的文本域命名为 inputanswer。

STEP 5 打开"绑定"面板，单击该面板中的"+"号按钮，从打开的菜单中选择"记录集（查询）"命令，打开"记录集"对话框。

图 3-103 设置表单提交的属性

STEP 6 在该对话框中进行如下设置：
- 在"名称"文本框中输入 Recordset1 作为该记录集的名称。
- 从"连接"下拉列表中选择 connuser 数据源连接对象。
- 从"表格"下拉列表中，选择使用的数据库表对象为 user。
- 在"列"选项组中先选择"选定的"单选按钮，然后选择字段列表框中的 username 和 Question 两个字段就行了。
- 在"筛选"栏中设置记录集过滤的条件为 username：=：表单变量：inputname，表示根据数据库中 username 字段的内容和从上一个网页中的表单中的 inputname 表单对象传递过来的信息是否完全一致过滤记录对象。

完成后的设置如图 3-104 所示。

图 3-104 定义"记录集"

STEP 7 设置完成后，单击该对话框中的"确定"按钮，关闭该对话框。返回到"文档"窗口。将 Recordset1 记录集中的 question 字段绑定到页面上相应的位置。

STEP 8 选择菜单栏中的"插入"→"表单"→"隐藏域"命令，在表单中插入一个表单隐藏域，然后将该隐藏域的名称设置为 username。

STEP 9　选中该隐藏域，切换到"绑定"面板，将 Recordset1 记录集中的 username 字段绑定到该表单隐藏域中，如图 3-105 所示。

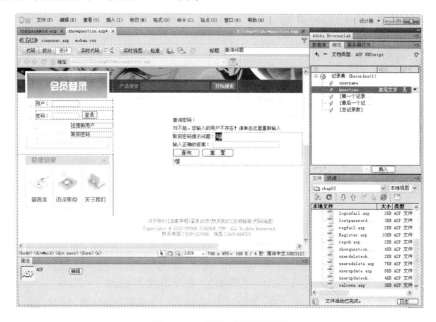

图 3-105　添加表单隐藏域

注意：

当用户输入的用户名不存在时，即记录集 Recordset1 为空时，就会导致该页面不能正常显示，这就需要设置隐藏区域。

STEP 10　在"文档"窗口中选中当用户输入用户名存在时显示的内容即整个表单，然后单击"服务器行为"面板中的"+"号按钮，从打开的菜单中选择"显示区域"→"如果记录集不为空则显示"命令，打开"如果记录集不为空则显示区域"对话框。在该对话框中选择记录集对象为 Recordset1。这样只有当记录集 Recordset1 不为空时，才显示出来。设置完成后，单击"确定"按钮，如图 3-106 所示。关闭该对话框，返回到"文档"窗口。

图 3-106　打开的"如果记录集不为空则显示区域"对话框

STEP 11　在网页中编辑显示用户名不存在时的文本"对不起，您输入的用户不存在！请单击这里重新输入"，并为这些内容设置一个"如果记录集为空则显示"隐藏区域服务器行为，这样当记录集 Recordset1 为空时，显示这些文本，完成后的网页如图 3-107 所示。

图 3-107　设置隐藏区域

3.6.2　完善密码查询功能

当用户在 showquestion.asp 页面中输入答案并单击"查询"按钮后，服务器就把用户名和密码提示问题答案提交到 showpassword.asp 页面中。showpassword.asp 页面就以用户名和密码提示问题答案作为参数，然后在数据库中查找符合条件的记录，如果找到符合条件的记录，则表明答案正确，就将密码显示在页面中；如果找不到符合条件的记录，则表明答案不正确，就将显示错误信息，并提醒用户重新输入，最后进行测试。

STEP① 将制作的 moban.asp 另存为 showpassword.asp 页面，使用 Dreamweaver CS5 中提供的制作静态网页的工具完成如图 3-108 所示的静态部分。

图 3-108　showpassword.asp 页面

STEP 2 打开"绑定"面板，单击该面板中的"+"号按钮，从打开的菜单中选择"记录集（查询）"命令，打开"记录集"对话框。在该对话框中进行如下设置：

- 在"名称"文本框中输入 Recordset1 作为该记录集的名称。
- 从"连接"下拉列表中选择 connuser 数据源连接对象。
- 从"表格"下拉列表中，选择使用的数据库表对象为 user。
- 在"列"选项组中先选择"选定的"单选按钮，然后选择字段列表框中的 Username、Question 和 Answer 三个字段就行了。
- 在"筛选"栏中设置记录集过滤的条件为 Answer：=：表单变量：inputanswer，表示根据数据库中 Answer 字段的内容和从上一个网页中的表单中的 inputanswer 表单对象传递过来的信息是否完全一致过滤记录对象。

完成的设置如图 3-109 所示。

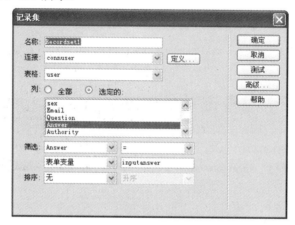

图 3-109　定义"记录集"

STEP 3 单击"确定"按钮，关闭该对话框，返回到"文档"窗口。将记录集中的 username 和 password 两个字段分别添加到网页中，如图 3-110 所示。

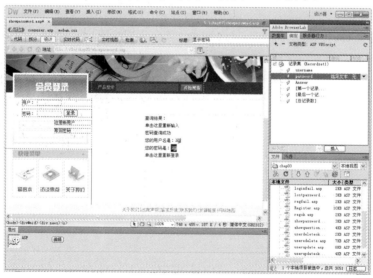

图 3-110　加入的记录集效果

STEP 4 同样需要根据记录集 Recordset1 是否为空，为该网页中的内容设置隐藏区域的服务器行为。在"文档"窗口中选中当用户输入密码提示问题答案正确时显示的内容，然后单击"服务器行为"面板中的"+"号按钮，从打开的菜单中选择"显示区域"→"如果记录集不为空则显示"命令，打开"如果记录集不为空则显示区域"对话框。在该对话框中选择"记录集"对象为 Recordset1。这样，只有当记录集 Recordset1 不为空时，才显示出来。设置完成后，单击"确定"按钮，关闭该对话框，返回到"文档"窗口。

STEP 5 在网页中选择当用户输入密码提示问题答案不正确时显示的内容，并为这些内容设置一个"如果记录集为空则显示"隐藏区域服务器行为。这样，当记录集 Recordset1 为空时，显示这些文本。

STEP 6 完成后的网页如图 3-111 所示。选择菜单栏中的"文件"→"保存"命令，将该文档保存到本地站点中。

图 3-111 完成后的网页效果

3.6.3 密码查询测试

将相关的网页保存并上传到远程站点，就可以测试该密码查询的执行情况了。

STEP 1 打开 IE 浏览器，在地址栏中输入 http://127.0.0.1 /index.asp，打开 index.asp 文件。单击该页面中的"取回密码"文本链接，切换到如图 3-112 所示的页面。

STEP 2 当用户进入密码查询页面 lostpassword.asp 后，输入并向服务器提交自己注册的用户名信息。当输入不存在的用户名，并单击"提交"按钮后，将切换到 showquestion.asp 页面，该页面将显示用户名不存在的错误信息，并提供一个切换到 lostpassword.asp 页面的链接对象，使用户可以切换到 lostpassword.asp 页面，并重新输入用户名。

图 3-112　输入要查询密码的用户名

STEP 3　如果输入一个数据库中已经存在的用户名，然后单击"提交"按钮。IE 浏览器将自动切换到 showquestion.asp 页面，如图 3-113 所示。下面就应该在 showquestion.asp 页面中输入密码提示问题的答案，以测试 showquestion.asp 网页的执行情况。

图 3-113　showquestion.asp 网页

STEP 4　在这里可以先输入一个错误的答案，检查 showpassword.asp 页面中是否能够显示密码提示问题不正确时应显示的错误信息。

STEP 5　如果在 showquestion.asp 网页中输入正确的答案，并单击"查询"按钮后，浏览器将切换到 showpassword.asp 页面，并显示出该用户的密码，如图 3-114 所示。

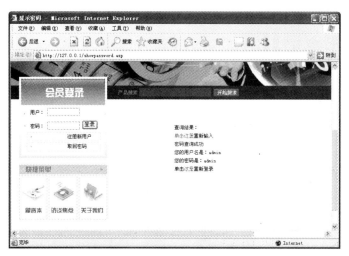

图 3-114 showpassword.asp 页面

上述测试结果表明，密码查询功能已经成功制作完成。到这里，用户管理系统的常用功能都已经设计并测试成功。

读书笔记

第 4 章　留言板系统

本章主要介绍如何在网站中建设留言板系统。利用留言板，可以为访问网站的用户提供发言的机会，让他们及时准确地发表自己的观点。留言板主要用到了创建存储讨论区有关信息的数据库、设定DSN、定义站点、创建数据库连接、制作让浏览用户添加内容的网页、建立记录集、显示多条记录、隐藏导航条链接、创建计数器、删除记录等。留言板的页面可以进行进一步扩展。BBS 论坛系统其实主要就是由留言板进一步完善而成的。

本章的实例效果

从入门到精通

教学重点

搭建留言板管理系统开发平台 🗀
留言板系统的规划 🗀
留言板的动态网面设计 🗀
罗列留言动态网页开发 🗀
后台管理功能的设计 🗀
留言板系统测试 🗀

搭建留言板管理系统开发平台

　　留言板管理系统对于交互型的大型网站是非常重要的，一个网站拥有了留言板功能之后，就能够实现访问者和管理者之间的沟通。本章选择了一个以留言板为主要功能的餐饮网站实例，效果如图4-1所示。

图4-1　留言板功能的实例效果

　　建立本实例的开发平台需要使用 Photoshop 分割图片，配置 IIS 站点浏览，建立本实例的站点 chap04，使用 div+CSS 布局静态页面。

4.1.1　使用 Photoshop CS5 分割图片

　　下面就开始用 Photoshop CS5 切片工具分割首页图片。

STEP①　首先在本地计算机 D 盘建立站点文件夹 chap04，在站点文件夹中建立常用文件夹（如 css、images、psd 文件夹），如图4-2所示。然后从光盘里找到站点 chap04/psd 文件夹下的 index.psd 文件，将其复制到本地站点的 psd 文件夹中。

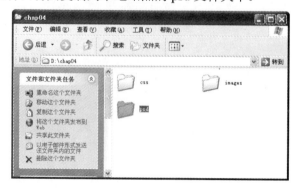

图4-2　建立站点文件夹

STEP② 启动 Photoshop CS5，选择菜单栏中的"文件"→"打开"命令，打开首页 index.psd 文件，可切片的效果如图 4-3 所示。

图 4-3 首页的可切片效果

STEP③ 在图层上关闭一些可链接的说明文字，按下〈Ctrl+H〉组合键，打开辅助线视图，先用辅助线分割好需要分割的区域，然后按照辅助线的分割，将整个网页分割成 14 个小图片，如图 4-4 所示。

图 4-4 整个首页分割后的效果

STEP④ 选择菜单栏中的"文件"→"存储为 Web 和设备所用格式"命令，打开"存储为 Web 和设备所用格式"对话框，设置为"GIF"格式，"颜色"值为 256，"扩散"模式，"仿色"值为 100%，"Web 靠色"值设置为 100%，其他设置如图 4-5 所示。

STEP⑤ 单击"储存"按钮，打开"将优化结果存储为"对话框，单击"保存在"右侧的下拉三角按钮，在下拉列表中选择建立的 chap04 文件夹，其他参数保持默认值，设置如

图 4-6 所示。

图 4-5　"存储为 Web 和设备所用格式"对话框

STEP ⑥ 单击"保存"按钮，完成保存页面的操作。打开保存文件的路径，可以看到自动生成了一个名为 images 的文件夹。文件夹中是页面分割后的小图片，由这些小图片组成了首页的效果，在设计的时候可以分别调用这些小图片，如图 4-7 所示。

图 4-6　"将优化结果存储为"对话框设置

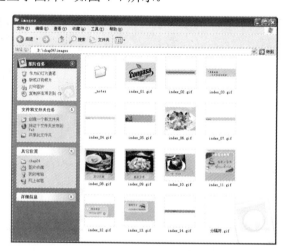

图 4-7　分割后的小图片

4.1.2　配置系统站点服务器

接下来使用 IIS 在本地计算机上构建留言板管理系统的站点。

配置系统站点服务器的步骤如下：

STEP① 首先启动 IIS，在 IIS 窗口中右键单击"默认网站"，选择菜单中的"属性"命令，打开"默认网站 属性"对话框，如图 4-8 所示。

STEP② 单击"主目录"选项卡，在"本地路径"文本框中输入设置站点文件夹路径为"D:\chap04"，其他参数保持默认值，设置如图 4-9 所示。

图 4-8 "默认网站 属性"对话框　　　　　图 4-9 设置网站的"本地路径"

STEP③ 单击"确定"按钮，完成"默认网站 属性"的设置，由于前面已经使用 Photoshop CS5 分割了页面，并自动保存生成了 index.html 页面，所以打开 IE 浏览器在地址栏中输入 http://127.0.0.1，即可打开页面分割后的效果。如果可以浏览到 Photoshop CS5 分割后的网页效果，说明站点服务器的配置已经完成。

4.1.3 创建编辑站点 chap04

使用 Dreamweaver CS5 进行网页布局设计时，首先需要使用定义站点向导定义站点，具体的操作步骤如下：

STEP① 打开 Dreamweaver CS5，选择菜单栏中的"站点"→"管理站点"命令，打开"管理站点"对话框。

STEP② 单击右边的"新建"按钮，从弹出的下拉菜单中选择"站点"命令，则打开"站点设置对象"对话框，进行如下参数设置：

"站点名称"：chap04。

"本地站点文件夹"：D:\chap04\。

如图 4-10 所示。

STEP③ 单击"分类"列表框中的"服务器"选项，进行如下参数设置。

"服务器名称"：chap04。

"连接方法"：本地/网络。

"服务器文件夹"：D:\chap04\。

"Web URL"：http://127.0.0.1。

配置后的"测试服务器"的参数设置如图 4-11 所示。

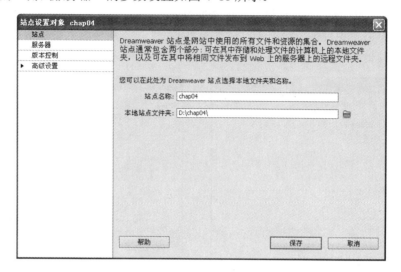

图 4-10 定义站点

图 4-11 设置"服务器"参数

STEP 4 单击"确定"按钮，完成站点的定义设置。在 Dreamweaver CS5 中已经拥有了刚才所设置的站点。

4.1.4 div+CSS 布局网页

实例静态网页部分使用 div+CSS 布局设计实现，整体的页面布局规划设计如图 4-12 所示。

使用 div+CSS 布局首页的步骤如下：

STEP 1 将原来的 index.html 中的所有代码删除，然后修改为标准的 ASP 文档格式，将</head>以上的代码优化为如下代码：

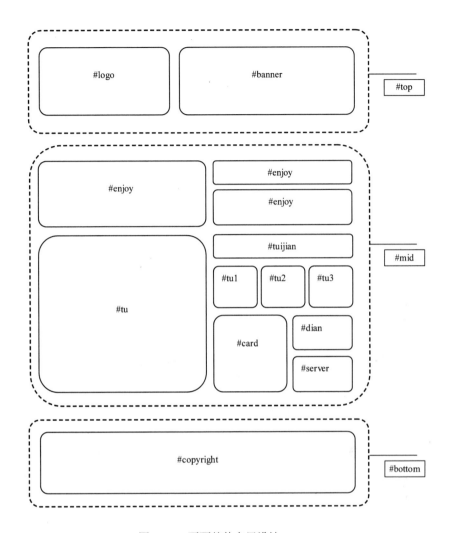

图 4-12　页面整体布局设计

```
<%@LANGUAGE="VBSCRIPT" CODEPAGE="65001"%>//宣告为 ASP 文档
<!DOCTYPE html PUBLIC "-//W3C//DTD XHTML 1.0 Transitional//EN" "http://www.w3.org/TR/xhtml1/DTD/xhtml1-transitional.dtd">
<html xmlns="http://www.w3.org/1999/xhtml">
<head>
<meta http-equiv="Content-Type" content="text/html; charset=gb2312" />
<link rel="stylesheet" href="css/style.css" type="text/css" />
<title>留言系统</title>
</head>
```

STEP 2 其他 div 的布局代码如下：

```
<body>
<div id="top">
 <div id="logo"></div>
 <div id="banner">
```

```
    <div class="banner1">
    <a href="#">主 页</a>    | <a href="#">注 册</a> |   <a href="#">登 录</a>    | <a href="#">网
站地图</a> |   <a href="#">收藏本站</a></div>
    <div class="banner2">
    <a href="/index.asp">首 页</a>           <a href="/InsertMessage.asp">我要留言</a>
<a href="/ListMessage.asp">查看留言</a>       <a href="/Admin.asp">后台管理</a>
<a href="#">关于我们</a></div>
    </div>
    </div>
    <div id="mid">
    <div id="enjoy"><img src="/images/index_03.gif"></div>
    <div id="news"><img src="/images/index_04.gif"></div>
    <div id="nei">
     <div class="nei">
     <a href="#">为了迎接五一劳动节，公司优惠打折活动！</a>
     <a href="#">下周一全体员工在会议室开会，请互相转告！</a></div>
    </div>
    <div id="tu"><img src="/images/index_06.gif"></div>
    <div id="tuijian"><img src="/images/index_07.gif"></div>
    <div id="ming">
      <div id="tu1"><img src="/images/index_08.gif"></div>
      <div id="tu2"><img src="/images/index_09.gif"></div>
      <div id="tu3"><img src="/images/index_10.gif"></div>
    </div>
    <div id="card"><img src="/images/index_11.gif"></div>
    <div id="dian"><img src="/images/index_12.gif"></div>
    <div id="server"><img src="/images/index_13.gif"></div>
    </div>
    <div id="bottom">
    <div id="copyright"><img src="/images/index_14.gif"></div>
    </div>
    </body>
    </html>
```

STEP 3 div 布局完成后需要将该页面保存，选择菜单栏中的"文件"→"另存为"命令，打开"另存为"对话框，在"文件名"文本框中输入文件名为"index.asp"，单击选择"保存类型"后面的下拉三角按钮，在打开的下拉列表中选择 Active Server Pages（*.asp；*.asa）菜单项，如图 4-13 所示。单击"保存"按钮完成首页的布局设计。

STEP 4 在站点中建立 css 文件夹，并建立一个 style.css 样式文件，对首页的样式控制代码如下：

```
/*整体页面 css*/
*{ margin:0px;
    padding:0px;}
body{ width:100%;
      height:100%;
```

图 4-13　"另存为"对话框设置

```
    font-size:12px;
    background-color:#fdecc7;
    }
/* 设置所有图片的边框为 0*/
img {
    border:0;}
/* 设置最外层居中显示，实现让整个页面居中显示*/
#top,#mid,#bottom{
margin: auto;
width: 1000px;
 }
a:link {
color: #000000;
text-decoration: none;
}
a:visited {
text-decoration: none;
color:#fff;
}
a:hover {
text-decoration: underline;
color:#C77B32;
}
a:active {
text-decoration: none;
color: #000000;
}
/* 设置左浮动的标签*/
#logo,#banner,#enjoy,#news,#nei,
#tu,#tuijian,#ming,#tu1,#tu2,#tu3,
```

```
#card,#dian,#server{ float:left;}
/*top 部分*/
#logo{ width:206px;
        height:126px;
    background-image:url(/images/index_01.gif);}
#banner{ width:794px;
            height:126px;
            background-image:url(/images/index_02.gif);}
.banner1{ width:270px;
            height:16px;
        margin-left:475px;
        margin-top:20px;
        color:#8d4f06;
            }
.banner1 a:link {
color: #000000;
text-decoration: none;
}
.banner1 a:visited {
text-decoration: none;
color:#8d4f06;
}
.banner1 a:hover {
text-decoration: underline;
color:#FFF;
}
.banner1 a:active {
text-decoration: none;
color: #000000;
}
.banner2{ width:650px;
            height:30px;
        margin-left:85px;
        margin-top:23px;
        font-size:18px; color:#FFF;}
/*mid 部分*/
#mid{ background-image:url(/images/backcolor.gif);
    }
#nei{ width:451px;
        height:103px;
    background-image:url(/images/index_05.gif);
    }
.nei{   width:300px;
        height:35px;
    margin-left:120px;
    margin-top:15px;
```

```
        line-height:20px;
        color:#FFF;}
#book{
        margin-left:120px;
        margin-top:15px;
        margin-bottom:20px;
        line-height:30px;
}
```

STEP 5 制作完成后在 IE 浏览器中的显示效果如图 4-14 所示。

图 4-14　制作完成的首页效果

STEP 6 将首页的中间部分删除，另存为 moban.asp 作为二级页面，如图 4-15 所示。

图 4-15　制作的二级页面效果

留言板系统规划

本节将介绍留言板系统的规划设计和数据库设计，主要包括创建留言板数据库、设定系统 DSN 和创建数据库连接等环节。

4.2.1　系统规划设计

首先对留言板登录系统所需要的页面结构作一个大体的规划。要利用页面完成留言板的功能，需要一个页面来为用户提供进入留言板的入口，通常包含指向发言页面的链接和指向查看留言的链接；还需要一个页面用来允许用户输入和递交留言；最后，还要设计一个页面显示留言。所以，该留言板系统主要由以下一些动态网页构成。

- index.asp：提供进入留言板的主页。
- InsertMessage.asp：用户发言的页面。
- ListMessage.asp：主题列表页面。
- ShowMessage.asp：显示留言内容的页面。
- Admin.asp：用于登录后台管理的页面。
- DeleteMessage.asp：选择删除多余的留言页面。
- Deleteok.asp：删除多余留言的页面。

4.2.2　数据库设计

留言板的制作需要设计存储发言用户资料的数据库文件和用于后台登录管理留言板的用户信息数据库文件。要在数据库中保存用户的留言信息，需要设计以下一些内容：留言人姓名、留言时间、留言人的联系地址（通常是 e-mail 地址）、留言主题和留言内容。要在数据库中另创建一个数据表用于后台登录管理使用，主要要有用户名和密码就可以。

留言板数据库的设计步骤如下：

STEP 1 首先要设计数据库的字段标准，可以在数据库中采用如表 4-1 所示的字段。这里用于存储留言资料的数据表的名称是 Message。

表 4-1　Message 数据的字段设计

项　　目	字 段 名 称	数 据 类 型	字 段 大 小	必 填 字 段	允许空字符串	索　　引
主题编号	ID	自动编号	长整型			有（无重复）
发言人姓名	author	文本	20	是	否	无
留言主题	subject	文本	100	是	否	无
日期和时间	time	文本	20	是	否	无
邮箱地址	email	文本	50	否	是	无
留言内容	content	备注	长整型	否	是	无

STEP 2 用于存储后台管理用户的数据表名称是 Admin。可以在数据库中采用如表 4-2 所示的字段。

表 4-2　Admin 数据的字段设计

项　　目	字 段 名 称	数 据 类 型	字 段 大 小	必 填 字 段	允许空字符串	索　　引
主题编号	ID	自动编号	长整型			有（无重复）
后台登录姓名	Admin	文本	20	是	否	无
后台登录密码	Password	文本	20	是	否	无

注意：

Admin 数据字段名称的用户名及密码是可以任意修改的，在网站建设初期，可以将初始值均设置为 Admin，这样易于测试操作，在上传到服务器进行使用时，请把用户名和密码设置成自己的用户名和密码。

STEP 3 首先运行 Microsoft Access 2007 程序。单击"空白数据库"按钮，在主界面的右侧打开"空白数据库"面板，如图 4-16 所示。单击"空白数据库"面板上的"浏览到某个位置来存放数据库"按钮，打开"文件新建数据库"对话框。

图 4-16 打开"空白数据库"面板

STEP 4 在"保存位置"后面的下拉列表框中选择前面创建站点 chap04 中的 data 文件夹，在"文件名"文本框中输入文件名 message，为了让创建的数据库能被通用，在"保存类型"下拉列表框中选择"Microsoft Office Access 2000 数据库"选项，如图 4-17 所示。

图 4-17 "文件新建数据库"对话框

STEP 5 单击"确定"按钮，返回"空白数据库"面板，再单击"空白数据库"面板中的"创建"按钮,即在 Microsoft Access 中创建了一个 message.mdb 数据库文件,同时 Microsoft Access 自动默认生成了一个"表 1:表"数据表,如图 4-18 所示。

图 4-18 创建的默认数据表

STEP 6 右键单击"表 1:表",打开快捷菜单,选择快捷菜单中的"设计视图"命令,打开"另存为"对话框,在对话框中的"表名称"文本框中输入数据表名称 message,如图 4-19 所示。

图 4-19 "另存为"对话框

STEP 7 单击"确定"按钮,系统将自动打开创建好的 message 数据表,如图 4-20 所示。

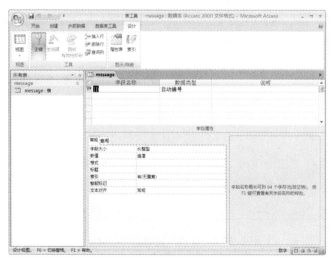

图 4-20 建立的 message 数据表

STEP 8 按表 4-1 输入各字段的名称并设置其相应属性，结果如图 4-21 所示。

图 4-21 创建表的字段

说明：

其中 time 字段用于保存留言被存入数据库的时间，可以在 Access 中，将其默认值设置为"=Now()"，如图 4-21 所示。这样每当记录被保存时，都会自动计算出正确的时间。

STEP 9 编辑完成，单击"保存"按钮，完成 message 数据表的创建。

STEP 10 同步骤④～⑨，创建数据表 Admin，创建的数据表如图 4-22 所示。

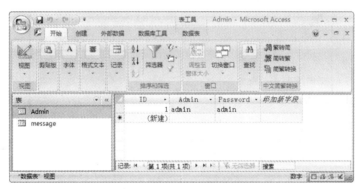

图 4-22 创建 Admin 数据表

STEP 11 最后，关闭 Access 2007 软件。至此数据库建立完毕。

4.2.3 数据库连接

在数据库创建完成后，需要在 Dreamweaver 中建立数据源连接对象，才能在动态网页中使用这个数据库文件。具体连接步骤如下：

STEP 1 依次单击"控制面板"→"管理工具"→"数据源（ODBC）"→"系统 DSN"选项卡，打开"ODBC 数据源管理器"的"系统 DSN"选项卡，如图 4-23 所示。

STEP 2 单击"添加（D）"按钮，打开"创建新数据源"对话框，在"创建新数据源"对话框中，选择 Driver do Microsoft Access（*.mdb）选项，如图 4-24 所示。

图 4-23　"ODBC 数据源管理器"中的　　　　图 4-24　"创建新数据源"对话框
　　　　　"系统 DSN"选项卡

STEP 3 单击"完成"按钮，打开"ODBC Microsoft Access 安装"对话框，在"数据源名（N）"文本框中输入 dsnmessage，如图 4-25 所示。

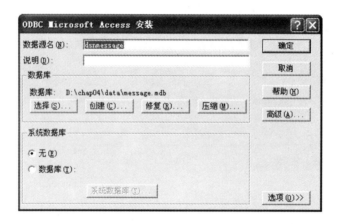

图 4-25　"ODBC Microsoft Access 安装"对话框

STEP 4 单击"选择（S）"按钮，打开"选择数据库"对话框，单击"驱动器（V）"文本框右侧的下拉三角按钮，从下拉列表框中找到在创建数据库步骤中数据库所在的盘符，在"目录（D）"中找到在创建数据库步骤中保存数据库的文件夹，然后单击左上方"数据库名（A）"选项组中的数据库文件 message.mdb，则数据库名称自动添加到"数据库名（A）"下方的文本框中，如图 4-26 所示。

STEP 5 找到数据库后，单击"确定"按钮回到"ODBC Microsoft Access 安装"对话框中，再次单击"确定"按钮，将返回到"ODBC 数据源管理器"中的"系统 DSN"选项卡，可以看到"系统数据源"中已经添加了一个名称为"dsnmessage"、驱动程序为"Driver do Microsoft Access（*.mdb）"的系统数据源，如图 4-27 所示。

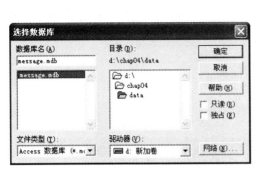

图 4-26 选择数据库

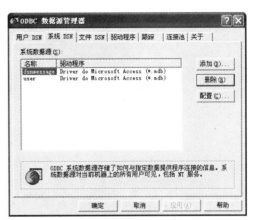

图 4-27 添加系统数据源后的"系统
DSN"选项卡

STEP 6 再次单击"确定"按钮,完成"ODBC 数据源管理器"中"系统 DSN"的设置。

STEP 7 启动 Dreamweaver CS5,打开前面制作的 index.asp 静态页面。在 Dreamweaver 软件中执行菜单中的"文件"→"窗口"→"数据库"命令,打开"数据库"面板,如图 4-28 所示。

STEP 8 单击"数据库"面板中的 按钮,弹出如图 4-29 所示的菜单,选择"数据源名称(DSN)"选项。

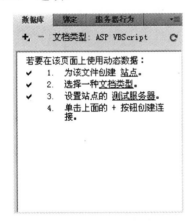

图 4-28 "数据库"面板

| 自定义连接字符串 |
| 数据源名称(DSN) |

图 4-29 选择"数据源名称(DSN)"选项

STEP 9 打开"数据源名称(DSN)"对话框,在"连接名称"文本框中输入 coonmessage,单击"数据源名称(DSN)"下拉列表框右侧的下拉三角按钮 ,从打开的数据源名称(DSN)下拉列表中选择 dsnmessage,其他保持默认值,如图 4-30 所示。

STEP 10 在"数据源名称(DSN)"页面中,单击"确定"按钮后完成此步骤。此时在"数据库"面板中的内容应如图 4-31 所示。

STEP 11 在网站根目录下将自动创建一个名为 Connections 的文件夹,该文件夹内有一个名为 coonmessage.asp 的文件,它可以用记事本打开,内容如图 4-32 所示。

图 4-30　选择数据源名称

图 4-31　设置的数据库

图 4-32　自动生成的 coonmessage.asp 文件

STEP 12　实例中还有用于后台管理的数据表 Admin.mdb 需要进行连接，在制作的时候为了区分连接，我们将单独建立一个 coon 的 DSN 连接，设置如图 4-33 所示。

图 4-33　设置 coon 后台管理连接

STEP 13　单击"确定"按钮，完成数据库连接。此时的"数据库"面板如图 4-34 所示。

图 4-34　建立的两个数据表连接对象

留言板动态页面设计

制作留言板的动态功能页面，首先需要制作用户发言的页面 InsertMessage.asp、主题列表页面 ListMessage.asp、显示留言内容的页面 ShowMessage.asp，本节将介绍如何完成这些动态功能页面的设计与制作。

4.3.1 插入留言

用户留言的功能主要在 InputMessage.asp 页面中进行，在该页面中，提供多个文本框表单对象，允许用户在其中输入留言，当用户单击"提交"按钮时，实际上就已经将记录添加到数据库中。

插入留言页面的制作步骤如下：

STEP① 将制作的 moban.asp 另存为 InsertMessage.asp 页面，并在网页标题栏中输入"插入页"。在文档中修改布局效果，插入表单及文本域，完成的静态页面效果如图 4-35 所示。

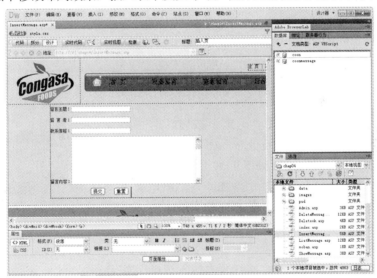

图 4-35　插入页面的静态部分效果

注意：

在为表单对象命名时，由于表单对象中的内容已经被添加到 Message 表中，可以将表单对象名命名为与域相应字段名称相同。例如，将用于添加主题的文本框命名为 subject，把用于发言内容的文本域命名为 content 等。这样做的目的是当该表单中的内容被添加到 Message 表中时它们会自动配对。

STEP② 还需要设置一个验证表单的动作，用来检验浏览者在表单中填写的内容是否满足数据库中表 Message 中字段的要求。这样，在将用户填写的注册资料提交到服务器之前，会对用户填写的资料进行验证。如果有不符合要求的信息，将向浏览者显示错误的原因，并要求浏览者重新输入。

STEP 3 选定"提交"按钮，选择菜单栏中的"窗口"→"行为"命令，将打开"行为"面板。单击"行为"面板中的"+"按钮，从弹出的行为列表中选择"检查表单"命令，添加验证表单的动作，将弹出"检查表单"对话框。

STEP 4 在该对话框中进行如下设置：

● 设置 subject 文本域的验证条件："值"为"必需的"；"可接受"选"任何东西"。

● 设置 author 文本域的验证条件："值"为"必需的"；"可接受"选"任何东西"。

● 设置 email 文本域的验证条件："值"为"必需的"；"可按受"选"电子邮件地址"，表示必须输入电子信箱地址。

该动作完成后的设置如图 4-36 所示。

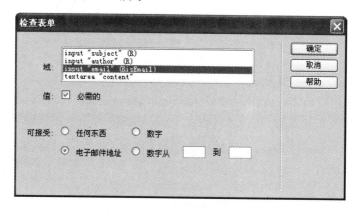

图 4-36 设置"检查表单"动作对话框

STEP 5 设置完成后，单击"确定"按钮，返回到"文档"窗口。在对应的"标签检查器"面板中设置"行为"动作的触发事件为 onClick，如图 4-37 所示。

STEP 6 接下来应该在数据库中添加一条用户记录，把这些合格的数据添加到这条记录的相应的字段中去。选择菜单栏中的"窗口"→"服务器行为"命令，打开"服务器行为"面板。单击该面板中的"+"号按钮，从弹出的菜单中选择"插入记录"命令，将打开"插入记录"对话框。

图 4-37 设置"行为"的触发动作

STEP 7 在该对话框中进行如下设置：

● 从"连接"下拉列表框中选择 coonmessage 作为数据源连接对象。

● 从"插入到表格"下拉列表框中选择 Message 作为使用的数据库表对象。

● 在"插入后，转到"文本框中设置发言添加到表 Message 后，跳转到 ListMessage.asp 网页。

● 该对话框的下半部分用于将网页中的表单对象和数据库中表 Message 中的字段一一对应起来。

设置完成后该对话框如图 4-38 所示。

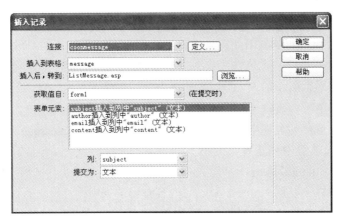

图 4-38 设置完成后的"插入记录"对话框

说明：

在上面的操作中，没有提供添加"发言时间"的入口，这是因为发言时间是由 Access 数据库根据记录被保存的时刻自行计算出来的，这主要通过指定 Message 表的 DateTime 字段的默认值来实现。

STEP 8 设置完成后，单击"确定"按钮，完成该页面的制作。

4.3.2 罗列留言列表

罗列页面是用来显示所有的留言主题列表的页面。当网页浏览者想浏览留言时，可以单击"查看留言"文本链接，从而打开 ListMessage.asp 页面浏览所有的留言。

罗列页面制作步骤如下：

STEP 1 将制作的 moban.asp 另存为 ListMessage.asp 页面，并在网页标题栏中输入"罗列"。在文档中修改布局效果，完成的静态页面效果如图 4-39 所示。

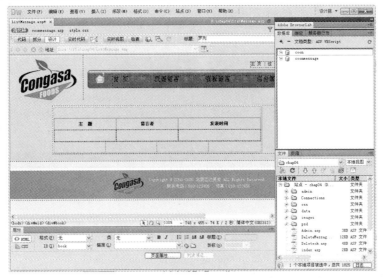

图 4-39 ListMessage.asp 静态页面设计

STEP② 选择菜单栏中的"窗口"→"绑定"命令,打开"绑定"面板,单击该面板中的"+"号按钮,从弹出的菜单中选择"记录集(查询)"命令,打开"记录集"对话框。在该对话框中进行如下设置:

- 在"名称"文本框中输入 rsMessage 作为该记录集的名称。
- 从"连接"下拉列表框中选择 coonmessage 数据源连接对象。
- 从"表格"下拉列表框中,选择使用的数据库表对象为 message。
- 在"列"选项组中先选择"选定的"单选按钮,然后从下面的字段列表框中选择 ID、subject、anthor 和 time 字段。
- 在"排序"栏中设置"time"字段的内容对记录集中的记录进行"降序"排列,也就是将最新发表的留言内容排列在最前面。

完成后的设置如图 4-40 所示。

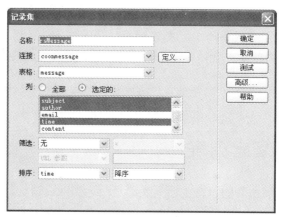

图 4-40   定义"记录集"参数

STEP③ 设置完成后,单击该对话框中的"确定"按钮,返回到"文档"窗口。

STEP④ 将 Recordset1 记录集中的字段绑定到页面上相应的位置,效果如图 4-41 所示。

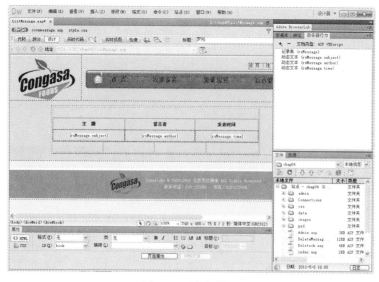

图 4-41   绑定数据

STEP ⑤ 在"文档"窗口中拖曳鼠标选择表格的第 2 行。单击"服务器行为"面板中的加号"+"按钮，从弹出的下拉菜单中选择"重复区域"命令，打开"重复区域"对话框。

STEP ⑥ 在"重复区域"对话框的"记录集"下拉列表中选择 rsMessage 记录集。在"显示"区域，设置在一页中显示记录的数目为 8 条记录，如图 4-42 所示。

STEP ⑦ 为了浏览者浏览时导航方便，还需要在网页的最后设置一个动态记录导航。在该文档中分别输入"首页"、"上一页"、"下一页"、"最后页"等文本字样。

STEP ⑧ 通过拖曳鼠标，选中"首页"文字。单击"服务器行为"面板中的加号"+"按钮，从弹出的下拉菜单中选择菜单栏"记录集分页"→"移至第一条记录"命令，在"移至第一条记录"对话框中的"记录集"下拉列表框中选择 rsMessage 记录集，如图 4-43 所示。

图 4-42 "重复区域"对话框

图 4-43 设置首页的链接命令

STEP ⑨ 通过同样的方法为"上一页"、"下一页"、"最后页"文本字样添加相应的服务器行为，添加导航栏后的效果如图 4-44 所示。

图 4-44 添加导航栏

STEP ⑩ 通过拖曳鼠标，选中"首页"文本。单击"服务器行为"面板中的加号"+"按钮，从弹出的下拉菜单中选择菜单栏中的"显示区域"→"如果不是第一条记录则显示区域"命令。在"如果不是第一条记录则显示区域"对话框中的"记录集"下拉列表框中选择 rsMessage 记录集，如图 4-45 所示。

图 4-45　设置显示命令

STEP 11 通过同样的方法为"上一页"、"下一页"和"最后页"文本字样添加相应的服务器行为。设置显示和隐藏区域后的效果如图 4-46 所示。

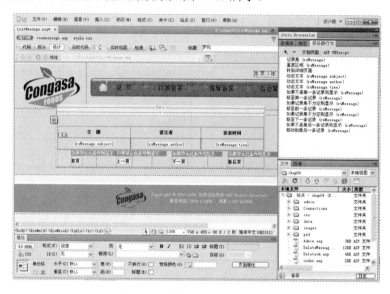

图 4-46　设置显示和隐藏区域

STEP 12 接下来还需要制作一个计数器。将鼠标指针放置在记录表格的前面，输入文本"现在显示的是第 X-第 Y 条记录，共有 N 条记录"，如图 4-47 所示。

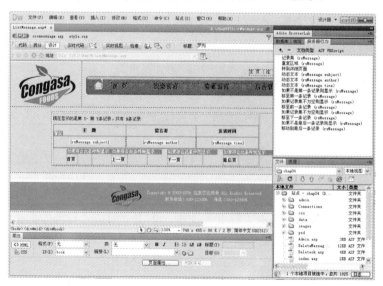

图 4-47　制作计数器

STEP⑬ 用鼠标选中"X",在数据"绑定"面板中展开 rsMessage 记录集,选择[第一个记录索引],然后单击"插入"按钮,则"X"字样被{rsMessage_first}占位符代替。

STEP⑭ 在"文档"窗口中选择"Y"字样。在数据绑定面板中选择[最后一个记录索引],然后单击"插入"按钮,在"文档"窗口中选择"N"字样。在数据绑定面板中选择[总记录数],然后单击"插入"按钮。

绑定后,计数器中的文本和占位符如图 4-48 所示。

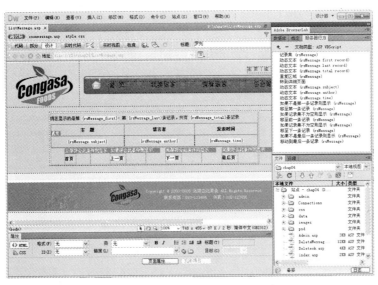

图 4-48 创建计数器后的"文档"窗口

STEP⑮ 还需要在网页中设置一个链接对象,使浏览者能够转到/ShowMessage.asp 页面中查看详细的留言。选中主题下的{rsMessage.subject}作为链接,然后单击"服务器行为"面板中的加号"+"按钮,从弹出的下拉菜单中选择"转到详细页面"命令,则打开"转到详细页"对话框。

STEP⑯ 单击打开"链接"下拉列表框,从中选择应用"转到详细页面"服务器行为的链接。在"详细信息页"文本框中输入细节页的路径和文件名/ShowMessage.asp。在"传递URL 参数"文本框中输入 ID,表示通知该文件以参数 ID 作为用户传递记录的依据,服务器根据 ID 的值向用户传递其选定的记录。打开"列"下拉列表框,从中选择传递 URL 参数所对应的字段名称 ID,如图 4-49 所示。

图 4-49 "转到详细页面"对话框设置

STEP⑰ 选择菜单栏中的"文件"→"保存"命令，保存修改后的文档即完成本页面的制作。

4.3.3 显示留言详细信息

显示现有留言的详细内容主要是在 ShowMessage.asp 页面中实现的，单击罗列页后链接到该页面中，并显示详细的留言信息。

制作步骤如下：

STEP① 将制作的 moban.asp 另存为 ShowMessage.asp 页面，并在网页标题栏中输入"显示"。在文档中修改布局效果，完成后的静态页面效果如图 4-50 所示。其中"返回留言列表"链接的是 ListMessage.asp 页面。

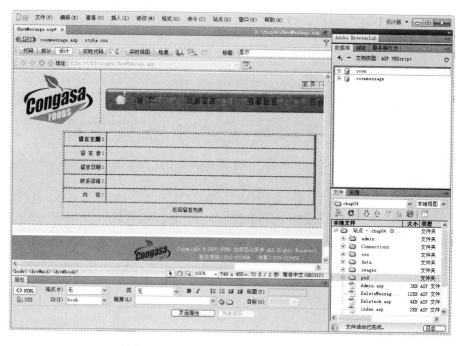

图 4-50 ShowMessage.asp 静态页面设计

STEP② 选择菜单栏中的"窗口"→"绑定"命令，打开"绑定"面板，单击该面板中的加号"+"按钮，从弹出的菜单中选择"记录集(查询)"命令，将打开"记录集"对话框。

STEP③ 在该对话框中进行如下设置：

● 在"名称"文本框中输入 rsMessage 作为该记录集的名称。

● 从"连接"下拉列表框中选择 coonmessage 数据源连接对象。

● 从"表格"下拉列表框中，选择使用的数据库表对象为 message。

● 在"列"选项组中选择"全部"单选按钮。

设置完成后的"记录集"对话框如图 4-51 所示。

图 4-51 定义记录集 rsMessage

STEP 4 设置完成后，单击该对话框中的"确定"按钮，关闭该对话框。将 rsMessage 记录集中的字段绑定到页面中相应的位置上，完成后的效果如图 4-52 所示。

图 4-52 绑定记录集

STEP 5 选择菜单栏中的"文件"→"保存"命令，将修改后的文档保存。

Section
4.4　后台管理功能设计

留言板还需要设计一个后台管理功能，方便网站所有者对留言板的管理和控制。这就需要制作登录后台管理的页面 Admin.asp，还有选择删除多余留言的页面 DeleteMessage.asp 及删除的页面 Deleteok.asp。

4.4.1 设计后台管理登录页面

Admin.asp 是用于后台登录的页面，页面比较简单，需要用户名及密码两个动态对象及提交表单功能按钮。

制作步骤如下：

STEP 1 将制作的 moban.asp 另存为 Admin.asp 页面，并在网页标题栏中输入"后台管理"。在文档中修改布局效果，完成后的静态页面效果如图 4-53 所示。

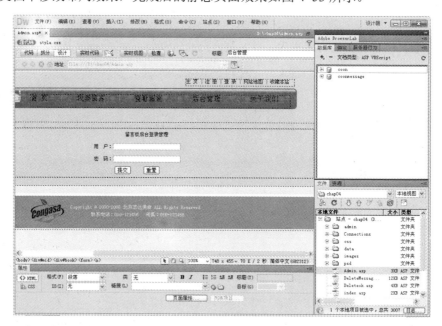

图 4-53　制作的静态页面效果

STEP 2 由于输入用户名及密码后需要与数据库 Admin.mdb 中的用户名及密码核对，设置"用户名"和"密码"后面的文本域名称分别为 admin 和 password，如图 4-54 所示。

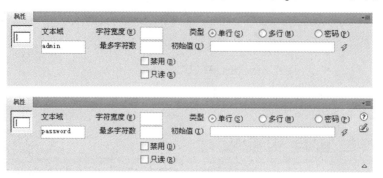

图 4-54　定义文本域名称

STEP 3 用户可以通过该网页中表单的提交实现登录功能。选择菜单栏中的"窗口"→

"服务器行为"命令，打开"服务器行为"面板。单击该面板中的加"+"号按钮，从打开的菜单中选择"用户身份验证"→"登录用户"命令，如图 4-55 所示，向该网页中添加登录用户的服务器行为。

图 4-55 添加"登录用户"的服务器行为

STEP④ 打开如图 4-56 所示的"登录用户"对话框，该对话框的第一部分用来设置表单中的文本域的功能。具体设置如下：

- 从"从表单获取输入"下拉菜单中选择该服务器行为使用网页中的 form1 表单对象中浏览者填写的对象。
- 从"用户名字段"下拉列表中选择文本域 Admin 对象，设定该用户登录服务器行为的用户名数据来源为表单的 Admin 文本域中浏览者输入的内容。
- 从"密码字段"下拉列表中选择文本域 password 对象，设定该用户登录服务器行为的用户名数据来源为表单的 password 文本域中浏览者输入的内容。
- 从"使用连接验证"下拉列表中选择用户登录服务器行为使用的数据源连接对象为 conn。
- 从"表格"下拉列表中选择该用户登录服务器行为使用到的数据库表对象为 Admin。
- 从"用户名列"下拉列表中选择表 Admin 存储用户名的字段为 Admin 字段。
- 从"密码列"下拉列表中选择表 Admin 存储用户密码的字段为 Password 字段。
- 在"如果登录成功，转到"文本框中输入登录成功后，转向 DeleteMessage.asp 页面。
- 在"如果登录失败，转到"文本框中输入登录失败后，转向 Admin.asp 页面。

其他参数保持默认值，设置后的"登录用户"对话框如图 4-56 所示。

STEP⑤ 设置完成后，单击"确定"按钮，完成登录页面的制作，此时的"服务器行为"面板如图 4-57 所示。

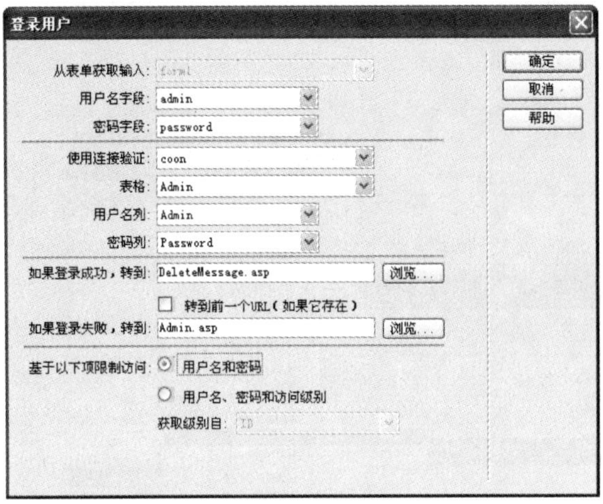

图 4-56 "登录用户"对话框

图 4-57 设置后的"服务器行为"面板

4.4.2 制作删除留言页面

登录成功后进入 DeleteMessage.asp 页面，此页面和前面制作的 ListMessage.asp 页面不同的地方就是单击想要删除的留言主题，将进入 Deleteok.asp 删除的页面。

DeleteMessage.asp 页面的制作步骤如下：

STEP① 在 Dreamweaver CS5 中双击"文件"面板中已经制作好的 ListMessage.asp 页面，然后再选择菜单栏中的"文件"→"另存为"命令，打开"另存为"对话框，在"文件名"文本框中输入 DeleteMessage.asp，如图 4-58 所示。

图 4-58 另存文件为 DeleteMessage.asp

STEP 2 单击"保存"按钮，完成复制页面的操作。输入新文字"请单击选择要删除的留言，进入删除页面"，完成后的效果如图4-59所示。

STEP 3 接下来修改该页面，单击留言的主题可以进入 Deleteok.asp 页面，双击"服务器行为"面板中的"转到详细页面"行为，如图4-60所示。

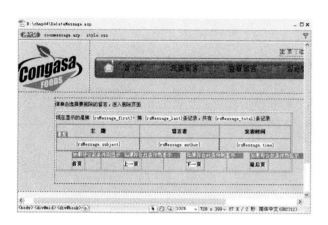

图4-59 修改后的页面效果 　　　　　　图4-60 选择"转到详细页面"服务器行为

STEP 4 打开"转到详细页面"对话框。在"详细信息页"文本框中输入要转入的新页面/Deleteok.asp，如图4-61所示。

图4-61 修改转入的细节页地址

STEP 5 单击"确定"按钮，则完成 DeleteMessage.asp 的制作。

4.4.3 删除成功页面的制作

这个页面是真正实现留言删除的页面，主要应用"服务器行为"面板中的"删除记录"命令。此页面同前面制作的 ShowMessage.asp 页面不同的地方是需要插入一个表单和一个删除按钮，因为提交删除命令时需要把所有的数据传到数据库中。

Deleteok.asp 页面的制作步骤如下：

STEP 1 将制作的 moban.asp 另存为 Deleteok.asp 页面，并在网页标题栏中输入"后台管理"。在文档中修改布局效果，完成后的静态页面效果如图4-62所示。

图 4-62　Deleteok.asp 页面设计

STEP 2 选择菜单栏中的"窗口"→"绑定"命令，打开"绑定"面板，单击该面板中的加"+"号按钮，从弹出的菜单中选择"记录集(查询)"命令，将打开"记录集"对话框。

STEP 3 在该对话框中进行如下设置：

- 在"名称"文本框中输入 rsMessage 作为该记录集的名称。
- 从"连接"下拉列表框中选择 coonmessage 数据源连接对象。
- 从"表格"下拉列表框中，选择使用的数据库表对象为 message。
- 在"列"选项组中选择"全部"单选按钮。
- 在"筛选"栏中设置记录集过滤的条件为 ID、=、URL 参数、ID，意思是由指定的 ID 值进行 URL 参数的传递，如图 4-63 所示。

图 4-63　定义记录集

STEP ④ 设置完成后，单击该对话框中的"确定"按钮，关闭该对话框。返回到"文档"窗口。

STEP ⑤ 将 rsMessage 记录集中的字段绑定到页面中相应的位置上，完成的效果如图 4-64 所示。

图 4-64 绑定记录集

STEP ⑥ 单击"服务器行为"面板中的加号"+"按钮，从打开的菜单中选择"删除记录"命令，添加删除记录的服务器行为。打开如图 4-65 所示的"删除记录"对话框，该对话框中的第一部分用来设置表单中的文本域的功能。

进行如下设置：

● 从"连接"下拉列表中选择 coonmessage 作为数据源连接对象。
● 从"从表格中删除"下拉列表中选择 message 作为使用的数据库表对象，即存储讨论主题的表对象。
● 从"选取记录自"下拉列表中选择 rsMessage 记录集作为要删除的记录对象。
● 在"唯一键列"下拉列表中选择主键字段为 ID。
● 从"提交此表单以删除"下拉列表中选择 form1。
● 在"删除后，转到"栏中设置记录成功删除后，切换到/index.asp 网页。

其他参数保持默认值，设置后的面板如图 4-65 所示。

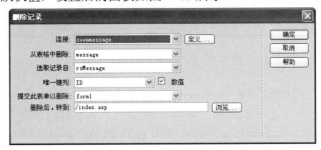

图 4-65 添加"删除记录"的服务器行为

STEP 7 单击"确定"按钮，完成删除记录行为设置，选择菜单栏中的"文件"→"保存"命令，将文档保存。

留言板系统测试

留言板的测试及优化很重要，通过在浏览器中进行测试留言板的执行效果可以查找出该留言板系统的不足之处，进行改进。

4.5.1 留言功能测试

测试的步骤如下：

STEP 1 首先在 message.mdb 数据库中输入一些用于测试的数据。然后打开 IE 浏览器，在地址栏中输入 http://127.0.0.1，打开 index.asp 文件，如图 4-66 所示。在该页面中单击"我要留言"文本，跳转到 InsertMessage.asp 页面。

图 4-66 EnterMessage.htm 页面

STEP 2 在 InsertMessage.asp 页面中，按如图 4-67 所示，输入留言内容。

STEP 3 输入留言内容后，单击"提交"按钮，浏览器将自动跳转到 ListMessage.asp 页面，显示当前数据库中已有的留言列表，如图 4-68 所示。

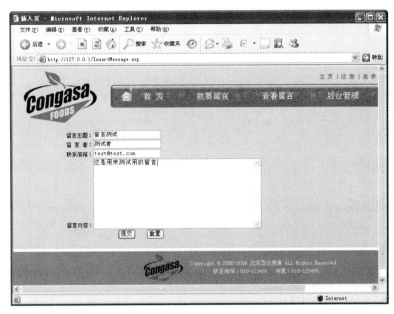

图 4-67 填写留言板

图 4-68 显示留言列表

STEP④ 单击 ListMessage.asp 页面中留言主题文字上提供的链接对象，跳转到 ShowMessage.asp 页面查看留言的详细内容，如图 4-69 所示它所链接的是第一条信息，要解决这个问题，需要对罗列页单击选择"主题"后的值传给显示页面并显示相关的内容。

STEP⑤ 这里打开 ShowMessage.asp 页面进行进一步完善，双击服务器行为中建立的 rsMessage 记录集，在弹出的对框中进行修改，由于设置了 ID 值是自动生成的唯一键值，可以筛选 ID、=、URL 参数、ID 值，即由指定的 ID 值进行 URL 参数的传递，修改如图 4-70 所示。

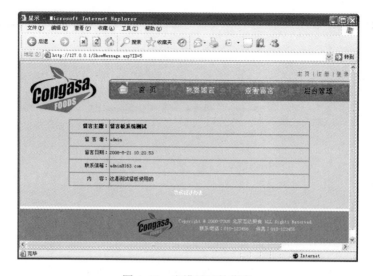

图 4-69   出错显示的信息

图 4-70   修改筛选值

STEP 6 在 ShowMessage.asp 页面中，能够显示出发言人的 E-mail 地址。但是，现在的网页中显示的还是纯文本型的 E-mail 地址，还应该创建 E-mail 链接，使浏览者单击该地址能够直接弹出默认的邮件编辑软件，给该留言人发邮件。

STEP 7 单击选中 {rsMessage.email} 字段，然后在对应的属性设置面板中的"连接"文本框中输入邮件链接地址 mailto: <%=(rsMessage.Fields.Item("email").Value)%>，如图 4-71 所示。

图 4-71   创建邮件链接

STEP 8 编辑完成后，将网页保存。可以进行测试。单击该邮件链接对象，应启动默认的邮件编辑软件，如 Outlook 等，供浏览者或留言人发信。

4.5.2 后台管理测试

接下来测试后台管理部分，测试的步骤如下：

STEP 1 打开 IE 浏览器，在地址栏中输入 http://127.0.0.1，打开 index.asp 文件，在该页面中单击"后台管理"文本，跳转到 Admin.asp 页面，如图 4-72 所示。

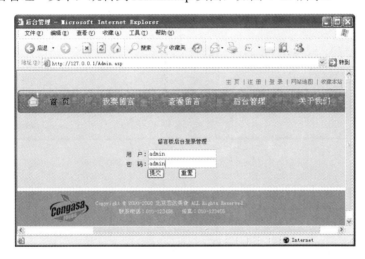

图 4-72　打开后台登录页面

STEP 2 在"用户"文本框中输入 admin，在"密码"文本框中输入 admin，然后单击"确定"按钮，进入 DeleteMessage.asp，如图 4-73 所示。

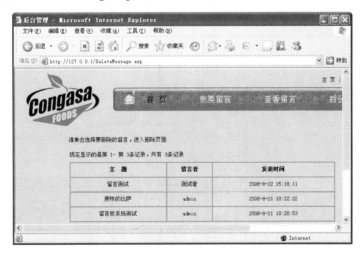

图 4-73　打开的 DeleteMessage.asp 页面

STEP 3 这里选择页面中的"留言测试"主题，打开相关留言的 Deleteok.asp 页面，如

图 4-74 所示。

图 4-74　打开要删除的 Deleteok.asp 页面

STEP 4　单击页面中的"删除"按钮，如果删除该记录，并返回留言板的首页 index.asp 页面，则说明后台管理系统没有错误，测试成功。至此，整个留言系统就设计开发完成了。

第5章 新闻系统

新闻系统是动态网站建设中经常用到的系统，尤其在政府单位网站、教育单位网站或企业网站中更是如此。新闻系统的作用是在网上传播信息，通过对新闻的不断更新，让用户及时了解行业信息、企业状况。新闻系统中涉及的主要操作是访问者的新闻查询功能，和系统管理员对新闻的新增、修改、删除等功能，制作相对比较简单。

本章的实例效果

■从入门到精通

教学重点

搭建新闻系统开发平台 🗁
新闻系统规划 🗁
新闻系统功能页面 🗁
后台管理 🗁

搭建新闻系统开发平台

　　本章实例是一个带新闻系统的"欧雅丽"美容产品网站。从动态功能来说，主要介绍如何建立一个功能完整的新闻系统，主要包括新增、修改、删除数据库的新闻记录，首页设计的效果如图 5-1 所示。

图 5-1　设计的首页效果

　　本实例是一个经典的新闻系统网页。需要按一般的步骤进行 Photoshop CS5 分割图片，建立本实例的站点 chap05，配置 IIS 站点浏览，使用 div+CSS 布局静态页面几个环节。

5.1.1　使用 Photoshop CS5 分割图片

　　用 Photoshop CS5 切片工具分割首页图片，具体步骤如下：

　　STEP①　在本地 D 盘下建立站点文件夹 Chap05，建立一些常用的文件夹。启动 Photoshop CS5，选择菜单栏中的"文件"→"打开"命令，打开光盘中所做的首页平面效果 index.psd 文件，如图 5-1 所示。

　　STEP②　首先切割最上面的"欧雅丽"标题行的图片，单击工具箱中的"切片工具"按钮，从场景的左上角拖曳到标题的右下角，如图 5-2 所示，图中绘制的虚线框就是切片大小，切片后左上角将显示 🔲🖾 图标。

　　STEP③　接下来分割其他图片部分。保持"切片工具"按钮选中状态，按下〈Ctrl+H〉组合键，打开辅助线视图，可以先用辅助线

图 5-2　Logo 部分的切片效果

分割好需要分割的区域，按照辅助线的分割，将整个网页分割成 9 个小图片，如图 5-3
所示。

图 5-3　切片整个首页的效果

STEP 4　选择菜单栏中的"文件"→"存储为 Web 和设备所用格式"命令，打开"存
储为 Web 和设备所用格式"对话框，设置为"GIF"格式，"颜色"值为 256，"扩散"模式，
"仿色"值为 100%，其他设置如图 5-4 所示。

图 5-4　"存储为 Web 和设备所用格式"对话框

STEP 5　单击"存储"按钮，打开"将优化结果存储为"对话框，单击选择"保存
在"后面的下拉三角按钮，选择建立的 chap05 文件夹，其他参数保持默认值，设置如图
5-5 所示。

图 5-5　"将优化结果存储为"对话框设置

STEP 6 单击"保存"按钮，完成保存切片的操作。打开保存文件的路径，可以看到自动生成了一个 images 的文件夹，文件夹里是前面分割后产生的小图片，由这些小图片组成了首页的效果，在设计的时候可以分别调用这些小图片，如图 5-6 所示。

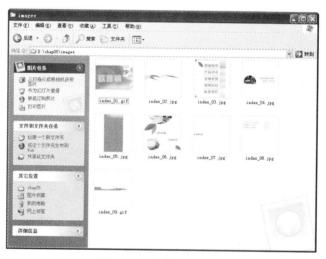

图 5-6　分割后的小图片

5.1.2　配置新闻系统站点服务器

接下来使用 IIS 在本地计算机上创建新闻系统的站点，配置步骤如下：

STEP 1 首先启动 IIS，在 IIS 窗口中，右键单击"默认网站"选择菜单中的"属性"命令，打开"默认网站属性"对话框，如图 5-7 所示。

STEP 2 单击"主目录"选项卡，在"本地路径"文本框中输入设置新闻站点文件夹路径为"D:\chap05"，其他参数保持默认值，设置如图 5-8 所示。

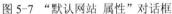

图 5-7 "默认网站 属性"对话框　　　　图 5-8 设置网站的"本地路径"

STEP 3 单击"确定"按钮，完成"默认网站属性"的配置，由于前面已经使用 Photoshop CS5 分割了页面，并自动保存生成了 index.html 页面，所以打开 IE 浏览器输入地址 http://127.0.0.1，即可打开页面分割后的效果，如图 5-9 所示。

图 5-9 浏览的最初效果

当可以浏览到 Photoshop CS5 分割后的网页效果时，说明站点服务器的配置已经完成，就可以开始下一步制作了。

5.1.3　创建编辑站点 chap05

使用 Dreamweaver CS5 进行网页布局设计时，首先需要使用定义站点向导定义站点，操作步骤如下：

STEP 1 打开 Dreamweaver CS5，选择菜单栏中的"站点"→"管理站点"命令，打开

"管理站点"对话框。

STEP 2 单击右边的"新建"按钮，从弹出的下拉菜单中选择"站点"命令，则打开"站点设置对象"对话框，进行如下参数设置：

"站点名称"：chap05。

"本地站点文件夹"：D:\chap05\。

如图 5-10 所示。

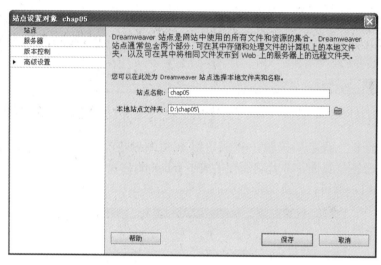

图 5-10　设置站点对话框

STEP 3 单击"分类"列表框中的"服务器"选项，进行如下参数设置。

"服务器名称"：chap05。

"连接方法"：本地/网络。

"服务器文件夹"：D:\chap05\。

"Web URL"：http://127.0.0.1。

配置后的"测试服务器"的参数设置如图 5-11 所示。

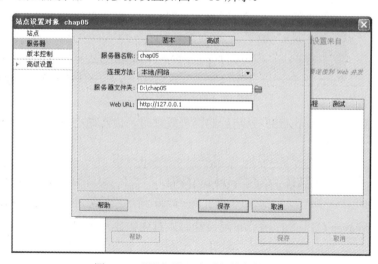

图 5-11　"服务器"选项卡的参数设置

STEP④ 单击"确定"按钮，完成站点的定义设置。这样，在 Dreamweaver CS5 中就已经拥有了刚才所设置的站点了。

5.1.4 使用 div+CSS 布局网页

整体的页面布局规划设计，如图 5-12 所示。

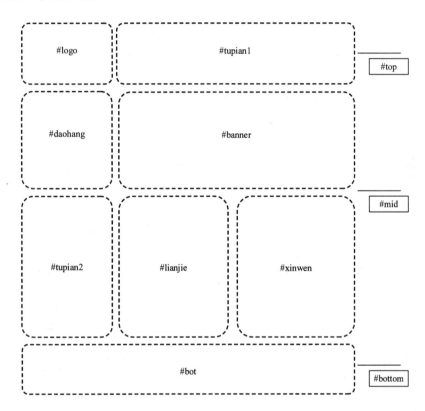

图 5-12 整体布局框架设计

使用 div+CSS 布局首页的步骤如下：

STEP① 将原来的 index.html 中的所有代码删除，然后修改为标准的 XHTML 1.0 文档格式，将</head>以上的代码优化为如下代码：

```
<!DOCTYPE html PUBLIC "-//W3C//DTD XHTML 1.0 Transitional//EN" "http://www.w3.
org/TR/xhtml1/DTD/xhtml1-transitional.dtd">
<html xmlns="http://www.w3.org/1999/xhtml">
<head>
<meta http-equiv="Content-Type" content="text/html; charset=gb2312" />
<link rel="stylesheet" href="css/style.css" type="text/css" />
<title>新闻系统</title>
</head>
```

STEP② 其他 div 的布局代码如下：

```
<body>
<div id="top">
<div id="logo"></div>
<div id="tupian1"></div>
</div>
<div id="mid">
<div id="daohang">
<div class="wenzi"><a href="#">网站首页</a></div>
<div class="wenzi"><a href="#">产品资讯</a></div>
<div class="wenzi"><a href="#">美丽护理</a></div>
<div class="wenzi"><a href="#">新闻中心</a></div>
<div class="wenzi"><a href="#">联系我们</a></div>
</div>
<div id="banner"></div>
<div id="tupian2"></div>
<div id="lianjie"></div>
<div id="biaoti"><img src="/images/index_07.jpg" /></div>
<div id="word">
<div class="neirong">
    <p><a href="#">公司高层深入市场一线考察...       2008-06-02</a></p>
    <p><a href="#">欧雅丽 5 周年庆系列活动...        2008-05-25</a></p>
    <p><a href="#">欧雅丽参加上海美博会...      2008-05-23</a></p>
    <p><a href="#">欧雅丽参加北京美博会...      2008-04-23</a></p>
    <p><a href="#">欧雅丽参加广州美博会...      2008-03-23</a></p>
</div>
</div>
</div>
<div id="bottom">
<div id="bot"></div>
</div>
</body>
</html>
```

STEP 3 在站点中建立 css 文件夹，并建立一个 style.css 样式文件，对首页的样式控制代码如下：

```
/*整体页面 CSS*/
*{ margin:0px;
    padding:0px;
  }
/*控制整体*/
body{ width:100%;
      height:100%;
    font:12px "宋体", Helvetica, sans-serif;
    background:#FFF;
   }
/* 设置所有图片的边框为 0*/
```

```
img {
  border:0;
      }
/*  设置最外层居中显示，实现让整个页面居中显示*/
#top,#mid,#bottom{
      margin: auto;
    width:840px;
}
/*  设置左浮动的标签*/
#logo,#tupian1,#daohang,#banner,#tupian2,#lianjie,#biaoti,#word,#bot{
float:left;
}
p{ line-height:1.9;
}
/*  页面链接*/
a:link {
  color: #5F9406;
  text-decoration: none;
}
a:visited {
  text-decoration: none;
  color:#62b400;
}
a:hover {
  text-decoration: underline;
  color:#FFB118;
}
a:active {
  text-decoration: none;
  color:#ffe30b;
}
/*top 部分*/
#logo{
width:154px;
height:96px;
background-image:url(/images/index_01.gif);
}
#tupian1{
width:686px;
height:96px;
background-image:url(/images/index_02.jpg);
}
/*mid 部分*/
#daohang{
width:154px;
height:173px;
```

```
background-image:url(/images/index_03.jpg);
}
#banner{
width:686px;
height:173px;
}
#tupian2{
width:154px;
height:308px;
background-image:url(/images/index_05.jpg);
}
#lianjie{
width:327px;
height:308px;
}
#biaoti{
width:359px;
height:38px;}
#word{
width:359px;
height:270px;
background-image:url(/images/index_08.jpg);
}
#newsword{
margin-top:15px;
margin-left:180px;
margin-right:40px;
}

/*bottom 部分*/
#bot{
width:840px;
height:70px;
background-image:url(/images/index_09.gif);
}
.wenzi{
margin-top:15px;
margin-left:40px;
margin-right:40px;
font-size:16px;
color:#62b400;
}
.neirong{
margin-top:13px;
margin-left:15px;
}
```

STEP4　制作完成后即可以在 IE 浏览器中显示布局后的效果。

Section
5.2 新闻系统规划

新闻系统包括前台新闻显示和后台新闻管理两部分内容。数据库的设计首先要设计一个存储管理者账号和密码的数据表 user，还要设计一个存储新闻标题内容的数据表 news，在后面实例制作的过程中能够实现新闻资料的储存、修改、删除和添加功能。

5.2.1 系统规划设计

本系统主要分成用户浏览页面与管理者登录页面两个部分，其中 index.asp 是这个网站的首页。该新闻系统主要由以下动态网页构成。

- index.asp：网站新闻的首页。
- news.asp：显示所有新闻标题的页面。
- newscontent.asp：显示详细新闻内容的页面。
- admin_login.asp：登录后台管理页面。
- admin.asp：新闻主管理页面。
- news_add.asp：增加新闻的页面。
- news_upd.asp：新闻更新页面。
- news_del.asp：删除新闻页面。

5.2.2 数据库设计

本实例需要建立一个存储新闻标题（title）、新闻内容（content）和添加新闻时间（time）等字段的 Access 数据库。在数据库中必须包含一个容纳上述信息的表，这个表为新闻信息表，命名为 news。创建的新闻信息表 news 如图 5-13 所示。

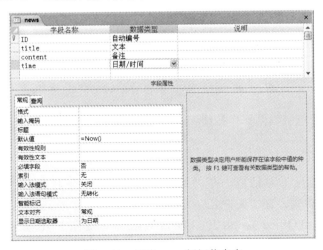

图 5-13 创建 news 新闻信息表

数据库设计的步骤如下：

STEP① 规划设计新闻信息表 news 的字段结构采用表 5-1 的结构，管理者信息表 user 采用表 5-2 所示的结构。

表 5-1　新闻信息表 news

意　　义	字 段 名 称	数 据 类 型	字 段 大 小	必 填 字 段	允许空字符串	默 认 值
主题编号	ID	自动编号	长整型			
留言标题	title	文本	50	是	否	
留言内容	content	备注		是		
留言时间	time	日期/时间		是	否	=Now()

表 5-2　管理者信息表 user

意　　义	字 段 名 称	数 据 类 型	字 段 大 小	必 填 字 段	允许空字符串	默 认 值
主题编号	ID	自动编号	长整型			
用户账号	username	文本	50	是	否	
用户密码	password	文本	50	是	否	

STEP② 首先运行 Microsoft Access 2007 程序。打开的程序界面如图 5-14 所示。

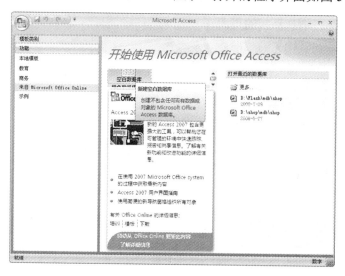

图 5-14　运行"Microsoft Access 2007"软件

STEP③ 单击"空白数据库"按钮 ，在主界面的右侧打开"空白数据库"面板，如图 5-15 所示。

STEP④ 再单击"空白数据库"面板中的"浏览到某个位置来存放数据库"按钮 ，打开"文件新建数据库"对话框，在"保存位置"后面的下拉列表中选择前面创建站点 chap05 中的 mdb 文件夹，在"文件名"文本框中输入文件名 news，在"保存类型"下拉列表框中选择"Microsoft Office Access 2002-2003 数据库"，如图 5-16 所示。

STEP⑤ 单击"确定"按钮，返回"空白数据库"面板，如图 5-17 所示。

图 5-15　打开"空白数据库"面板

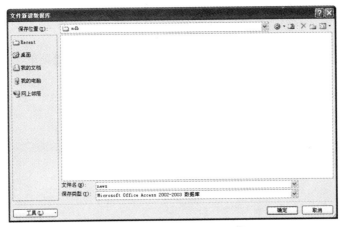

图 5-16　设置"文件新建数据库"对话框

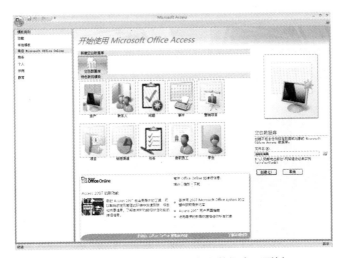

图 5-17　设置文件后的"空白数据库"面板

STEP 6 单击"空白数据库"面板的"创建按钮",即在 Microsoft Access 2007 中创建了 news.mdb 文件,同时 Microsoft Access 2007 自动默认生成了一个"表1:表"数据表,如图 5-18 所示。

图 5-18 创建的默认数据表

STEP 7 用鼠标右键单击选择"表1:表"数据表,打开快捷菜单如图 5-19 所示。

图 5-19 打开的快捷菜单命令

STEP 8 选择快捷菜单中的"设计视图"命令,打开"另存为"对话框,在"表名称"文本框中输入数据表名称 news,如图 5-20 所示。

图 5-20 设置"表名称"

STEP 9 单击"确定"按钮，即在"所有表"列表框中建立了 news 数据表，如图 5-21 所示。

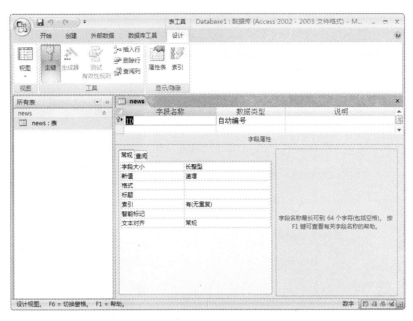

图 5-21 建立的 news 数据表

STEP 10 接下来按表 5-1 所示输入字段名并设置其属性，完成后如图 5-22 所示。

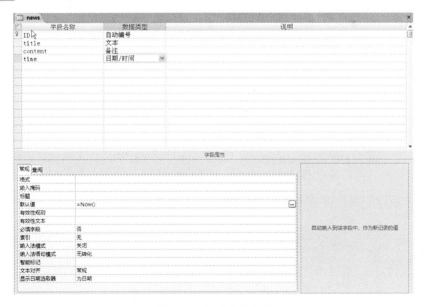

图 5-22 创建表的字段

STEP 11 双击 news：表，打开 news 的数据表，如图 5-23 所示。

STEP 12 为了方便预览，可以在数据库中预先编辑一些记录对象，如图 5-24 所示。

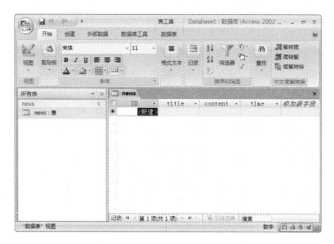

图 5-23 创建的 user 数据表

ID	title	content	time
1	睫毛膏性价大比拼	日常生活	###########
2	最短时间消灭肌肤瑕疵	夏日里尽	###########
3	详解时下最流行美体概念	体形护理	###########
4	沙发瑜伽8式瘦身效果佳	谁说减压	###########
5	舒展身体打造运动美人	适合减肥	###########
6	健美操减肥的益处	可以增强	###########
7	跳舞减肥最新方法	跳舞是一	###########
8	按体型选择最佳减肥运动	保持形体	###########
9	壁球与墙壁搏击的运动	经常能在	###########
10	跑步记住“慢”和“晚”	有一些人	###########
11	促使脊背挺直的简单体操	年轻人如	###########
14	随“心”所欲去健身	懒洋洋地	###########
(新建)			###########

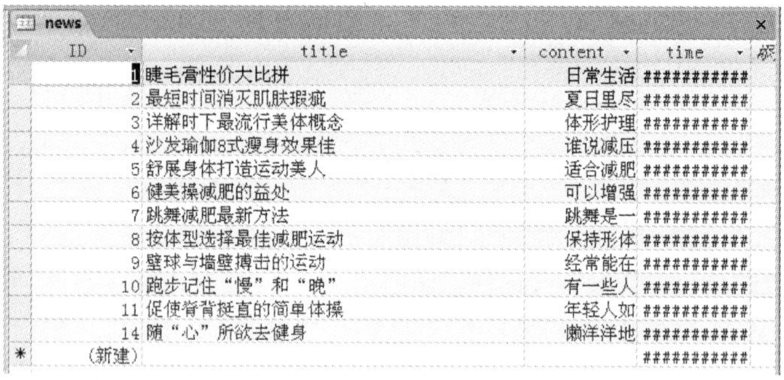

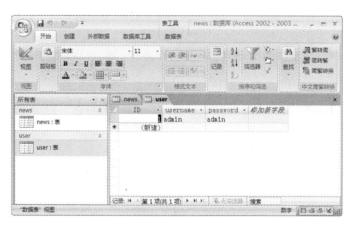

图 5-24 news 表中的输入记录

STEP 13 用上述的方法，建立一个名为 user 的数据表。输入字段名并设置其属性，如图 5-25 所示。

图 5-25 user 数据表

编辑完成后单击“保存”按钮，完成数据库的创建，最后关闭 Access 2007 软件。数据库和储存用户名和密码等资料的数据表建立完毕。

5.2.3 数据库连接

数据库编辑完成后，必须在 Dreamweaver CS5 中建立能够使用的数据源连接对象。这样才能在动态网页中使用这个数据库文件。操作过程中要特别注意 ODBC 连接参数的设置。

具体连接步骤如下：

STEP 1 在"控制面板"中，选择"管理工具"打开管理工具窗口，双击运行"数据源（ODBC）"的快捷方式 ，将打开如图 5-26 所示的"ODBC 数据源管理器"对话框。

STEP 2 单击"ODBC 数据源管理器"对话框中的"系统 DSN"选项卡，如图 5-27 所示。

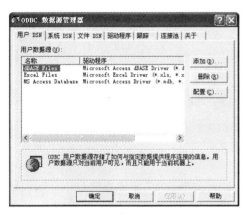

图 5-26 ODBC 数据源管理器中的用户 DSN　　图 5-27 ODBC 数据源管理器中的系统 DSN

STEP 3 在"系统 DSN"对话框中单击"添加（D）"按钮，打开"创建新数据源"对话框，如图 5-28 所示。

STEP 4 在"创建数据源"对话框中，选择"Driver do Microsoft Access（*.mdb）"选项，然后单击"完成"按钮。打开"ODBC Microsoft Access 安装"对话框，在"数据源名（N）"文本框中输入 news，如图 5-29 所示。

图 5-28 创建数据源　　　　　图 5-29 ODBC Microsoft Access 设置

STEP 5 单击"选择（S）"按钮，打开"选择数据库"对话框，如图 5-30 所示。单击"驱动器(V):"文本框右侧的下拉三角按钮 ，从下拉菜单中找到在创建数据库步骤中数据库所在的盘符，在"目录（D）:"中找到在创建数据库步骤中保存数据库的文件夹，然后单击左上方"数据库名（A）"选项组中的数据库文件 news.mdb，则数据库名称自动添加到"数据库名（A）"下的文本框中。

STEP 6 找到数据库后，在"选择数据库"对话框中单击"确定"按钮，回到"ODBC Microsoft Access 安装"对话框中，再次单击"确定"按钮，将返回到"ODBC 数据源管理器"中的"系统 DSN"对话框中，则可以看到"系统数据源"中已经添加了一个名称为 news，驱动程序为"Driver do Microsoft Access（*.mdb）"的系统数据源，如图 5-31 所示。

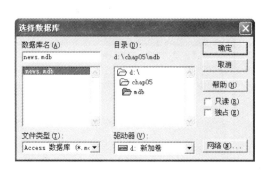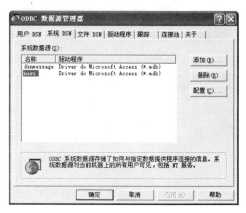

图 5-30　选择数据库　　　　　　　图 5-31　ODBC 数据源管理器

STEP 7 再次单击"确定"按钮，完成"ODBC 数据源管理器"中"系统 DSN"的设置。

STEP 8 启动 Dreamweaver CS5，打开建立的 Chap05 站点，并打开 index.html 页面，将文件另存为 index.asp 页面，在 Dreamweaver CS5 软件中执行菜单栏中的"窗口"→"数据库"命令，打开"数据库"面板。

STEP 9 单击"数据库"面板中的加号"+"按钮，打开下拉菜单，单击选择"数据源名称（DSN）"命令。

STEP 10 打开"数据源名称（DSN）"对话框，在"连接名称:"文本框中输入 news，单击"数据源名称（DSN）:"文本框右侧的下拉三角按钮 ，从打开的下拉菜单中选择在"数据源（ODBC）"→"系统 DSN"中所添加的 news，其他保持默认值，如图 5-32 所示。

图 5-32　数据源名称（DSN）

STEP 11 在"数据源名称（DSN）"页面中，单击"测试"按钮，如打开图 5-33 所示页面，则说明数据库连接成功，否则应逐一检验之前各项步骤是否正确完成，修改至测试成功后，单击"确定"按钮则完成此步骤。

STEP⑫ 同时在网站根目录下将自动创建一个名为 Connections 的文件夹，Connections 文件夹内有一个名为 news.asp 的文件，news.asp 文件可以用记事本打开，如图 5-34 所示。

图 5-33　成功创建连接脚本

图 5-34　成功创建连接脚本

至此，完成数据库的连接操作。

Section 5.3　新闻系统功能页面

网站在首页中有一个显示新闻的模块，访问者可以单击"更多"和"more"文字链接进入显示新闻标题的页面进行浏览。单击想要浏览的新闻标题即可进入该新闻的详细内容页面。

5.3.1　新闻首页的设计

新闻发布后，应该让网站访问者在首页中看到最新发布的新闻，本节将主要介绍如何在首页 index.asp 页面中制作新闻系统的标题显示功能。

制作步骤如下：

STEP① 将打开的 index.asp 制作成静态的页面效果如图 5-35 所示。

图 5-35　设计的静态网页效果

STEP 2 接下来利用"绑定"功能，将网页所需要的数据字段连接至网页。单击"绑定"面板，并在面板中单击"增加绑定"按钮"+"，在弹出的菜单中选择"记录集（查询）"选项。

打开"记录集"对话框，按如下参数进行设置：

- 在"名称"文本框中输入 rs_news 作为该记录集的名称。
- 从"连接"下拉菜单中选择 news 数据源连接对象。
- 从"表格"下拉菜单中，选择使用的数据库表对象为 news。
- 在"列"栏中选择"全部"单选按钮。
- 设置"筛选"的条件为"无"。
- 在"排序"下拉菜单中选择 ID 选项，然后选择"降序"的排列顺序。

单击"确定"按钮即完成设定，如图 5-36所示。

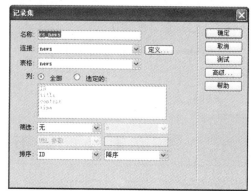

图 5-36 绑定 rs_news 记录集设定

STEP 3 绑定记录集后，将记录集的 {rs_news.title}字段插入至 index.asp 网页的适当位置，如图 5-37 所示。

图 5-37 插入{rs_news.title}至 index.asp 网页中

STEP 4 在数据库中加入相应的数据后，上面只能显示第一条最新新闻记录，如果需要显示 5 条最新记录，那么就必须设置"重复区域"功能。单击选中 index.asp 页面中需要重复的行，如图 5-38 所示。

图 5-38 选择需要重复的行

STEP 5 单击"应用程序"面板群组中的"服务器行为"面板中的加号"+"按钮，接着在弹出的菜单中，选择"重复区域"选项。打开"重复区域"对话框，设置这一页显示的数据"记录"为 5，如图 5-39 所示。

STEP 6 单击"确定"按钮回到编辑页面，将发现之前所选取要重复的区域左上角出现了一个"重复"的灰色标签，这表示已经完成设定，如图 5-40 所示。

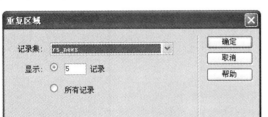

图 5-39　选择一次可以显示的记录数

图 5-40　设定重复功能后的效果

STEP 7 index.asp 页面除了显示新闻标题外，还要提供浏览者单击标题链接至详细内容页面阅读新闻内容的功能，首先选取编辑页面中的新闻标题字段{rs_news.title}。

STEP 8 单击"应用程序"面板中的"服务器行为"标签中的"+"号按钮，在弹出的菜单列表中选择"转到详细页面"选项。打开"转到详细页面"对话框如图 5-41 所示。设置"详细信息页"的链接路径为/news/newscontent.asp，其他设定值皆不改变其默认值。

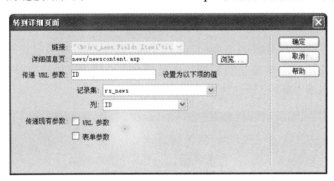

图 5-41　"转到详细页面"对话框

STEP 9 单击"确定"按钮回到编辑页面，单击鼠标选择带"more"的图片，在其对应的"属性"面板中的"链接"文本框中输入：/news/news.asp，将其设置为指向 news 文件夹中 news.asp 页面链接，如图 5-42 所示。

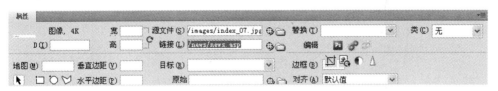

图 5-42　设置"more…"文字链接

STEP 10 现在主页面 index.asp 的设计与制作都已经完成，按〈F12〉键可打开 IE 浏览器预览目前制作的结果，如图 5-43 所示。

图 5-43　主页面的设计结果

　罗列新闻主页面

接下来我们将设计新闻系统的主页面 news.asp，这个页面将显示新闻系统中所有的新闻标题，浏览者可以通过单击要阅读的新闻标题链接到每一条新闻的详细内容页面，系统主页面的版面设计效果如图 5-44 所示。

图 5-44　系统主页面

详细制作步骤如下：

STEP 1 启动 Dreamweaver CS5，制作该页面的静态效果如图 5-45 所示。

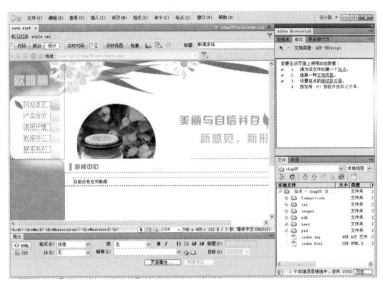

图 5-45　设计的静态页面效果

STEP 2 单击"绑定"面板中的"+"号按钮，在弹出的菜单中，选择"记录集（查询）"选项。

STEP 3 打开 "记录集"对话框，按如下参数进行设置，单击"确定"按钮完成设定，如图 5-46 所示。

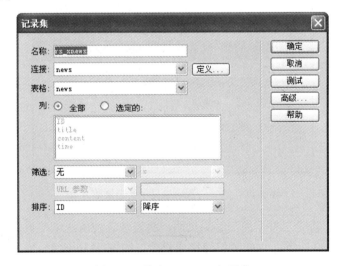

图 5-46　绑定 rs_xnews 记录集

- 在"名称"文本框中输入 rs_xnews 作为该记录集的名称。
- 从"连接"下拉列表中选择 news 数据源连接对象。
- 从"表格"下拉列表中，选择使用的数据库表对象为 news。

● 在"列"选项组中选择"全部"单选按钮。
● 设置"筛选"的条件为"无"。
● 在"排序"下拉列表中选择"ID"选项，然后选择"降序"的排列顺序。

STEP④ 绑定记录集后，将记录集中的{rs_xnews.title}和{rs_xnews.time}字段插入至 news.asp 网页的适当位置，如图 5-47 所示。

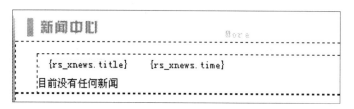

图 5-47　插入字段至 news.asp 网页中

STEP⑤ 在数据库中加入相应数据后，网页上只显示第一条最新新闻记录，因此，需要加入"服务器行为"中的"重复区域"的功能，单击选中 news.asp 页面中需要重复的行，如图 5-48 所示。

图 5-48　单击选中需要重复的单元格

STEP⑥ 然后再单击"应用程序"面板群组中的"服务器行为"面板中的"+"号按钮，在弹出的菜单中选择"重复区域"选项。

STEP⑦ 打开"重复区域"对话框，设置这一页显示的数据"记录"为 10，如图 5-49 所示。

图 5-49　选择一次可以显示的记录数为 10

STEP⑧ 单击"确定"按钮回到编辑页面，将发现之前所选中要重复的区域左上角出现了一个"重复"的灰色标签，这表示已经完成设定，如图 5-50 所示。

图 5-50　完成重复设置的效果

STEP 9 如果数据库中没有任何数据，希望隐藏新闻字段绑定的行，并且显示"目前没有任何新闻"的文字说明，需要加入显示区域功能设置。首先选取记录集有数据时要显示的行，如图 5-51 所示。

图 5-51 选择要显示的记录所在的行

STEP 10 单击"应用程序"面板中的"服务器行为"标签中的"+"号按钮，在弹出的菜单列表中，选择"显示区域 / 如果记录集不为空则显示区域"选项。

STEP 11 打开"如果记录集为空则显示区域"对话框，保持默认值，单击"确定"按钮回到编辑页面，将发现之前所选中要显示的区域左上角出现了一个"如果符合此条件则显示…"的灰色卷标，这表示已经完成设置。设置及效果如图 5-52 所示。

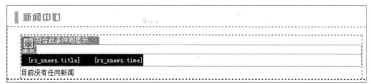

图 5-52 设置及效果

STEP 12 接下来选中记录集没有数据时要显示的行，如图 5-53 所示。

图 5-53 选中没有数据时显示的区域

STEP 13 单击"应用程序"面板中的"服务器行为"标签中的加号"+"按钮，在弹出的菜单列表中，选择"显示区域 / 如果记录集为空则显示区域"选项。打开"如果记录集为空则显示区域"对话框，保持默认值，如图 5-54 所示。单击"确定"按钮回到编辑页面，将发现先前所选中要显示的区域左上角出现了一个"如果符合此条件则显示…"的灰色卷标，这表示已经完成设定。

图 5-54 设置"如果记录集为空则显示区域"对话框

STEP 14 接下来插入"记录集导航条"功能，把鼠标移至要加入"记录集导航条"的位置，单击"插入"工具栏中的"数据"标签中的"记录集导航条"按钮 **<□>**，如图 5-55 所示。

STEP 15 打开"记录集导航条"对话框，单击选择"记录集"后面的下拉三角按钮，在下拉菜单中选择 rs_xnews 记录集，然后再单击选择"显示方式"为"文本"单选按钮，最后单击"确定"按钮回到编辑页面，将发现页面中自动插入记录集的导航条，如图 5-56 所示。

图 5-55　选择插入记录集导航条按钮

图 5-56　添加记录集导航条

STEP 16 在 news.asp 页面中除了显示网站中所有的新闻标题外，还要为浏览者提供单击新闻标题内容可链接至详细内容页的功能，因此需要加入"转到详细页面"服务器行为。首先选中 {rs_xnews.title} 字段，然后单击"应用程序"面板中的"服务器行为"标签中的加号"+"按钮，在弹出的菜单列表中选择"转到详细页面"的选项，如图 5-57 所示。

图 5-57　选择新闻标题字段

STEP 17 打开"转到详细页面"对话框，单击"浏览"按钮，打开"选择文件"对话框，选择 news 文件夹中的 newscontent.asp，其他设定值皆不改变其默认值，如图 5-58 所示。

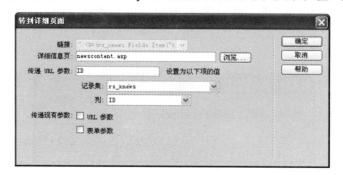

图 5-58　"转到详细页面"对话框

STEP 18 单击"确定"按钮返回编辑页面,现在系统主页面 news.asp 的制作已经完成,按 F12 键可以打开 IE 浏览器预览目前制作的效果,如图 5-59 所示。

图 5-59　系统主页面的设计效果

5.3.3　新闻内容页面

制作新闻的详细内容页面 newscontent.asp,这个页面的功能用于显示浏览者单击新闻标题时打开的详细新闻内容。设计的重点在于如何接收主页面 news.asp 所传递的参数,并根据这个参数显示数据库的记录内容,新闻内容页面的版面设计效果如图 5-60 所示。

图 5-60　新闻内容页面设计效果

详细操作步骤如下：

STEP① 启动 Dreamweaver CS5，设计静态的页面效果如图 5-61 所示。

图 5-61　新闻内容页面设计

STEP② 单击"绑定"面板中的加号"+"按钮，在弹出的菜单中，选择"记录集（查询）"选项。打开"记录集"对话框，按如下参数进行设置，单击"确定"按钮完成设定，如图 5-62 所示。

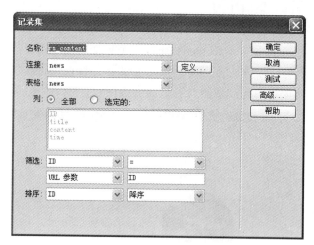

图 5-62　设定 rs_content 记录集

- 在"名称"文本框中输入 rs_content 作为该记录集的名称。
- 从"连接"下拉列表中选择 news 数据源连接对象。
- 从"表格"下拉列表中，选择使用的数据库表对象为 news。
- 在"列"选项组中选择"全部"单选按钮。
- 设置"筛选"的条件为"ID=URL 参数/ID"。
- 在"排序"下拉列表中选择"ID"选项，然后选择"降序"的排列顺序。

STEP 3 绑定记录集后，将记录集中的{rs_content.title}和{rs_content.content}字段插入至 newscontent.asp 页面的适当位置，如图 5-63 所示。

图 5-63 将相应字段的插入

STEP 4 设置完毕后先打开 index.asp 页面，按下 F12 键单击其中第一个标题，得到打开的详细新闻内容页面，效果如图 5-64 所示。

图 5-64 浏览效果图

5.4 后台管理

新闻系统的后台管理系统对于带有新闻系统的网站非常重要，因为新闻要保持实时性。管理者可以登录后台，实时增加、修改或删除数据库中的新闻内容，使网站能随时保持最新、最实时的信息。后台管理主页面的效果如图 5-65 所示。

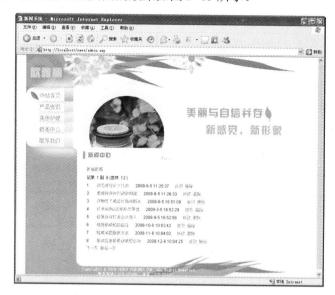

图 5-65　将要制作的后台管理主页面

5.4.1　后台登录页面

由于管理者接口是不允许网站浏览者进入的，因此必须为管理者设置权限。我们可以利用登入账号与密码实现这个功能，详细操作步骤如下：

STEP 1 启动 Dreamweaver CS5，执行菜单栏中的"文件"→"新建"命令，打开"新建文档"对话框，选择"空白页"选项卡中的"页面类型"列表框下的 ASP VBScript 选项，在"布局"列表框中选择"无"选项，然后单击"创建"按钮创建新页面，输入网页标题"后台管理登录"，执行菜单栏中的"文件"→"保存"命令，在站点中将该文档保存为 admin_login.asp。

STEP 2 执行菜单栏中的"插入"→"表单"→"表单"命令，插入一个表单。

STEP 3 将鼠标指针放置在该表单中，执行菜单栏中的"插入"→"表格"命令，打开"表格"对话框，在"行数"文本框中输入需要插入表格的行数为 4。在"列数"文本框中输入需要插入表格的列数为 2。在"表格宽度"文本框中输入 400，单位选择"像素"。其他参数保持默认值，如图 5-66 所示。

STEP 4 单击"确定"按钮，在该表单中插入 4 行 2 列的表格，选择表格并在"属性"面板中设置对齐方式为居中对齐。单击鼠标左键并拖曳鼠标选择第 1 行表格，选中表格的第 1 行后，在"属性"面板中单击"合并所选单元格，使用跨度"按

图 5-66　插入表格

钮，将第1行表格合并。用同样的方法把第4行合并。得到的效果如图5-67所示。

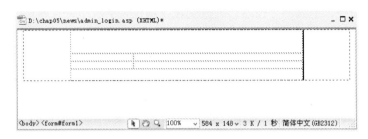

图 5-67　合并单元格

STEP ⑤ 在该表格中的第 1 行中输入文字"后台管理"，在表格第 2 行的第 1 个单元格中输入文字说明"用户："，在第 2 行表格的第 2 个单元格中单击"文本域"按钮，插入单行文本域表单对象，定义文本域名为 username。"文本域"属性设置及此时的效果如图 5-68 所示。

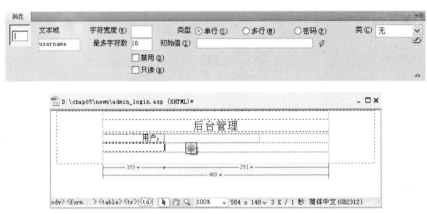

图 5-68　输入"用户"名和插入"文本域"的设置和效果图

STEP ⑥ 在表格第 3 行的第 1 个单元格中输入文字说明"密码："，在表格第 3 行的第 2 个单元格中单击"文本域"按钮，插入单行文本域表单对象，定义文本域名为 password。"文本域"属性设置及此时的效果如图 5-69 所示。

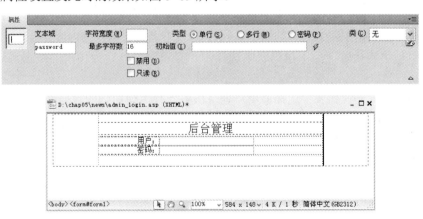

图 5-69　输入"密码"名和插入"文本域"的设置及效果

STEP 7 单击选择第 4 行单元格，执行菜单栏中的"插入"→"表单"→"按钮"命令，执行两次该命令，插入两个按钮，并分别在"属性"面板中进行属性变更，将一个按钮的"动作"设置为"提交表单"单选按钮，另一个设置为"重设表单"单选按钮，"属性"面板中的具体参数设置及效果如图 5-70 所示。

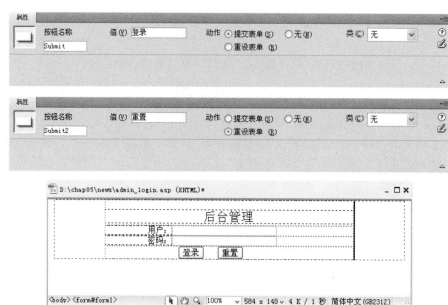

图 5-70　设置按钮名称的属性及效果

STEP 8 单击"应用程序"面板中的"服务器行为"标签中的"+"号按钮，在弹出的菜单列表中选择"用户身份验证/登录用户"的选项。

打开"登录用户"对话框，进行如下设置：

● 从"从表单获取输入"下拉菜单中选择该服务器行为使用网页中的 form1 表单对象中浏览者填写的对象。

● 从"用户名字段"下拉列表中选择文本域 username 对象，设定该用户登录服务器行为的用户名数据来源为表单的 username 文本域中浏览者输入的内容。

● 从"密码字段"下拉列表中选择文本域 password 对象，设定该用户登录服务器行为的用户名数据来源为表单的 password 文本域中浏览者输入的内容。

● 从"使用连接验证"下拉列表中选择用户登录服务器行为使用的数据源连接对象为 news。

● 从"表格"下拉列表中选择该用户登录服务器行为使用到的数据库表对象为 user。

● 从"用户名列"下拉列表中选择表 user 存储用户名的字段为 username 字段。

● 从"密码列"下拉列表中选择表 user 存储用户密码的字段为 password 字段。

● 在"如果登录成功，转到"文本框中输入登录成功后，转向 admin.asp 页面。

● 在"如果登录失败，转到"文本框中输入登录失败后，转向../index.asp 页面。

● 选择"基于以下项限制访问"后面的"用户名和密码"单选按钮。

设置如图 5-71 所示。

STEP ⑨ 执行菜单栏中的"窗口"→"行为"命令，打开"行为"面板，单击"行为"面板中的加号"+"按钮，在打开的行为列表中，选择"检查表单"命令，打开"检查表单"对话框，将 username 和 password 文本域的值都设置为"必需的"，在"可接受"区域选择"任何东西"单选按钮，设置如图 5-72 所示。

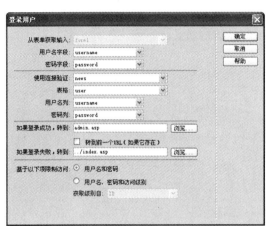

图 5-71 登录用户的设定

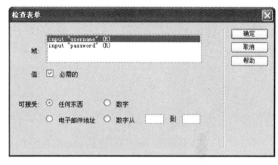

图 5-72 设置检查表单

STEP ⑩ 单击"确定"按钮回到编辑页面，管理者登录页面 admin_login.asp 已经制作完成，完成后的效果如图 5-73 所示。

图 5-73 设置管理进入界面

5.4.2 新闻后台主页面

管理系统后台主页面是在系统管理者登录验证成功后，所进入的页面。在该页面中管理者可以实时新增、修改或删除数据库的新闻内容，使网站能随时保持最新、最实时的信息。系统管理主页面 admin.asp 的内容设计与系统主页面 news.asp 大致相同，不同的是增加了可以链接到编辑页面的"修改"和"删除"文字链接，静态部分的页面结构如图 5-74 所示。

图 5-74　页面静态效果

详细操作步骤如下：

STEP 1 与系统主页面 news.asp 相同，系统管理后台主页面 admin.asp 也要显示数据库的所有新闻数据，但是两者的目的是有差别的，前者的目的是为浏览者提供所有的新闻标题内容并通过单击可链接至详细内容页，后者的目的则是为管理者提供修改或删除数据的功能。接下来开始动态部分的设计，首先单击"绑定"面板，并在面板中单击"增加绑定"按钮"+"，在弹出的菜单中，选择"记录集（查询）"选项。

STEP 2 打开"记录集"对话框，按如下参数进行设置，单击"确定"按钮完成设定，如图 5-75 所示。

图 5-75　设定 rs_admin 记录集

- 在"名称"文本框中输入 rs_admin 作为该记录集的名称。
- 从"连接"下拉菜单中选择 news 数据源连接对象。
- 从"表格"下拉菜单中,选择使用的数据库表对象为 news。
- 在"列"栏中选择"全部"单选按钮。
- 设置"筛选"的条件为"无"。
- 在"排序"下拉菜单中选择"ID"选项,然后选择"升序"的排列顺序。

STEP 3 绑定记录集后,将记录集中的 {rs_admin.ID}、{rs_admin.title} 以及 {rs_admin.time} 字段插入至 admin.asp 网页的适当位置,如图 5-76 所示。

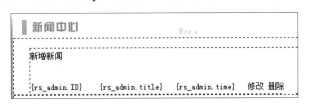

图 5-76 记录集的字段插入至 news_admin.asp 网页

STEP 4 由于 news_admin.asp 页面需要显示数据库中的所有记录,而目前的设定则只能显示数据库的第一条数据,需要加入"服务器行为"中的"重复区域"功能,单击选中 admin.asp 页面中需要重复的行,如图 5-77 所示。

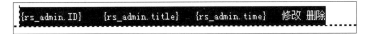

图 5-77 选择重复的行

STEP 5 单击"应用程序"面板群组中的"服务器行为"面板,并在面板中单击"增加服务器行为"面板中的加号"+"按钮。在弹出的菜单中,选择"重复区域"选项。

STEP 6 打开"重复区域"对话框,设置这一页显示的数据"记录"为 8,如图 5-78 所示。

STEP 7 单击"确定"按钮回到编辑页面,将发现之前所选中要重复的区域左上角出现了一个"重复"的灰色标签,这表示已经完成设定,如图 5-79 所示。

图 5-78 选择记录集显示的记录为 8

图 5-79 设定完成的效果

STEP 8 接下来要在 admin.asp 中加入"记录集导航条"功能,使系统可以分页显示所有新闻。鼠标移至要加入"记录集导航条"的位置,单击"插入"工具栏中的"数据"标签中的"记录集导航条"按钮，单击"确定"按钮回到编辑页面,将发现页面出现该记录集导航条，设置及效果如图 5-80 所示。

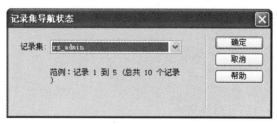

图 5-80　分页设置及效果

STEP 9 接着要插入"记录集导航状态"，把鼠标移至要加入"记录集导航状态"的位置，单击"插入"工具栏中的"数据"标签中的"记录集导航状态"按钮，打开"记录集导航状态"对话框，在"记录集"下拉列表中选择 rs_admin，再单击"确定"按钮回到编辑页面，将发现页面中自动插入记录集导航状态，如图 5-81 所示。

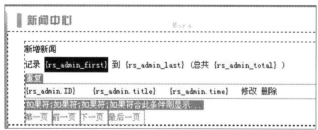

图 5-81　插入"记录集导航状态"

STEP 10 admin.asp 页面主要是使管理者能够链接至编辑页面，并对新闻进行新增、修改与删除等操作。因此需要在网页中加入说明文字让管理者能方便地进入相应的页面进行管理，设计这个页面的 4 个连接如下：

- 标题字段{rs_admin.title}链接的对象为 newscontent.asp；
- "新增新闻"文字链接的对象为 news_add.asp

● "修改"文字链接的对象为 news_upd.asp

● "删除"文字链接的对象为 news_del.asp

STEP⑪ 首先选中"新增新闻",在"属性"面板中将它连接到 news 文件夹中的 news_add.asp 页面,如图 5-82 所示。

图 5-82 指定"新增新闻"的链接

STEP⑫ 选中"修改"文字,单击"应用程序"面板中的"服务器行为"标签中的加号"+"按钮,在弹出的菜单列表中选择"转到详细页面"选项。

STEP⑬ 打开"转到详细页面"对话框,单击"浏览"按钮打开"选择文件"对话框,选择 news 文件夹中的/news/news_upd.asp,其他设定值皆不改变其默认值,如图 5-83 所示。

图 5-83 "修改"文字的"转到详细页面"对话框设置

STEP⑭ 选中"删除"文字并重复上面的操作,要转到的详细信息页为/news/news_del.asp,如图 5-84 所示。

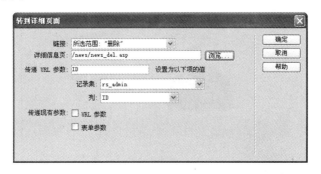

图 5-84 "删除"文字的"转到详细页面"对话框设置

STEP⑮ 再选中标题字段{rs_admin.title}并重复上面的操作,将"详细信息页"设置为/news/newscontent.asp,如图 5-85 所示。

图 5-85 {rs_admin.title}字段的"转到详细页面"对话框设置

STEP 16 后台管理只有管理人员输入正确的账号与密码才可以进入，所以对本页的访问功能必须设置限制。单击"应用程序"面板中的"服务器行为"标签中的加号"+"按钮。在弹出的菜单列表中，选择"用户身份验证/限制对页的访问"的选项。

STEP 17 在打开的"限制对页的访问"对话框中选择"用户名的密码"单选按钮，在"如果访问被拒绝，则转到"文本框中输入../index.asp，表示如果访问被拒绝则转到首页，设置如图 5-86 所示。

图 5-86 设置"限制对页的访问"对话框

STEP 18 至此，系统管理后台主页面 admin.asp 的设计与制作已经完成，从后台登录后预览制作效果，如图 5-87 所示。

图 5-87 管理页面效果图

5.4.3 新增新闻页面

本节将介绍如何制作新增新闻的页面 news_add.asp，该页面主要的功能是将页面的表单数据增加到网站的数据库中，页面设计如图 5-88 所示。

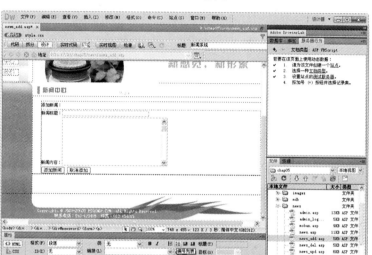

图 5-88 新增新闻页面

详细操作步骤如下：

STEP 1 在 news_add.asp 编辑页面中，执行菜单栏中的"窗口"→"服务器行为"命令，打开"服务器行为"面板。单击该面板中的"+"号按钮，从打开的菜单中选择"插入记录"命令，向该网页插入记录的服务器行为。

STEP 2 打开"插入记录"对话框，按下面的参数进行设置，如图 5-89 所示。

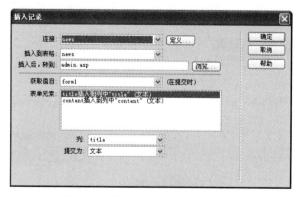

图 5-89 设定"插入记录"对话框

● 从"连接"下拉列表中选择 news 连接对象。
● 从"插入到表格"下拉列表中选择 news 数据表。
● 在"插入后，转到:"栏中输入 admin.asp，表示插入成功后返回该页面。

● 从"获取值自"下拉菜单中选择建立的 form1 表单对象。

● 在"表单元素"列表框中把表单中的字段和数据库中的字段一一对应。

STEP 3 单击"确定"按钮回到编辑页面，则完成 news_add.asp 页面插入记录的设计，效果如图 5-90 所示。

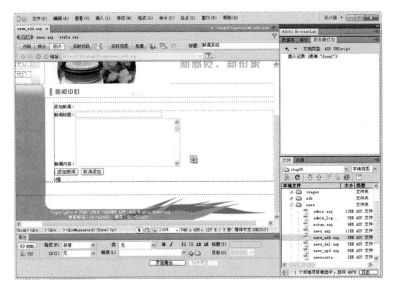

图 5-90　完成的设计

5.4.4　修改新闻页面

设计修改新闻的页面 news_upd.asp，这个页面的主要功能是将数据库的现有数据送到页面的窗口进行修改，修改数据后再更新到站点的数据库中。页面设计如图 5-91 所示。

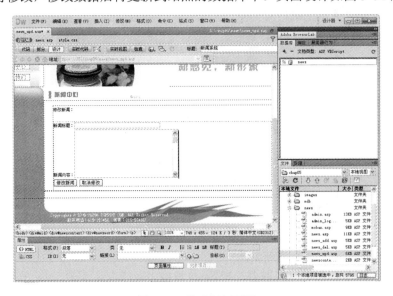

图 5-91　修改新闻页面

详细操作步骤如下：

STEP 1 打开 news_upd.asp 页面，单击"绑定"面板，并在面板中单击"增加绑定"按钮"+"，在弹出的菜单中，选择"记录集（查询）"选项。

STEP 2 打开"记录集"对话框，按如下参数进行设置，单击"确定"按钮完成设定，如图5-92 所示。

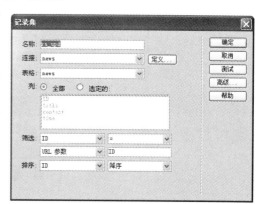

- 在"名称"文本框中输入 rs_upd 作为该记录集的名称。
- 从"连接"下拉列表中选择 news 数据源连接对象。
- 从"表格"下拉列表中，选择使用的数据库表对象为 news。
- 在"列"选项组中选择"全部"单选按钮。

图 5-92 设定 rs_upd "记录集"对话框

- 设置"筛选"的条件为"ID=URL 参数 ID"。
- 在"排序"下拉菜单中选择"ID"选项，然后选择"降序"的排列顺序。

STEP 3 绑定记录集后，将记录集中的｛rs_upd.title｝和｛rs_upd.content｝字段插入至 news_upd.asp 网页的适当位置，如图 5-93 所示。

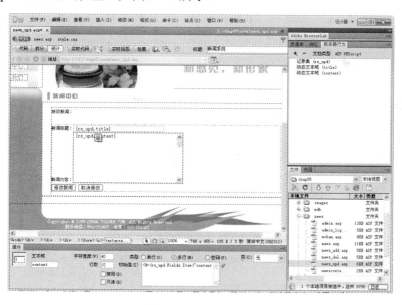

图 5-93 字段的插入

STEP 4 完成表单布置后，要在 news_upd.asp 页面中加入"服务器行为"中"更新记录"功能，在 news_upd.asp 页面中，单击"应用程序"面板中的"服务器行为"标签中的加号"+"按钮。在弹出的菜单列表中选择"更新记录"选项。

STEP 5 在"更新记录"对话框中，按下面参数进行设置，如图 5-94 所示。

- 从"连接"下拉菜单中选择 news 连接对象。

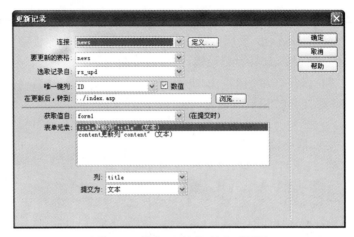

图 5-94　设定"更新记录"对话框

- 从"要更新的表格"下拉列表中选择 news 数据表。
- 从"获取记录自"下拉菜单中选择建立的 rs_upd 记录集。
- 从"唯一键列"下拉列表中选择 ID，并单击选择"数值"复选框。
- 在"在更新后，转到："栏中输入../index.asp，表示插入成功后返回该页面。
- 从"获取值自"下拉列表中选择建立的 form1 表单对象。
- 在"表单元素"列表框中把表单中的字段和数据库中的字段一一对应。

STEP 6 单击"确定"按钮回到编辑页面后，即完成设定，如图 5-95 所示。

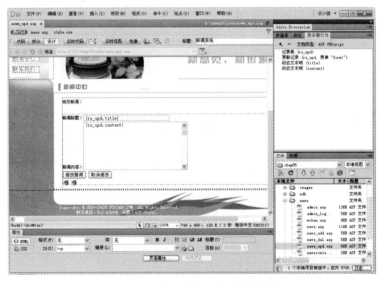

图 5-95　加入更新记录后的效果

5.4.5　删除新闻页面

　　最后介绍用于删除新闻的页面 news_del.asp，该页面的界面和修改新闻的页面差不多，只是其功能是将表单中的数据从站点的数据库中删除。删除新闻页面如图 5-96 所示。

图 5-96 删除页面的设计

详细操作步骤如下：

STEP① 打开 news_del.asp 页面，单击"绑定"面板中的加号"+"按钮，在弹出的菜单中选择"记录集（查询）"选项。

STEP② 打开"记录集"对话框，按如下参数进行设置，单击"确定"按钮完成设定，如图 5-97 所示。

● 在"名称"文本框中输入 rs_del 作为该记录集的名称。
● 从"连接"下拉列表中选择 news 数据源连接对象。
● 从"表格"下拉列表中，选择使用的数据库表对象为 news。
● 在"列"选项组中选择"全部"单选按钮。
● 设置"筛选"的条件为"ID=URL 参数/ID"。
● 在"排序"下拉菜单中选择"ID"选项，然后选择"降序"的排列顺序。

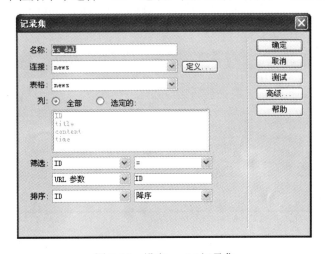

图 5-97 设定 rs_del 记录集

STEP 3 绑定记录集后，将记录集的字段插入至 news_del.asp 网页的适当位置，如图 5-98 所示。

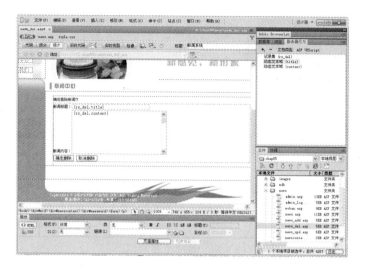

图 5-98　字段的插入

STEP 4 完成表单的布置后，要在 news_del.asp 页面中加入"服务器行为"中的"删除记录"功能，单击"应用程序"面板中的"服务器行为"标签中的"+"号按钮。在弹出的菜单列表中，选择"删除记录"选项。

STEP 5 打开"删除记录"对话框，根据下面的参数进行设置：

- 从"连接"下拉列表中选择 news 数据源连接对象。
- 从"从表格中删除"下拉列表中，选择使用的数据库表对象为 news。
- 从"选取记录自"下拉列表中，选择 rs_del 记录集。
- 从"唯一键列"下拉列表中选择 ID 字段，并单击选择"数值"复选框。
- 在"提交此表单以删除"下拉列表中选择 form1 表单。
- 在"删除后，转到"文本框中输入删除后转到的页面为 ../index.asp。

完成设置的对话框如图 5-99 所示。

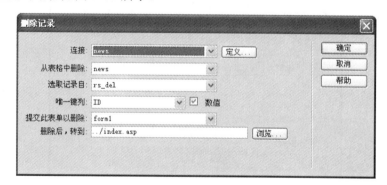

图 5-99　设定"删除记录"对话框

STEP 6 单击"确定"按钮回到编辑页面，即完成删除新闻页面的制作如图 5-100 所示。

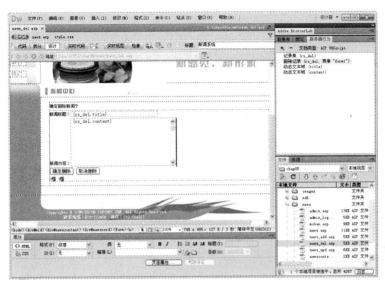

图 5-100 删除记录效果图

至此，则完成了整个新闻系统的制作。

读书笔记

第6章 在线投票系统

在线投票系统也是网站最常用的系统之一。网站可以通过网站在线投票功能做一些调查工作。本章将详细介绍网站在线投票系统，该系统用直观的图形化界面显示投票信息，以及即时查看投票情况等技术。实例中的技术核心在于使用 ASP 编写程序实现投票累加的方法和使用 ASP 编写程序实现图形化显示投票结果的方法。

本章的实例效果

从入门到精通

教学重点

投票系统的规划与设计

投票系统数据库的设计

投票动态页面的开发

计算投票的方法

显示投票结果的设计

搭建投票系统开发平台

投票系统一般应用于大型的动态网站，在网站的首页单独列出一个模块用于用户登录使用，因此开发在线投票系统首先要制作相关的静态网页效果。投票系统在网站首页的位置如图 6-1 所示。

图 6-1　投票系统在网站首页的位置

在设计的过程中首页的布局需要以下几个环节：建立本实例的站点 chap06，使用 Photoshop 分割图片，配置 IIS 站点浏览，使用 div+CSS 布局静态页面。

6.1.1　使用 Photoshop CS5 分割图片

下面就开始用 Photoshop CS5 切片工具分割首页图片。

STEP① 首先在本地计算机 D 盘建立站点文件夹 chap06，在站点文件夹里建立一些常用文件夹如 css、images、psd 文件夹。然后从光盘中找到站点 chap06/psd 文件夹下的 index.psd 文件，将其复制到本地站点 psd 文件夹中。

STEP② 启动 Photoshop CS5，选择菜单栏中的"文件"→"打开"命令，打开首页 index.psd 文件，可分割的效果如图 6-2 所示。

STEP③ 开始分割各部分图片，首先分割最上面的 Logo 所在行的图片，单击工具箱中的"切片工具"按钮 ，单击鼠标左键从场景的左上角拖曳到标题的右下角，如图 6-3 所示，图中绘制的虚线框就是切片大小，切片后左上角会显示一个 图标。

STEP④ 保持"切片工具"按钮 选中状态，按下快捷键〈Ctrl+H〉组合键，打开辅助线视图，可以先用辅助线分割好需要分割的区域，按照辅助线的分割，将整个网页分割成 9

个小图片，如图 6-4 所示。

图 6-2　设计的首页可切片效果

图 6-3　Logo 部分的切片效果

图 6-4　切片整个首页的效果

STEP⑤ 选择菜单栏中的"文件"→"存储为 Web 和设备所用格式"命令，打开"存储为 Web 和设备所用格式"对话框，设置为"GIF"格式，"颜色"值为 256，"扩散"模式，

"仿色"值为100%，"Web 靠色"值设置为100%，其他设置如图 6-5 所示。

图 6-5 "存储为 Web 和设备所用格式"对话框

STEP⑥ 单击"储存"按钮，打开"将优化结果存储为"对话框，单击选择"保存在"右侧的下拉三角按钮，选择建立的 chap06 文件夹，其他参数保持默认值，如图 6-6 所示。

图 6-6 "将优化结果存储为"对话框设置

STEP⑦ 单击"保存"按钮，完成保存切片的操作。打开文件保存的路径，可以看到自动生成了一个名为 images 的文件夹，文件夹里是前面切片后产生的小图片，由这些小图片组成了首页的效果，在设计的时候可以分别调用这些小图片，如图 6-7 所示。

图 6-7 分割后的小图片

6.1.2 配置投票系统站点服务器

使用 IIS 在本地计算机上构建投票系统网站的站点，配置步骤如下：

STEP① 首先启动 IIS，在 IIS 窗口中，用鼠标右键单击"默认网站"，选择菜单中的"属性"命令，打开"默认网站 属性"对话框，如图 6-8 所示。

STEP② 单击"主目录"选项卡，在"本地路径"文本框中设置站点文件夹路径为"D:\chap06"，其他参数保持默认值，设置如图 6-9 所示。

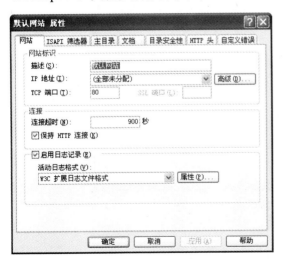

图 6-8 "默认网站 属性"对话框

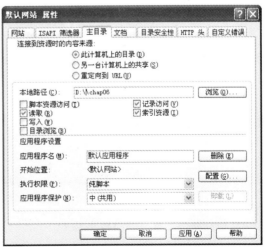

图 6-9 设置网站的"本地路径"

STEP3 单击"确定"按钮，完成"默认网站 属性"的设置，由于前面已经使用
Photoshop CS5 分割了页面，并自动保存生成了 index.html 页面，所以打开 IE 浏览器输入地址 http://127.0.0.1，即可查看页面分割后的效果。如果可以浏览到 Photoshop CS5 切片后的网页效果，说明站点服务器配置已经完成。

6.1.3　创建编辑站点 chap06

使用 Dreamweaver CS5 进行网页布局设计，首先需要用定义站点向导定义站点，操作步骤如下：

STEP1 打开 Dreamweaver CS5，选择菜单栏中的"站点"→"管理站点"命令，打开"管理站点"对话框。

STEP2 单击右边的"新建"按钮，从弹出的下拉菜单中选择"站点"命令，则打开"站点设置对象"对话框，进行如下参数设置：

"站点名称"：chap06。

"本地站点文件夹"：D:\chap06\。

如图 6-10 所示。

STEP3 单击"分类"列表框中的"服务器"选项，进行如下参数设置。

"服务器名称"：chap06。

"连接方法"：本地/网络。

"服务器文件夹"：D:\chap06。

"Web URL"：http://127.0.0.1。

设置后的"服务器"的参数如图 6-11 所示。

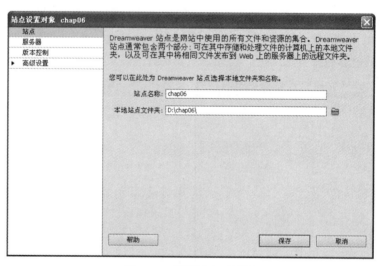

图 6-10　设置站点对话框

"测试服务器文件"：D:\chap06\。

"URL 前缀"：http://127.0.0.1。

配置如图 6-11 所示。

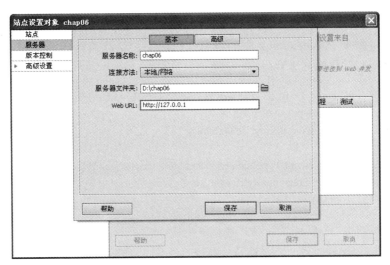

图 6-11 "服务器"选项卡的参数设置

STEP④ 单击"确定"按钮，完成站点的定义设置。此时，在 Dreamweaver CS5 中已经拥有了刚才设置的站点 chap06。

6.1.4 div+CSS 布局网页

对整体页面布局的规划设计，如图 6-12 所示。

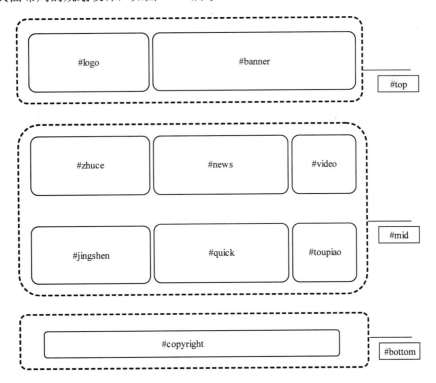

图 6-12 整体布局设计

使用 div+CSS 布局首页的步骤如下：

STEP 1 将原来的 index.html 中的所有代码删除，修改为标准的 ASP 文档格式，将 </head>以上的代码优化为如下代码：

```
<!DOCTYPE html PUBLIC "-//W3C//DTD XHTML 1.0 Transitional//EN" "http://www.w3.org/TR/xhtml1/DTD/xhtml1-transitional.dtd">
<html xmlns="http://www.w3.org/1999/xhtml">
<head>
<meta http-equiv="Content-Type" content="text/html; charset=gb2312" />
<link rel="stylesheet" href="css/style.css" type="text/css"/>
<title>度假村</title>
```

STEP 2 其他 div 的布局代码如下：

```
<body>
<div id="top">
<div id="logo"><img src="/images/index_01.jpg"></div>
<div id="banner">
<div class="banner1"><a href="#">首    页|</a> <a href="#">景点地图|</a> <a href="#">留言咨询</a></div>
<div class="banner2"><a href="#">首    页</a>/<a href="#">景点推荐</a>/<a href="#">团队活动</a>/<a href="/vote.asp">再线投票</a>/<a href="#">娱乐项目</a>/<a href="#">交通路线</a></div>
</div>
</div>
<div id="mid">
<div id="zhuce">
<div class="username">用户名：
<input name="textfield" type="text" id="textfield" size="10" />
</div>
<div class="password">密    码：<input name="textfield2" type="text" id="textfield2" size="10" />
</div>
</div>
<div id="news">
<div class="news">
<a href="#">2008 年北京后花园旅游风景区台历                     [2008-05-02]</a>    <a href="#">自然风光一日游:65 元——75 元/位
[2008-03-25]</a>      <a href="#">浪漫山谷风情☆两日游 288 元/位
[2008-04-12]</a>      <a href="#">打起鼓来敲起锣吆！！
[2008-06-01]</a>      <a href="#">沙滩活动--美丽的意外
[2008-08-08]</a></div>
</div>
<div id="video"><img src="/images/index_05.jpg"></div>
<div id="jingshen"><img src="/images/index_06.jpg"></div>
<div id="quick"><img src="/images/index_07.jpg"></div>
<div id="toupiao"><a href="/vote.asp"><img src="/images/index_08.jpg"></a></div>
</div>
```

```
<div id="bottom">
 <div id="copyright"><img src="/images/index_09.jpg" /></div>
</div>
</body>
```

将制作的网页布局文件保存为 index.asp 页面。

STEP 3 在站点中建立 CSS 文件夹，并建立一个 style.css 样式文件，对首页的样式控制代码如下：

```
/* 页面整体 CSS*/
*{ margin:0px;
    padding:0px;}
 body{ width:100%; height:100%; font-size:12px; background:#FFFFFF;}
 /*设置页面链接*/
 a:link {
  color: #000000;
  text-decoration: none;
 }
 a:visited {
   text-decoration: none;
   color:#666666;
 }
 a:hover {
   text-decoration: underline;
   color: #FF9900;
 }
 a:active {
   text-decoration: none;
   color: #000000;
 }
 /* 设置所有图片的边框为 0*/
 img {
  border: 0;}
 /* 设置最外层居中显示，实现让整个页面居中显示*/
 #top,#mid,#bottom{ margin:auto;
                             width:998px;}
 /* 设置左浮动的标签*/
 #logo,#banner,#zhuce,#news,#video,
 #jingshen,#quick,#toupiao{ float:left;}
 /*top 部分*/
 #banner{ width:759px;
              height:106px;
              background-image:url(/images/index_02.gif);}
 .banner1{ width:165px;
              height:15px;
              margin-top:4px;
```

```
                    margin-left:543px;}
.banner1 a:link {
 color: #000000;
 text-decoration: none;
}
.banner1 a:visited {
 text-decoration: none;
 color:#FFF;
}
.banner1 a:hover {
 text-decoration: underline;
 color: #FF9900;
}
.banner1 a:active {
 text-decoration: none;
 color: #000000;
}
.banner2{ width:500px;
          height:20px;
        margin-top:18px;
        margin-left:170px;
        font-size:18px;
        font-weight:bolder;}
.banner2 a:link {
 color: #000000;
 text-decoration: none;
}
.banner2 a:visited {
 text-decoration: none;
 color:#FFF;
}
.banner2 a:hover {
 text-decoration: underline;
 color: #FF9900;
}
.banner2 a:active {
 text-decoration: none;
 color: #000000;
}
/*mid 部分*/
#zhuce{ width:239px;
        height:187px;
       background-image:url(/images/index_03.gif);}
.username{ width:150px;
         height:15px;
        margin-left:5px;
```

```
            margin-top:38px;
            color:#e7f6f9;
            }
.password{ width:150px;
            height:15px;
            margin-left:5px;
            margin-top:8px;
            color:#e7f6f9;}
#news{ width:453px;
        height:187px;
        background-image:url(/images/index_04.jpg);}
.news{ width:385px;
        height:97px;
        margin-left:49px;
        margin-top:44px;
        line-height:20px;}
```

投票系统的静态页面效果即页面布局已经完成，本实例中首页的布局和其他二级页面的结构基本一样，二级页面的布局样式单独写成了 CSS 文件夹中的 style2.css 文件，读者可以打开光盘中的相应文件浏览参考使用。

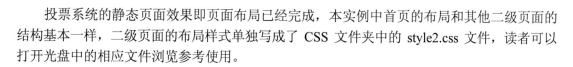

Section 6.2 投票系统规划

本节将介绍使用 Access 建立数据库和数据表的方法，同时介绍投票系统数据库的连接方法，投票系统的数据库主要用来存储投票选项和投票次数。

6.2.1 系统页面规划

对投票系统来说可以分为 3 个部分，一个是计算投票页面，一个是显示投票结果页面，另外一个是用来提供选择投票选项的页面。投票系统总共有 3 个页面分别为开始投票页面、计算投票页面和投票成功显示投票结果页面。系统页面的功能与文件名如下。

- Dw **index.asp**：投票系统网站的首页。
- Dw **vote.asp**：开始进行投票的页面。
- Dw **voteadd.asp**：计算投票效果并增加记录的页面。
- Dw **voteok.asp**：图形化显示投票结果的页面。

6.2.2 数据库设计

投票系统需要一个用来存储投票选项和投票次数的数据表 vote。投票信息数据表 vote 的字段结构采用表 6-1 所示的结构。数据库设计的步骤如下：

表 6-1 投票信息数据表 vote

意 义	字 段 名 称	数 据 类 型	字 段 大 小	必 填 字 段	允许空字符串	默 认 值
主题编号	ID	自动编号	长整型			
投票选项	item	文本	50	是	否	
投票次数	vote	数字	长整型	是		

STEP① 在 Microsoft Access 2007 中实现数据库的搭建，首先运行 Microsoft Access 2007 程序。单击"空白数据库"按钮 ，在主界面的右侧打开"空白数据库"面板，如图 6-13 所示。

图 6-13 打开的空白数据库面板

STEP② 单击"空白数据库"面板中的"浏览到某个位置来存放数据库"按钮 ，打开"文件新建数据库"对话框，在"保存位置"后面的下拉列表中选择站点 chap06 文件夹中的 mdb 文件夹中，在"文件名"文本框中输入文件名 vote，如图 6-14 所示。

图 6-14 设置"文件新建数据库"对话框

STEP③ 单击"确定"按钮，返回"空白数据库"面板，再单击"空白数据库"面板中的"创建"按钮，即在 Microsoft Access 2007 中创建了 vote.mdb 数据库，同时 Microsoft Access 2007 自动生成了一个"表 1：表"数据表，用鼠标右键单击选择"表 1：表"数据表，打开快捷菜单，执行快捷菜单中的"设计视图"命令，如图 6-15 所示。

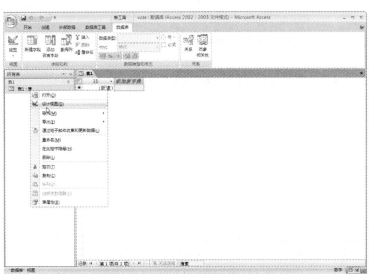

图 6-15 打开的快捷菜单命令

STEP④ 执行快捷菜单中的"设计视图"命令，打开"另存为"对话框，在"表名称"文本框中输入数据表名称 vote，如图 6-16 所示。

STEP⑤ 单击"确定"按钮，即在"所有表"列表框中建立了 vote 数据表，接下来按表 6-1 输入字段名并设置其属性，完成后如图 6-17 所示。

图 6-16 设置"表名称"为 vote

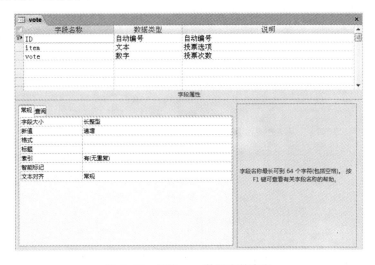

图 6-17 创建 vote 数据表的字段

STEP 6 双击 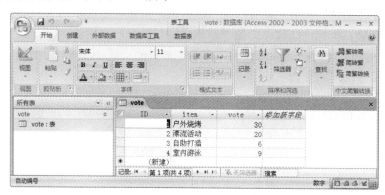 vote：表，打开 vote 的数据表，为了预览方便，可以在数据库中预先添加一些投票内容所为数据，如图 6-18 所示。

图 6-18 vote 数据表中的输入数据

编辑完成，单击"保存"按钮 💾，完成数据库的创建，最后关闭 Access 2007 软件。

6.2.3 创建数据库连接

数据库创建完成后，必须在 Dreamweaver CS5 中建立能够使用的数据源连接对象，这样才能在动态网页中使用这个数据库文件。接下来将介绍在 Dreamweaver CS5 中用 ODBC 连接数据库的方法，具体的连接步骤如下：

STEP 1 执行 "控制面板"→"管理工具"→"数据源（ODBC）"→"系统 DSN"命令，打开"ODBC 数据源管理器"对话框中的"系统 DSN"选项卡，如图 6-19 所示。

STEP 2 在"系统 DSN"对话框中单击"添加（D）"按钮，打开"创建新数据源"对话框，在打开的"创建新数据源"对话框中，选择"Driver do Microsoft Access（*.mdb）"选项。

STEP 3 选择"Driver do Microsoft Access（*.mdb）"选项后单击"完成"按钮。打开"ODBC Microsoft Access 安装"对话框，在"数据源名（N）"文本框中输入 vote，如图 6-20 所示。

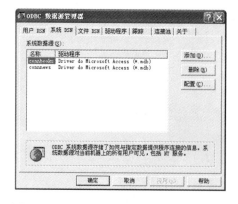

图 6-19 ODBC 数据源管理器中的系统 DSN

图 6-20 ODBC Microsoft Access 设置

STEP ④ 然后单击"选择（S）"按钮，打开"选择数据库"对话框，单击"驱动器 (V):"文本框右侧的下拉三角按钮 ▼，从下拉菜单中找到创建数据库步骤中保存数据库的文件，然后再在左上方"数据库名（A）"文本框的下方选择数据库文件 vote.mdb，则数据库名称自动添加到"数据库名（A）"文本框中，如图 6-21 所示。

STEP ⑤ 找到数据库后，在"选择数据库"对话框中单击"确定"按钮，回到"ODBC Microsoft Access 安装"对话框中，再次单击"确定"按钮，则返回到"ODBC 数据源管理器"中的"系统 DSN"选项卡，则可以看到"系统数据源"中已经添加了一个名称为 vote 的系统 DNS，驱动程序为"Driver do Microsoft Access（*.mdb）"的系统数据源，如图 6-22 所示。

图 6-21　选择数据库文件

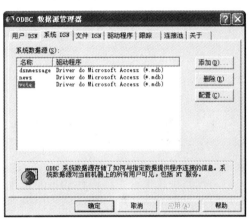

图 6-22　ODBC 数据源管理器

STEP ⑥ 再次单击"确定"按钮，完成"ODBC 数据源管理器"中"系统 DSN"的设置。

STEP ⑦ 启动 Dreamweaver CS5，设置好"站点"、"文档类型"和"测试服务器"，在网站根目录下打开 index.asp 网页。执行菜单栏中的"文件"→"窗口"→"数据库"命令，打开"数据库"面板，单击"数据库"面板中的加号"+"按钮，打开下拉菜单，在下拉列表中选择"数据源名称（DSN）"命令，如图 6-23 所示。

图 6-23　执行"数据源名称（DSN）"命令

STEP ⑧ 打开"数据源名称（DSN）"对话框，在"连接名称:"文本框中输入 connvote，单击"数据源名称（DSN）:"文本框右侧的下拉三角按钮 ▼，从打开的下拉菜单中选择在"数据源（ODBC）"→"系统 DSN"中所添加的 vote，其他保持默认值，如图 6-24 所示。

图 6-24　数据源名称（DSN）

STEP 9 单击"确定"按钮，完成数据库的连接，同时在网站根目录下自动创建一个名为 Connections 的文件夹，Connections 文件夹中有一个名为 connvote.asp 的文件，connvote.asp 文件可以用记事本打开，如图 6-25 所示。

图 6-25　用记事本打开 connvote.asp

至此，数据库的连接操作已完成。

6.3　投票系统页面设计

对投票系统来说主要设计的页面是投票页面 vote.asp 和显示结果页面 voteok.asp，其中投票时数据库中的数据自动增加的代码是在 voteadd.asp 页面中实现的。

6.3.1　投票主页面

制作投票页面 vote.asp，这个页面主要用于显示投票的主题和投票的内容，让网站浏览者进行投票。

具体的制作步骤如下：

STEP 1 创建 vote.asp 页面在文档中的布局效果，即页面的静态部分效果如图 6-26 所示。

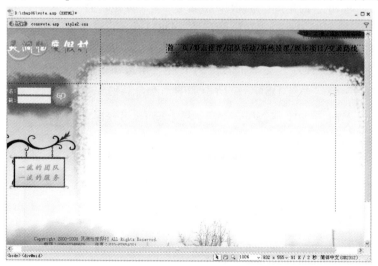

图 6-26　插入页面的静态部分效果

STEP② 执行菜单栏中的"插入"→"表单"→"表单"命令插入一个表单,再执行菜单栏"插入"→"表单"→"单选按钮"命令插入一个单选按钮,选中单选按钮并在"属性"面板中将其命名为"ID",如图6-27所示。

图6-27 设置单选按钮名称

STEP③ 在第一行中输入说明文字"您最喜欢的度假项目是:",再次执行菜单栏中的"插入"→"表单"→"按钮"命令,插入两个按钮,一个是用来提交表单的按钮,被命名为"投票",另外一个是用来查看投票结果的按钮,被命名为"查看",设置及效果如图6-28所示。

图6-28 设置及效果图

STEP 4 开始制作动态部分。单击"绑定"面板中的"+"号按钮，在弹出的菜单中，选择"记录集（查询）"选项，打开"记录集"设置对话框，按如下参数进行设置，单击"确定"按钮完成设定，如图6-29所示。

- 在"名称"文本框中输入 Rs 作为该记录集的名称。
- 从"连接"下拉列表中选择 connvote 数据源连接对象。
- 从"表格"下拉列表中，选择使用的数据库表对象为 vote。
- 在"列"选项栏中选择"全部"单选按钮。
- 设置"筛选"的条件为"无"。
- 设置"排序"的条件为"无"。

图 6-29　设定 Rs 记录集

STEP 5 绑定记录集后，将记录集中的字段插入至 vote.asp 网页的适当位置，如图 6-30 所示。

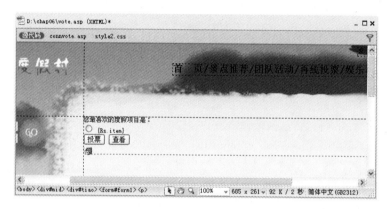

图 6-30　记录集的字段插入至 vote.asp 网页

STEP 6 单击选择单选按钮，将字段 ID 插入到里面去，插入后以在单选按钮的属性面板中的"选定值"文本框中就添加了插入 ID 字段的相应代码为<%=(Rs.Fields.Item("ID").Value)%>如图6-31所示。

图 6-31　插入字段 ID 到单选按钮

STEP 7 由于 vote.asp 页面将显示投票选项的所有记录，而目前的设定则只能显示数据库的第一笔数据，因此，需要加入"服务器行为"中的"重复区域"命令，单击 vote.asp 页面中的行，如图 6-32 所示。

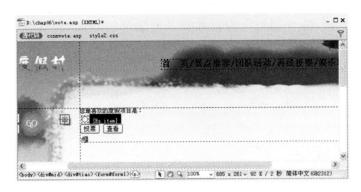

图 6-32　选择要重复的行

STEP 8 再单击"应用程序"面板群组中的"服务器行为"面板，并在面板中单击"增加服务器行为"中的"+"按钮。在弹出的菜单中，选择"重复区域"选项，打开"重复区域"对话框，设置这一页显示的数据"记录"为"所有记录"单选按钮，如图 6-33 所示。

图 6-33　设置"重复区域"对话框

STEP 9 单击"确定"按钮回到编辑页面，将发现之前所选中要重复的区域左上角出现了一个"重复"的灰色标签，这表示已经完成设定，此时的效果如图 6-34 所示。

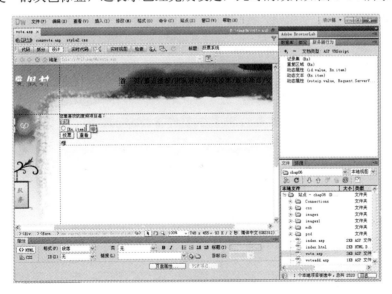

图 6-34　重复区域后的效果

STEP 10 在 vote.asp 页面中，在"标签选择器"中单击<from>标签，并在"属性"面板中设置表单"from1"的"动作"为设置投票数据增加的页面/voteadd.asp。"方法"为POST，如图6-35所示。

图 6-35 设置表单动作

STEP ⑪ 选择页面中的"查看"按钮，选择"标签<input>"面板，单击"行为"面板中的加号"+"按钮，在弹出的列表选项中选择"转到 URL"命令。

STEP ⑫ 在打开的"转到 URL"对话框中，在"URL"文本框中输入要转到的文件"voteok.asp"如图6-36所示。

图 6-36 输入转到 URL 的文件地址

STEP ⑬ 单击"确定"按钮，完成转到 URL 的设置，此时的"行为"面板如图6-37所示。

图 6-37 "行为"面板

到这里 vote.asp 动态网页已经设计完成。

6.3.2 投票数累计页面

计算投票数页面 voteadd.asp，主要方法是接收 vote.asp 所传递过来的参数，然后再进行计算，创建方法如下：

创建动态页面 voteadd.asp，单击 <u>代码</u> 按钮，然后输入如下代码：

```asp
<!--#include file="Connections/connvote.asp" -->
<%
if(request("ID") <> "") then Command1__ID = request("ID")
%>
<%
set Command1 = Server.CreateObject("ADODB.Command")
Command1.ActiveConnection = MM_connvote_STRING
Command1.CommandText = "UPDATE vote  SET vote = vote + 1  WHERE item = '" +
Replace(Command1__ID, "'", "''") + "' "
Command1.CommandType = 1
Command1.CommandTimeout = 0
Command1.Prepared = true
Command1.Execute()
response.redirect("voteok.asp")
//转到 voteok.asp 页面
%>
SQL 语法说明：
UPDATE vote
//更新 vote 数据表
SET vote = vote + 1
//更新的字段为 "vote" 并 "vote" 在原有基础上加 "1"
WHERE item = 'ID'
//更新条件的字段为 "item" 等于传过来的参数 "ID"
```

完成的 voteadd.asp 页面的制作效果如图 6-38 所示。

图 6-38　完成的 voteadd.asp 页面效果

6.3.3　投票结果页面

最后要制作显示投票结果页面 voteok.asp，这个页面主要用于显示投票总数和各投票的比例，静态页面的设计效果如图 6-39 所示。

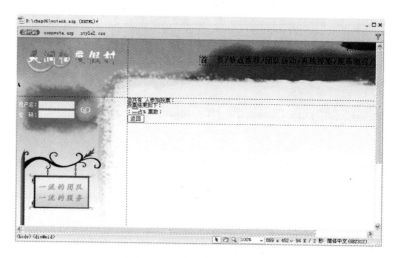

图 6-39 显示结果页面设计

具体制作步骤如下：

STEP① 创建 voteok.asp 静态页面，单击"绑定"面板中的"+"号按钮，在弹出的菜单中，选择"记录集（查询）"选项，打开"记录集"对话框，按如下参数进行设置，单击"确定"按钮完成设定，如图 6-40 所示。

- 在"名称"文本框中输入 Rs 作为该记录集的名称。
- 从"连接"下拉列表中选择 connvote 数据源连接对象。
- 从"表格"下拉列表中，选择使用的数据库表对象为 vote。
- 在"列"选项组中选择"全部"单选按钮。
- 设置"筛选"的条件为"无"。

图 6-40 设定 Rs 记录集

- 设置"排序"的条件为"无"。

STEP② 再次单击"绑定"面板中的加号"+"按钮，在弹出的菜单中，选择"记录集（查询）"选项，打开"记录集"对话框，单击"高级"按钮，进入高级编辑窗口，按如下参数进行设置：

- 在"名称"文本框中输入 Rs1 作为该记录集的名称。
- 从"连接"下拉列表中选择 connvote 数据源连接对象。
- 在 SQL 文本框中输入

  SELECT sum(vote) as sum
  //选择 vote 字段进行计算合计，函数"sum()"用于计算总值
  FROM vote
  //从数据表"vote"中取出数据

其他参数保持默认值，如图 6-41 所示。

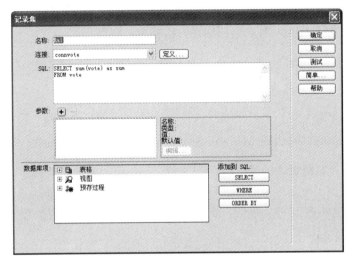

图 6-41　设定 Rs1 记录集

STEP 3 单击"确定"按钮，完成记录集的设置，绑定记录集后，将记录集中的字段插入至 voteok.asp 网页的适当位置，如图 6-42 所示。

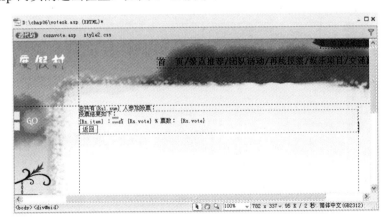

图 6-42　字段的绑定

STEP 4 单击 代码 按钮，进入"代码"视图编辑页面，在"代码"视图编辑页面中找

到如下代码：

```
<%=(Rs.Fields.Item("vote").Value)%>/<%=(Rs1.Fields.Item("sum").Value)%>
//相应百分比的代码。
```

按下面步骤修改此段代码：

- 去掉"/"前面的"%>"和"/"后面的<%=得到代码：

```
<%=(Rs.Fields.Item("vote").Value) / (Rs1.Fields.Item("sum").Value)%>
```

- 把"<%="和"%>"之间的代码用（）把它给括上，得到代码：

```
<%=( (Rs.Fields.Item("vote").Value) / (Rs1.Fields.Item("sum").Value) )%>
```

- 在代码后面加入*100，再次全部用（）给括上，得到代码：

```
<%=( ( (Rs.Fields.Item("vote").Value) / (Rs1.Fields.Item("sum").Value) )*100)%>
```

- 在代码前面加入 round，在*100 前面加入小数点保留位数 4，并用（）括上，得到代码：

```
<%=(Round(((Rs.Fields.Item("vote").Value)/(Rs1.Fields.Item("sum").Value)),4)*100)%>
```

STEP⑤ 因为控制网页中的长度也用到这段代码，所以将这段代码进行复制，然后单击选择图案▇，切换到"代码"窗口，选择<img>中的 width 的值将复制的代码进行粘贴，因为在图案中没有用到小数点的设置，所以将代码前面的 round 和保留位数 4 删除，得到的代码如下：

```
<img src="images/bar.gif" width="<%=(((Rs.Fields.Item("vote").Value)/
(Rs1.Fields.Item("sum").Value))*100)%>%" height="13" />
```

这样图像就可以根据比例的大小进行宽度的缩放，设置如图 6-43 所示。

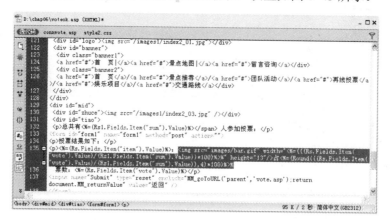

图 6-43　设置图标的缩放

STEP⑥ 单击 设计 按钮，回到"设计"编辑窗口，由于 voteok.asp 页面显示投票选项的所有比例，而目前的设定只能显示数据库的第一条记录，因此，需要加入"服务器行为"

中的"重复区域"命令，单击 voteok.asp 页面中需要重复的行，如图 6-44 所示。

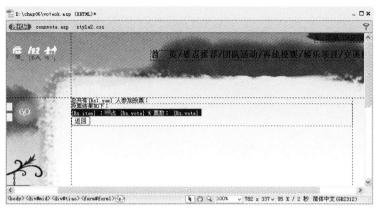

图 6-44　选择重复的行

STEP 7 单击"应用程序"面板群组中的"服务器行为"面板中的"+"号按钮，在弹出的菜单列表中选择"重复区域"选项，打开"重复区域"对话框，单击选择"所有记录"单选按钮，如图 6-45 所示。

图 6-45　设置重复区域为所有记录

STEP 8 单击"确定"按钮回到编辑页面，将发现之前所选中要重复的区域的左上角出现了一个"重复"的灰色标签，这表示已经完成设定。

STEP 9 选择页面中的"返回"按钮，选择"标签<input>"面板，单击"行为"面板中的加号"+"按钮，在弹出的列表选项中选择"转到 URL"，在打开的"转到 URL"对话框中的"URL"文本框中输入要转到的文件 vote.asp，设置如图 6-46 所示。

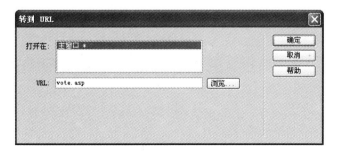

图 6-46　转到 URL 的设置

STEP 10 最后单击"确定"按钮，完成显示结果页面 voteok.asp 的设置，效果如图 6-47 所示。

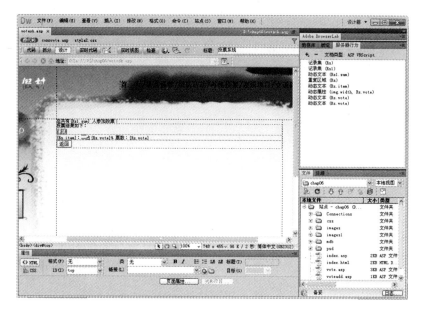

图 6-47　投票结果的效果

第 **7** 章　论坛系统

论坛系统可以说是功能强化后的留言板系统，每个网站的用户都可以在论坛发布信息或提出看法。本章我们主要以制作一个带论坛系统的文化艺术交流网站为实例，向读者介绍论坛系统的开发方法。

本章的实例效果

从入门到精通

教学重点

搭建论坛系统开发平台 📂
论坛系统规划 📂
论坛主页面 📂
新增主题、删除主题、回复主题的方法 📂
后台管理 📂

Section
7.1
搭建论坛系统开发平台

论坛系统通过在计算机上运行服务软件，允许用户使用终端程序通过 Internet 与其进行连接，执行下载数据或程序、上传数据、阅读讨论主题、与其他用户交换消息等功能。开发该系统同样需要在本地计算机上搭建开发平台。

7.1.1 使用 Photoshop CS5 分割图片

下面就开始用 Photoshop CS5 切片工具分割首页图片。

STEP ① 首先在本地计算机的 D 盘中建立站点文件夹 chap07，在站点文件夹里面建立一些常用文件夹。然后从光盘中找到站点 chap07/psd 文件夹下的 index.psd 文件，将其复制到本地站点 psd 文件夹中。

STEP ② 启动 Photoshop CS5。选择菜单栏中的"文件"→"打开"命令，打开首页 index.psd 文件，可分割的效果如图 7-1 所示。

图 7-1　设计的首页可分割效果

STEP ③ 开始分割各部分图片，首先分割最上面的 Logo 所在行的图片，单击工具箱中的"切片工具"按钮 ，按住鼠标左键从场景的左上拖曳到标题的右下角，如图 7-2 所示，图中虚线框绘制的区域就是切片大小，切片后左上角将显示一个 **01** 图标。

图 7-2　Logo 部分的切片效果

STEP④ 按下〈Ctrl+H〉组合键，打开辅助线视图，可以先用辅助线分割好需要分割的区域，再按照辅助线的分割，将整个网页分割成 15 个小图片，如图 7-3 所示。

图 7-3 分割整个首页的效果

STEP⑤ 选择菜单栏中的"文件"→"存储为 Web 和设备所用格式"命令，打开"存储为 Web 和设备所用格式"对话框，设置为"GIF"格式，"颜色"值为 256，"扩散"模式，"仿色"值为 100%，"Web 靠色"值设置为 100%，其他设置如图 7-4 所示。

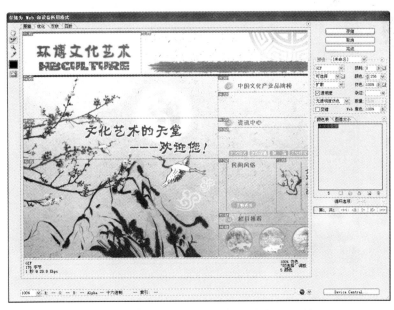

图 7-4 "存储为 Web 和设备所用格式"对话框

STEP⑥ 单击"储存"按钮，打开"将优化结果存储为"对话框，单击选择"保存在"后面的下拉三角按钮，选择建立的 chap07 文件夹，其他保持默认值，设置如图 7-5 所示。

图 7-5 "将优化结果存储为"对话框设置

STEP 7 单击"保存"按钮,完成保存切片的操作。打开保存文件的路径,可以看到自动生成了一个名为 images 的文件夹,文件夹里是前面分割后产生的小图片,由这些小图片组成了首页的效果,在设计的时候可以分别调用这些小图片,如图 7-6 所示。

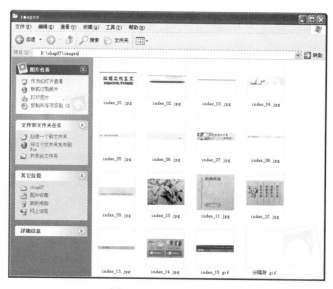

图 7-6 切片的小图片

7.1.2 配置论坛系统站点服务器

接下来使用 IIS 在本地计算机上构建论坛系统网站的站点了。

配置的步骤如下：

STEP 1 首先启动 IIS，在 IIS 窗口中，用鼠标右键单击"默认网站"，选择菜单中的"属性"命令，打开"默认网站 属性"对话框，如图 7-7 所示。

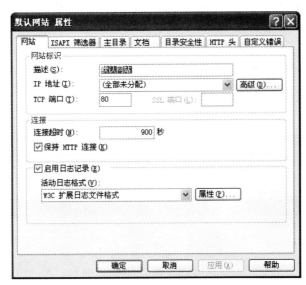

图 7-7 "默认网站 属性"对话框

STEP 2 单击"主目录"选项卡，在"本地路径"文本框中输入设置站点文件夹路径为"D:\chap07"，其他保持默认值，设置如图 7-8 所示。

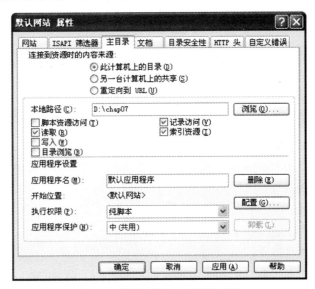

图 7-8 设置网站的"本地路径"

STEP 3 单击"确定"按钮，完成"默认网站 属性"的配置，由于前面已经使用 Photoshop CS5 分割了页面，并自动保存生成了 index.html 页面，所以打开 IE 浏览器输入地址 http://127.0.0.1，即可打开页面分割后的效果。

7.1.3 创建编辑站点 chap07

使用 Dreamweaver CS5 进行网页布局设计，首先需要用定义站点向导定义站点，操作步骤如下：

STEP1 打开 Dreamweaver CS5，选择菜单栏中的"站点"→"管理站点"命令，打开"管理站点"对话框。

STEP2 单击右边的"新建"按钮，从弹出的下拉菜单中选择"站点"命令，则打开"站点设置对象"对话框，进行如下参数设置：

"站点名称"：chap07。

"本地站点文件夹"：D:\chap07\。

如图 7-9 所示。

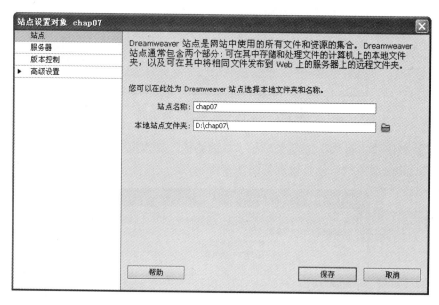

图 7-9　设置站点对话框

STEP3 单击"分类"列表框中的"服务器"选项，进行如下参数设置。

"服务器名称"：chap07。

"连接方法"：本地/网络。

"服务器文件夹"：D:\chap07。

"Web URL"：http://127.0.0.1。

STEP4 单击"确定"按钮，完成站点的定义设置。在 Dreamweaver CS5 中就已经拥有了刚才所设置的站点。

7.1.4 div+CSS 布局网页

对整体的页面布局规划设计，如图 7-10 所示。

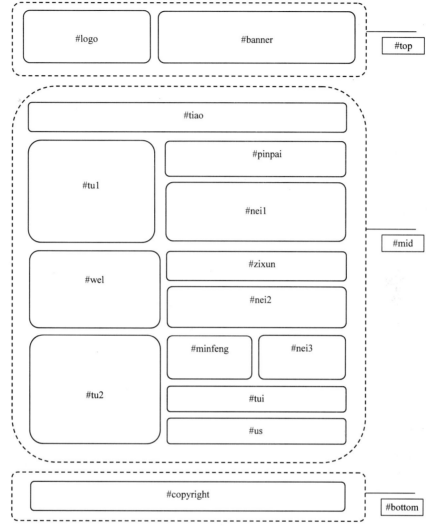

图 7-10　整体布局设计

使用 div+CSS 布局首页的步骤如下：

STEP① 将原来的 index.html 中的所有代码删除，然后修改为标准的 ASP 文档格式，将</head>以上的代码优化为如下代码：

```
<%@LANGUAGE="VBSCRIPT" CODEPAGE="65001"%>//宣告为 ASP 文档
<!DOCTYPE html PUBLIC "-//W3C//DTD XHTML 1.0 Transitional//EN" "http://www.w3.
org/TR/xhtml1/DTD/xhtml1-transitional.dtd">
<html xmlns="http://www.w3.org/1999/xhtml">
<head>
<meta http-equiv="Content-Type" content="text/html; charset=gb2312" />
<link rel="stylesheet" href="css/style.css" type="text/css"/>
<title>文化艺术</title>
</head>
```

STEP② 其他 div 的布局代码如下：

```
<body>
<div id="top">
 <div id="logo"><img src="/images/index_01.jpg" /></div>
 <div id="banner">
  <div class="banner1">
   <a href="#">首　页</a> | <a href="#">注　册</a> | <a href="#">登　录</a> | <a href="#">收藏本站</a> | <a href="#">网站地图</a></div>
   <div class="banner2">
    <a href="#">首　　页</a>|<a href="#">智慧天地</a>|<a href="#">文化超市</a>|<a href="#">时尚文化</a>|<a href="#">文化产业</a>|<a href="#">文化博览</a>|<a href="#">文化论坛</a></div>
  </div>
</div>
<div id="mid">
 <div id="tiao"><img src="/images/index_03.jpg"></div>
 <div id="tu1"><img src="/images/index_04.jpg"></div>
 <div id="pinpai"><img src="/images/index_05.jpg"></div>
 <div id="nei1">
  <div class="nei1">          <a href="#">刚刚进入 21 世纪，文化产业便在世界范围内呈现出爆发式的发展态势，并已经成为世界发达国家和地区新型经济的增长极。文化与技术紧密结合，打造出文化产业这一"朝阳产业"的诱人前景。  </a></div>
 </div>
 <div id="wel"><img src="/images/index_07.jpg"></div>
 <div id="zixun"><img src="/images/index_08.jpg"></div>
 <div id="nei2">
  <div class="nei2">
   <a href="#">"相约北京"文化活动美不胜收
2008-06-11</a>                 <a href="#">文艺作品彰显中华民族伟大精神
2008-07-11</a>  <a href="#">《热血五月 2008》学术座谈会
2008-07-05</a></div>
 </div>
 <div id="tu2"><img src="/images/index_10.jpg"></div>
 <div id="minfeng">
  <div class="minfeng">         <a href="#">婚丧习俗是社会风俗的重要组成部分，也是村落文化的重要内容，它最能形象地反映区域社会与族群文化的特质...
  </a></div>
 </div>
 <div id="nei3"><img src="/images/index_12.jpg"></div>
 <div id="tui"><img src="/images/index_13.jpg"></div>
 <div id="us"><img src="/images/index_14.jpg"></div>
</div>
<div id="bottom">
<div id="copyright"><img src="/images/index_15.gif"></div>
</div>
</body>
</html>
```

STEP 8 div 布局完成后需要将该页面保存，选择菜单栏中的"文件"→"另存为"命令，打开"另存为"对话框，在"文件名"文本框中输入文件名为"index.asp"，单击选择"保存类型"后面的下拉三角按钮 ，在打开的快捷菜单中选择 Active Server Pages（*.asp；*.asa）菜单项，如图 7-11 所示。单击"保存"按钮完成首页的布局设计。

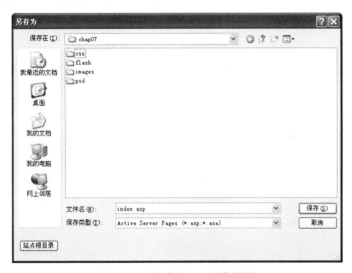

图 7-11 "另存为"对话框设置

STEP 9 在站点中建立 css 文件夹，并建立一个 style.css 样式文件，对首页的样式控制代码如下：

```
/* 页面整体 CSS*/
*{ margin:0px;
    padding:0px;}
 body{ width:100%; height:100%; font-size:12px; background:#FC6;}
/*设置页面链接*/
a:link {
 color: #000000;
 text-decoration: none;
}
a:visited {
 text-decoration: none;
 color:#673914;
}
a:hover {
 text-decoration: underline;
 color: #FF9900;
}
a:active {
 text-decoration: none;
 color: #000000;
}
/* 设置所有图片的边框为 0*/
```

```
img {
  border: 0;}
/* 设置最外层居中显示，实现让整个页面居中显示*/
#top,#mid,#bottom{ margin:auto; width:995px;}
/* 设置左浮动的标签*/
#logo,#banner,#tu1,#pinpai,#nei1,
#wel,#zixun,#nei2,#tu2,#minfeng,
#nei3,#tui,#us{ float:left;}
/*top 部分*/
#banner{ width:644px;
          height:126px;
        background-image:url(/images/index_02.jpg);}
.banner1{ width:270px;
          height:15px;
        margin-left:310px;
        margin-top:55px;}
.banner2{ width:580px;
          height:25px;
        margin-left:49px;
        margin-top:27px;
        font-size:18px;
        font-weight:bold;}
.banner2 a:link {
  color: #000000;
  text-decoration: none;
}
.banner2 a:visited {
  text-decoration: none;
  color:#FFF;
}
.banner2 a:hover {
  text-decoration: underline;
  color: #FF9900;
}
.banner2 a:active {
  text-decoration: none;
  color: #000000;
}
/*mid 部分*/
#mid{ background-color:#FFF;}
#nei1{ width:417px;
        height:75px;
      background-image:url(/images/index_06.jpg);}
.nei1{ width:340px;
        height:60px;
      margin-left:50px;
      margin-top:7px;
```

```
        line-height:15px;}
#nei2{ width:417px;
        height:90px;
        background-image:url(/images/index_09.jpg);}
.nei2{ width:345px;
        height:60px;
        margin-left:42px;
        margin-top:3px;
        line-height:20px;}
#minfeng{ width:171px;
        height:159px;
        background-image:url(/images/index_11.jpg);}
.minfeng{ width:135px;
        height:80px;
        margin-left:33px;
        margin-top:39px;
        line-height:15px;}
.show{ width:880px;
        margin-left:50px;
        margin-top:30px;
        margin-bottom:30px;
        line-height:15px;}
```

STEP⑤ 将首页中间部分删除，存为 moban.asp 作为二级页面，如图 7-12 所示。

图 7-12   制作的二级页面效果

Section 7.2 论坛系统规划

本节将介绍论坛系统的整体规划与数据库设计。论坛系统的页面要实现的功能主要包括新增讨论主题、回复讨论主题、修改讨论主题、删除讨论主题、删除回复内容以及关键词搜索等功能。

7.2.1 系统功能结构分析

由于论坛系统的页面比较多，在制作之前要先对各个页面做一下了解。本实例开发该论坛系统的操作步骤如下：

STEP 1 在 IE 浏览器中输入本系统的访问地址，打开本系统的首页如图 7-13 所示。

图 7-13　系统的首页效果

STEP 2 单击"文化论坛"文字链接可以打开论坛系统的主页 forum.asp，如图 7-14 所示。在该页面上主要显示讨论标题、发言者的表情、作者、回复次数、最新回复的时间、阅读的次数以及标题的发布时间。

图 7-14　论坛首页效果

STEP 3 单击讨论标题即可以进入相应的讨论页面 detail.asp，如图 7-15 所示。

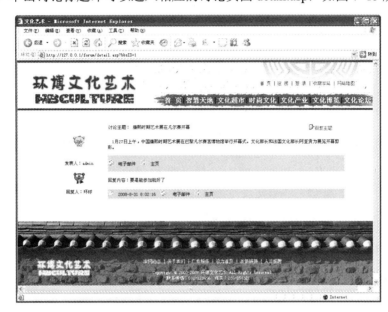

图 7-15　论坛的讨论页面

STEP 4 单击 detail.asp 页面中的"回复主题"文字链接，即可以进入回复主题页面 reforum.asp，如图 7-16 所示。输入相应的信息后，单击"确定提交"按钮即可完成主题回复的功能。

图 7-16　回复主题的页面

STEP 5 单击论坛系统的主页 forum.asp 中的"管理"文字链接即可以进入后台管理者登录页面 admin_login.asp，如图 7-17 所示。

图 7-17 后台管理登录页面

STEP 6 输入用户名和密码，单击"登录"按钮，即可以登录后台管理的主页面 admin.asp，如图 7-18 所示。在该页面中增加了"修改"和"删除"的功能，管理者可以单击相应的链接进入相关的主题进行管理。

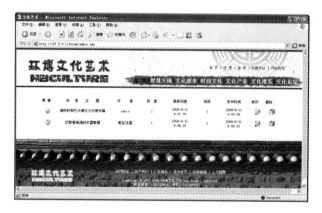

图 7-18 后台管理主页面

STEP 7 单击其中任意一个标题后面的"修改"链接，可以进入讨论标题和内容的修改页面 adtitle.asp，如图 7-19 所示。修改相关的内容后单击"确定修改"按钮即完成修改。

图 7-19 讨论标题修改页面

STEP 8 单击管理主页面 admin.asp 中的任意一个讨论主题后面的"删除"文字链接，进入删除讨论标题页面 deltitle.asp，如图 7-20 所示。单击"确定删除"即完成该主题的删除操作。

图 7-20　删除讨论主题页面

STEP⑨ 论坛系统还要有删除回复的功能，在这里单击管理的主页面 admin.asp 中的任意一个讨论主题的文字链接，进入删除回复的主页面 delref.asp，如图 7-21 所示。

图 7-21　删除回复的主页面

STEP⑩ 单击删除回复页面 delref.asp 中的"删除回复"文字链接，即可进入删除回复确定页面 delrefcontent.asp，如图 7-22 所示。单击"确定删除"按钮后，即可把该回复内容从数据库中删除。

图 7-22　确定删除回复的页面

7.2.2 建立论坛数据库

论坛的数据库开发主要由开发系统的大小而定，本实例建立一个 forum 数据库，并在里面建立 admins、bbsmain、bbsref 三个数据表，其中 bbsmain 数据表用于存放论坛讨论主题的一些信息数据，bbsref 数据表用来存放回复主题的一些信息数据，本实例的难点在于这两个数据表的关联使用。

首先使用 Microsoft Access 2007 创建 forum 数据库，具体制作步骤如下：

STEP 1 首先运行 Microsoft Access 2007 程序。单击"空白数据库"按钮 ，在主界面的侧打开"空白数据库"面板。

STEP 2 单击"空白数据库"面板中的"浏览到某个位置来存放数据库"按钮 ，打开"文件新建数据库"对话框，在"保存位置"后面的下拉列表中选择前面创建站点 chap07 中的 mdb 文件夹，在"文件名"文本框中输入文件名 forum。单击"确定"按钮，返回"空白数据库"面板。

STEP 3 单击"空白数据库"面板中的"创建按钮"，即在 Microsoft Access 2007 中创建了 forum.mdb 文件，同时 MicrosoftAccess 2007 自动生成了一个名为"表1：表"数据表。

STEP 4 建立数据库 forum 之后，forum 数据库中的数据表需要创建后台管理表 admin、讨论主题数据表 bbsmain 以及回复主题数据表 bbsref。设计数据库中后台管理数据表 admin 的字段结构采用表 7-1 所示的结构。

表 7-1 管理者信息表 admin

意　义	字 段 名 称	数 据 类 型	字 段 大 小	必填字段	允许空字符串	默 认 值
主题编号	ID	自动编号	长整型			
用户账号	username	文本	50	是	否	
用户密码	password	文本	50	是	否	

STEP 5 按表 7-1 创建的 admin 数据表如图 7-23 所示。

图 7-23 创建 admin 表的字段

STEP 6 设计数据库中发表主题的数据表 bbsmain 的字段结构采用表 7-2 所示的结构。这个数据表用于储存讨论主题的相关内容，其中 bbsID 字段作为主索引栏。

表 7-2　主题数据表 bbsmain

意　义	字段名称	数据类型	字段大小	必填字段	允许空字符串	默　认　值
主题编号	bbsID	自动编号	长整型			
讨论标题	bbstitle	文本	50	是	否	
讨论内容	bbscontent	备注		是	否	
发布人姓名	bbsname	文本	10	是	否	
主题张贴时间	bbstime	日期/时间				=Now()
发布人表情	bbsface	文本	50	是	否	
性别	bbssex	文本	2	是	否	
发布者邮箱	bbsemail	文本	50	是	否	
发布者网站	bbsurl	文本	50	是	否	
浏览次数	bbshits	数字				

STEP 7 按表 7-2 创建的 bbsmain 数据表如图 7-24 所示。

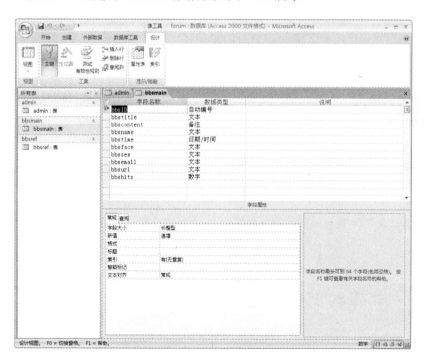

图 7-24　bbsmain 数据表

STEP 8 设计数据库中回复主题数据表 bbsref 的字段结构采用表 7-3 所示的结构。这个数据表用于储存回复讨论的相关内容，其中以 bbsrefID 字段作为主索引栏。

表 7-3   主题数据表 bbsref

意　　义	字 段 名 称	数 据 类 型	字 段 大 小	必 填 字 段	允许空字符串	默 认 值
主题编号	bbsrefID	自动编号	长整型			
讨论主题编号	bbsmainID	数字	长整型	是	否	
回复人姓名	bbsrefname	文本	10	是	否	
回复时间	bbstime	日期/时间				=Now()
回复内容	bbsrefcontent	备注		是	否	
回应者性别	bbsrefsex	文本	10	是	否	
回复者邮箱	bbsrefemail	文本	50	是	否	
回复者网站	bbsrefurl	文本	50	是	否	

STEP 9　按表 7-3 创建的 bbsref 数据表如图 7-25 所示。

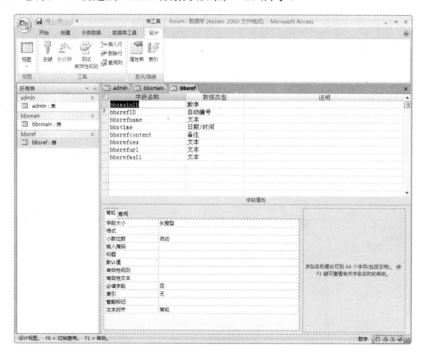

图 7-25　bbsref 数据表

7.2.3　创建数据库连接

　　数据库编辑完成后，必须在 Dreamweaver CS5 中建立能够使用的数据源连接对象。这样才能在动态网页中使用这个数据库文件。操作的过程中应特别注意 ODBC 连接时参数的设置。具体连接步骤如下：

　　STEP 1　在"控制面板"中，选择"管理工具"打开管理工具窗口，双击运行"数据源（ODBC）"的快捷方式 ，将打开如图 7-26 所示的"ODBC 数据源管理器"对话框。

STEP 2 单击"ODBC 数据源管理器"对话框中的"系统 DSN"选项卡，如图 7-27 所示。

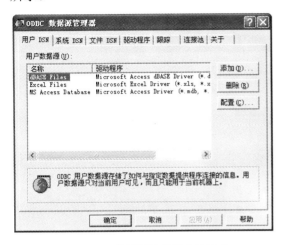

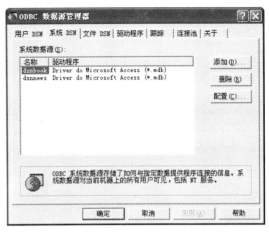

图 7-26 ODBC 数据源管理器中的用户 DSN   图 7-27 ODBC 数据源管理器中的系统 DSN

STEP 3 在"系统 DSN"对话框中单击"添加（D）"按钮，打开"创建新数据源"对话框，如图 7-28 所示。

STEP 4 在"创建数据源"对话框中，选择"Driver do Microsoft Access（*.mdb）"选项，然后单击"完成"按钮。打开"ODBC Microsoft Access 安装"对话框，在"数据源名（N）"文本框中输入 forum，如图 7-29 所示。

图 7-28 创建数据源   图 7-29 ODBC Microsoft Access 安装

STEP 5 单击"选择（S）"按钮，打开"选择数据库"对话框，如图 7-30 所示。单击"驱动器(V)："文本框右侧的下拉三角按钮，从下拉菜单中找到在创建数据库步骤中数据库所在的盘符，在"目录（D）："中找到在创建数据库步骤中保存数据库的文件夹，然后单击左上方"数据库名（A）"选项组中的数据库文件 forum.mdb，则数据库名称自动添加到"数据库名（A）"下方的文本框中。

STEP 6 找到数据库后，在"选择数据库"对话框中单击"确定"按钮，回到"ODBC Microsoft Access 安装"对话框中，再次单击"确定"按钮，将返回到"ODBC 数据源管理器"中的"系统 DSN"对话框中，则可以看到"系统数据源（S）"中已经添加了一个名称为"forum"，驱动程序为"Driver do Microsoft Access（*.mdb）"的系统数据源，如图 7-31 所示。

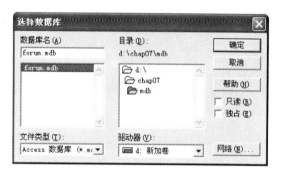

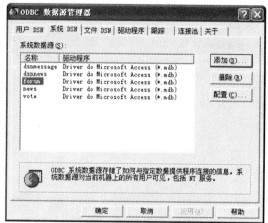

图 7-30　选择 forum.mdb 数据库　　　　　　图 7-31　ODBC 数据源管理器

STEP 7 再次单击"确定"按钮，完成"ODBC 数据源管理器"中的"系统 DSN"设置。

STEP 8 启动 Dreamweaver CS5，设置好"站点"、"文档类型"和"测试服务器"，在 Dreamweaver CS5 软件中打开前面布局的 index.asp 页面，执行菜单栏中的"文件"→"窗口"→"数据库"命令，打开"数据库"面板。

STEP 9 单击"数据库"面板中的"+"号按钮，单击选择"数据源名称（DSN）"命令。

STEP 10 打开"数据源名称（DSN）"对话框，在"连接名称："文本框中输入 dsnforum，单击"数据源名称（DSN）："文本框右侧的三角按钮，从打开的下拉菜单中选择在"数据源（ODBC）"→"系统 DSN"中所添加的 forum，其他保持默认值，如图 7-32 所示。

STEP 11 在"数据源名称（DSN）"页面中，单击"测试"按钮，如果打开图 7-33 所示页面，则说明数据库连接成功，否则应逐一检验之前各项步骤是否正确完成，修改至测试成功。

图 7-32　数据源名称（DSN）　　　　　　图 7-33　成功创建连接脚本

单击"确定"按钮，完成数据库的连接。

论坛主页面及其查询功能

在 Dreamweaver CS5 中定义站点，在数据库之间建立连接后，就可以进入 ASP 动态网页页面的设计阶段。

7.3.1　论坛主页面

制作讨论主题系统的主页面 forum.asp，这个页面要显示网站所有讨论主题的标题，使用者可以选择要阅读的标题链接至详细内容页面，以及管理者进入管理页面的链接。系统主页面的静态部分美工设计如图 7-34 所示。

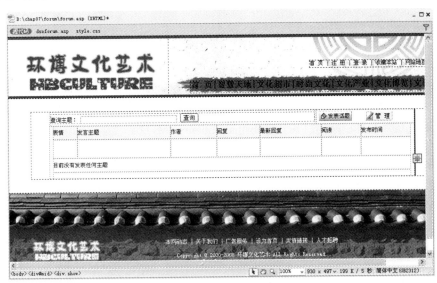

图 7-34　系统主页面

这个网页的主要目的是要显示所有的讨论主题、每个主题的浏览次数、回复数与最新回复时间及发布时间，详细制作步骤如下：

STEP 1 在"绑定"面板中单击加号 "＋" 按钮，在弹出的菜单中，选择"记录集（查询）"选项。

STEP 2 打开"记录集"对话框，按如下参数进行设置，如图 7-35 所示。

● 在"名称"文本框中输入 rsBB 作为该记录集的名称。

● 从"连接"下拉列表中选择 dsnforum 数据源连接对象。

● 从"表格"下拉列表中，选择使用的数据库表对象为 bbsmain。

● 在"列"选项组中选择"全部"单选按钮。

● 设置"筛选"的条件为"无"。

● 设置"排序"的条件为"无"。

图 7-35　设定 rsBB 记录集

STEP 3　单击 "高级" 按钮，进入记录集高级设定的页面，将现有的 SQL 语句改成以下的 SQL 语句，如图 7-36 所示。

01．SELECT

02．bbsmain.bbsID,

03．FIRST (bbsmain.bbstime) AS bbstime,　FIRST (bbsmain.bbshits) AS bbshits,

04．FIRST (bbsmain.bbstitle) AS bbstitle,FIRST (bbsmain.bbsurl) AS bbsurl,　FIRST (bbsmain.bbsemail) AS bbsemail,FIRST (bbsmain.bbssex) AS bbssex, FIRST (bbsmain.bbsface) AS bbsface,　FIRST (bbsmain.bbscontent) AS bbscontent,

05．FIRST (bbsmain.bbsname) AS bbsname,COUNT(bbsref.bbsmainID) AS ReturnNum,

06．MAX(bbsref.bbstime) AS LatesTime

07．FROM

08．　bbsmain LEFT OUTER JOIN bbsref ON

09．bbsmain.bbsID=bbsref.bbsmainID

10．GROUP BY bbsmain.bbsID

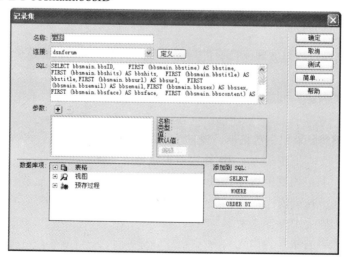

图 7-36　改写 SQL 语句

说明：

第一条 bbsref 数据表中的记录都可以通过 bbsmainID 字段关联到 bbsmain 数据表中的 bbsID 字段。就是说 bbsref 数据表中对应的数据表可能不存在，bbsmain 数据表并非一定有对应回复的话题。因此以 LEFT JOIN 将接合关系中的两个数据表分成左右两个数据表，其中左边数据表在经过接合后，不管右边数据表是否存在数据与之对应，仍然会将数据全部列出。简单的说，就是不管讨论主题 bbsmain 是否有任何的回复 bbsref，使用 LEFT JOIN 可以将数据表 bbsmain 中的所有讨论主题都显示出来。

另外 GROUP BY 语句是针对 bbsMain 数据表中的 bbsID 字段，在第 2 行到第 6 行之间的意思就是说取出 bbsmian 数据表中的第一条数据的特定字段内容。同时将 bbsref 中的关联取出，获得 bbstime 和 bbsID 的两个字段内容。bbstime 字段则取所有记录当中时间最新的那一条。而 bbsid 字段则用 COUNT 计算有多少人回复的总数。

STEP 4 绑定记录集后，将记录集中的字段插入至 forum.asp 网页的适当位置，如图 7-37 所示。

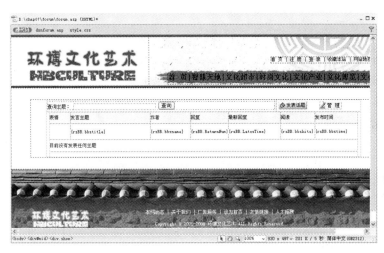

图 7-37　字段的插入

STEP 5 加入"如果记录集不为空则显示区域"功能。首先选中记录集有数据时要显示的数据表格，如图 7-38 所示。

图 7-38　选择要显示的表格

STEP 6 单击"应用程序"面板中的"服务器行为"标签，并在面板中单击加号"+"按钮，在弹出的菜单列表中，选择"显示区域"→ "如果记录集不为空则显示区域"选项。

STEP 7 打开"如果记录集不为空则显示区域"对话框，保持默认值，单击"确定"按钮回到编辑页面，将发现之前所选中要显示的区域左上角出现了一个"如果符合此条件则显示…"的灰色卷标，这表示已经完成设置，如图 7-39 所示。

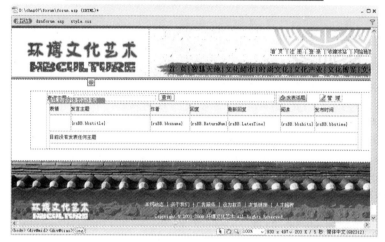

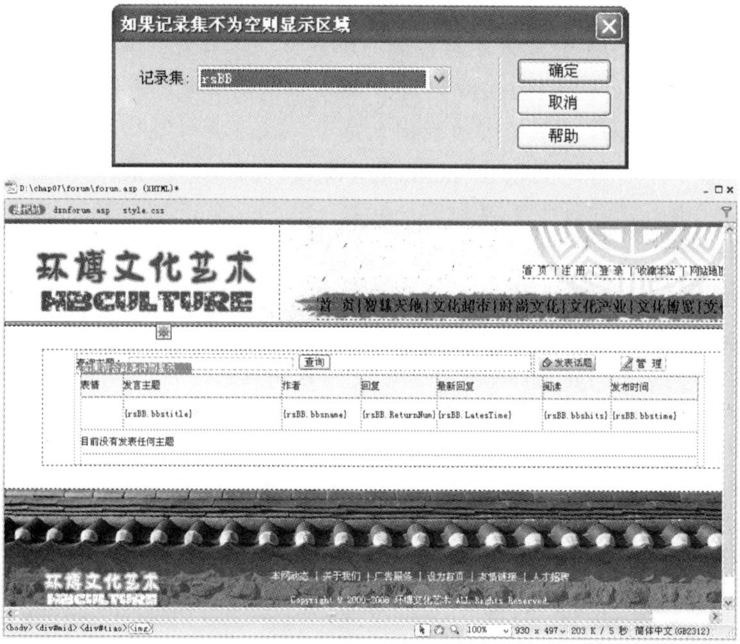

图 7-39　完成设置后的效果

STEP 8 将"目前没有发表任何主题"区域设定成"如果数据集为空则显示区域"，如图 7-40 所示。

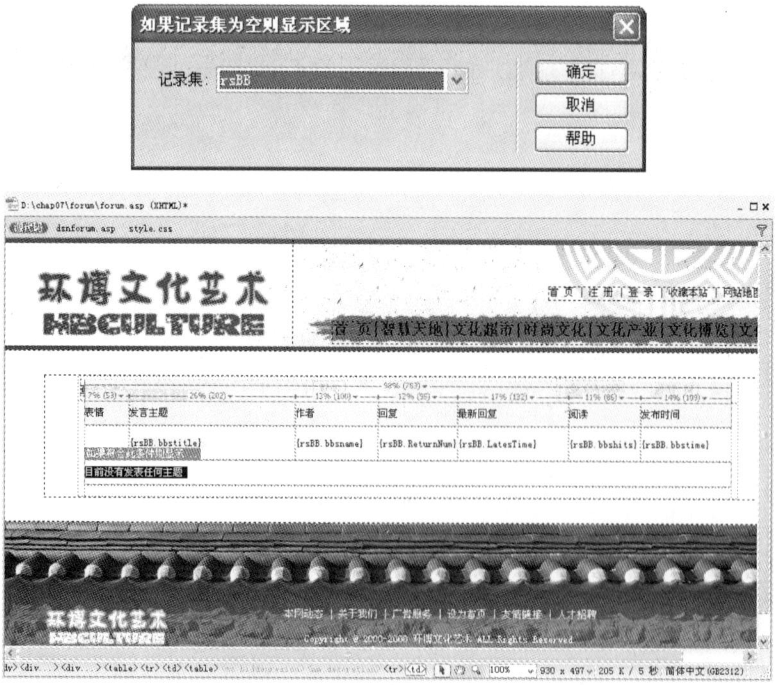

图 7-40　如果数据集为空则显示区域设置

STEP 9 由于要在 forum.asp 这个页面显示数据库中的所有记录，而目前的设定只能显示数据库的第一条数据，因此需要加入"服务器行为"中的"重复区域"功能。单击 forum.asp 页面中要重复的单元格，如图 7-41 所示。

图 7-41 选择要重复的单元格

STEP 10 单击"应用程序"面板群组中的"服务器行为"面板，并在面板中单击加号"+"按钮。在弹出的菜单中，选择"重复区域"选项。

STEP 11 打开"重复区域"对话框，设置这一页显示的数据"记录"为 10，单击"确定"按钮回到编辑页面，发现先前所选取要重复的区域左上角出现了一个"重复"的灰色标签，这表示已经完成设定了，如图 7-42 所示。

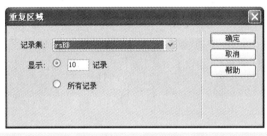

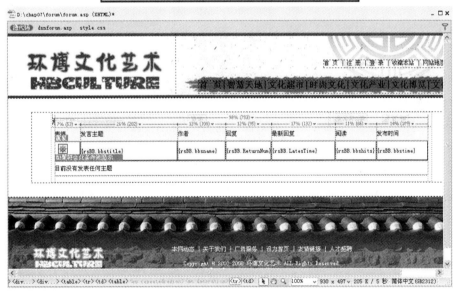

图 7-42 设置"重复区域"

STEP 12 把鼠标移至要加入"记录集导航条"的位置，单击"插入"工具栏中的"数据"标签中的"记录集导航条"按钮。

STEP 13 打开"记录集导航条"对话框，单击选择"记录集"后面的下拉三角按钮，在展开的菜单中选择 rsBB 记录集，然后再单击选择"显示方式"为"文本"单选按钮，最后单击"确定"按钮回到编辑页面，将发现页面中自动插入记录集的导航条，如图 7-43 所示。

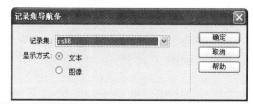

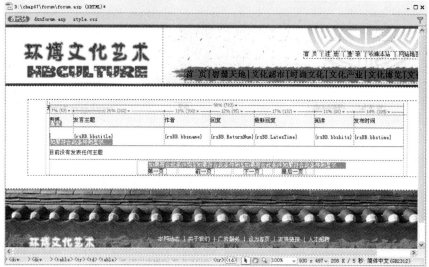

图 7-43　添加记录集导航条

STEP ⑭ 在 forum.asp 这个页面中除了显示网站中所有的讨论主题外，还要为浏览者提供单击标题内容链接至详细内容页面来阅读，因此需要加入"转到详细页面"服务器行为。首先选中 {rsBB.bbsTitle} 字段，然后单击"应用程序"面板中的"服务器行为"标签中的"添加服务器行为"加号"＋"按钮，在弹出的菜单列表中选择"转到详细页面"的选项。

STEP ⑮ 打开"转到详细页面"对话框，按图 7-44 所示进行设置。

图 7-44　设置"转到详细页面"对话框

STEP ⑯ 在 forum.asp 页面中有两个文字连接 "发表话题"和"管理"，必须设定其"链接"网页，其中"发表话题"链接到 forum_add.asp，"管理"链接至 admin_login.asp，设置如图 7-45 所示。

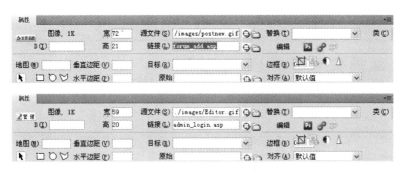

图 7-45 设置链接

STEP 17 设置链接之后，把鼠标插入到"表情"下面的单元格里执行菜单栏中的"插入"→"图像对象"→"图像占位符"命令，打开"图像占位符"对话框，设置高度和宽度都为 20 像素，如图 7-46 所示。单击"确定"按钮插入一个图像占位符。

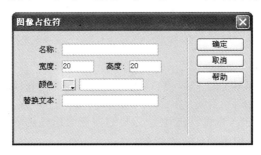

图 7-46 插入"图像占位符"

STEP 18 插入"图像占位符"之后，选中图像占位符，单击"属性"面板中的"源文件"文本框后面的"浏览文件"按钮，打开"选择图像源文件"对话框，在该对话框中单击选择"数据源"单选按钮，然后在"域"列表框中单击选择"记录集（rsBB）"中的bbsface 字段，如图 7-47 所示。

图 7-47 选择 bbsface 字段

STEP 19 单击"确定"按钮，完成"图像占位符"的数据源绑定操作，此时页面效果如图 7-48 所示。

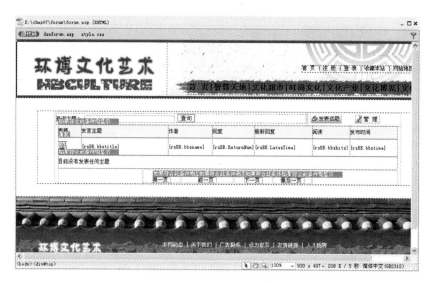

图 7-48 绑定"图像占位符"的数据源的效果

7.3.2 查询功能

在 forum.asp 页面中加入查询功能也是必要的，在论坛使用较长一段时间后，会建立很多主题，网站浏览者可以使用查询功能找到相应的讨论主题，然后方便地进行回复，查询主题的静态设计如图 7-49 所示。

查询功能的制作步骤如下：

STEP① 单击选择"查询主题"后面的

文本框，在"属性"面板中设置"文本域"名为 keyword，设置"字符宽度"为 30，单击选择"类型"为"单行"的单选按钮，其他保持默认值，如图 7-50 所示。

图 7-49 查询主题设计

图 7-50 设置"文本框"属性

STEP② 将之前建立的记录集 rsBB 做一些更改，双击 rsBB 记录集打开"记录集"对话框，在原有的 SQL 语法中，加入一段查询功能的语法：

WHERE   bbsTitle like '%"&keyword&"%'

说明：

其中 like 是模糊查询的运算子；%表示任意字符；keyword 是一个变量，代表在网页中输入的关键词。

那么以前的 SQL 语句将变成如图 7-51 所示。

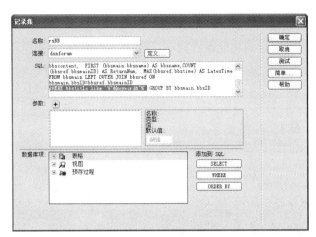

图 7-51　修改 SQL 语句

STEP 3　切换到代码窗口，在代码第 6 行中加入请求变量代码 **keyword=request ("keyword")**，如图 7-52 所示。

图 7-52　加入请求变量代码

STEP 4　以上设定完成后，forum.asp 系统主页面则具有查询功能，按〈F12〉键可以打开至浏览器测试查询功能设置是否正确。首先 forum.asp 页面将显示所有网站中的讨论主题，如图 7-53 所示。

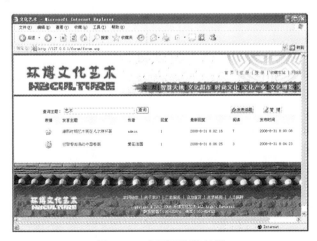

图 7-53　主页面浏览效果

STEP⑤ 在关键词中输入"艺术"并单击"查询"按钮，如果发现页面中只显示带"艺术"关键字的主题，则说明查询功能设置成功，查询效果如图 7-54 所示。

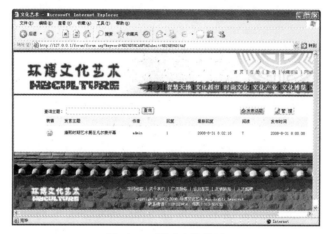

图 7-54 测试查询效果

7.4 论坛浏览页面

在论坛系统中，供网站浏览者使用的页面有讨论主题详细内容页面 detail.asp 和回复主题页面 reforum.asp，本节将介绍如何制作这两个动态页面。

7.4.1 讨论主题详细内容页面

讨论主题详细内容页面 detail.asp 的主要功能是显示主题的详细内容，这个页面用于显示讨论主题的详细内容和所有回复者的回复内容，其版面设计如图 7-55 所示。

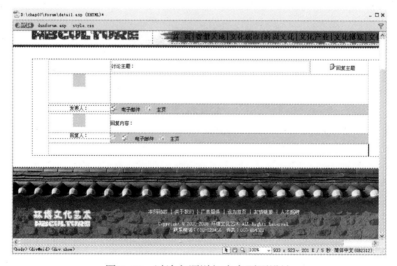

图 7-55 讨论主题详细内容页面设计

具体制作步骤如下:

STEP① 在 detail.asp 页面中要同时显示讨论主题与回复主题的内容,因此需要把两个数据表进行合并,一次取得这两个数据表中的所有字段,并且根据主题页面传送过来的 URL 参数 bbsID 进行筛选。单击"绑定"面板,并在面板中单击加号 "＋"按钮,在弹出的菜单中,选择"记录集(查询)"选项。

STEP② 打开"记录集"对话框, 单击"高级"按钮,进入记录集高级设定页面,将现有的 SQL 语句改成以下的 SQL 语句如图 7-56 所示。

01. SELECT bbsmain.*,bbsref.*FROM

02. bbsmain LEFT OUTER JOIN bbsref ON

03. bbsmain.bbsID=bbsref.bbsmainID

04. WHERE

05. bbsmain.bbsID = queryID

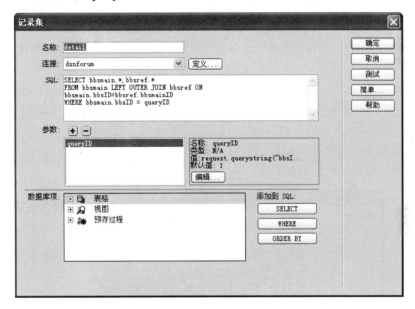

图 7-56 改写 SQL 语句

上图中设置了一个名为 queryID 的变量值,并且将其设为 request.querystring("bbsID")传递过来的参数。

SQL 语句说明:

同样用 LEFT OUTER JOIN 关联 bbsmain 和 bbsref 中的字段,取得两个数据表中的相关数据。并且用 WHERE 语句,筛选 bbsmain 数据表中的 bbsID 字段值等于传递过来的 bbsID 的值。

STEP③ 设定完上面记录集绑定后,接下来把记录集 detail 中的字段插入到页面中,两个图像占位符分别绑定发布人性别形象 bbssex 和回复人性别形象 bbsrefsex,其结果如图 7-57 所示。

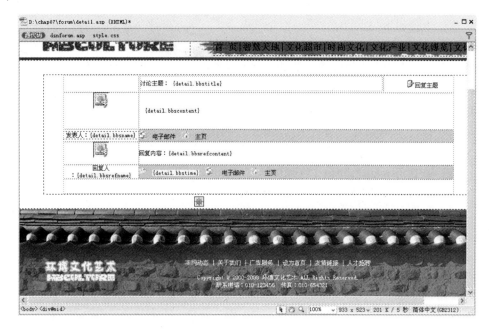

图 7-57 detail 中的字段插入

STEP④ 单击选择主题表格中的文字"电子邮件",然后单击"属性"面板中的"链接"文本框后面的"浏览文件"按钮,打开"选择文件"对话框,在该对话框中单击选择"数据源"单选按钮,然后在"域"列表框中单击选择"记录集(detail)"中的 bbsemail 字段,并且在 URL 链接前面加上 mailto:,设置如图 7-58 所示。

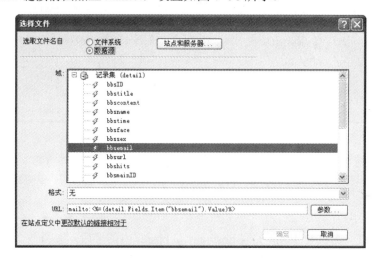

图 7-58 设置 Email 的链接

STEP⑤ 单击选择主题表格中的文字"主页",单击"属性"面板中的"链接"文本框后面的"浏览文件"按钮,打开"选择文件"对话框,在该对话框中单击选择"数据源"单选按钮,然后在"域"列表框中单击选择"记录集(detail)"中的 bbsurl 字段,并且在 URL 链接前面加上 http://,设置如图 7-59 所示。

图 7-59　设置 URL 链接

STEP 6 用第（4）步和第（5）步的方法，设置其回复人的"电子邮件"和"主页"的链接。得到效果如图 7-60 所示。

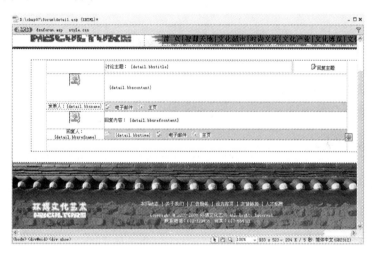

图 7-60　绑定记录集 Email 和 URL

STEP 7 单击选择文字"回复主题"，单击"服务器行为"面板中的"转到详细页面"功能选项，打开"转到详细页面"对话框，按图 7-61 所示进行设置。

图 7-61　设置"转到详细页面"对话框

STEP 8 讨论主题中的回复留言可能不只一条，而目前的设定则只能显示回复主题留言的第一条数据，因此需要加入"服务器行为"中的"重复区域"的设置，单击 detail.asp 页面中要重复的记录列，如图 7-62 所示。

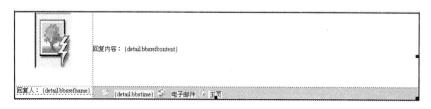

图 7-62　选择要重复的单元格

STEP 9 单击"应用程序"面板群组中的"服务器行为"面板，并在面板中单击加号"＋"按钮。在弹出的菜单中，选择"重复区域"选项。

STEP 10 打开"重复区域"对话框，设置这一页显示的数据"记录"为 10，单击"确定"按钮回到编辑页面，将发现之前所选取要重复的区域左上角出现了一个"重复"的灰色标签，这表示已经完成设定，设置及效果如图 7-63 所示。

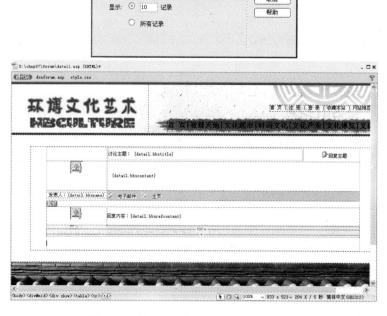

图 7-63　设置"重复区域"对话框及效果

STEP 11 加入"记录集导航条"功能。把鼠标移至要加入"记录集导航条"的位置，单击"插入"工具栏中的"数据"标签中的"记录集导航条"按钮 。

STEP 12 打开"记录集导航条"对话框，单击选择"记录集"后面的下拉三角按钮，在展开的菜单中选择 detail 记录集，然后再单击选择"显示方式"为"文本"单选按钮，最后单击"确定"按钮回到编辑页面，页面中将自动插入记录集导航条，如图 7-64 所示。

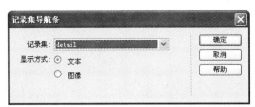

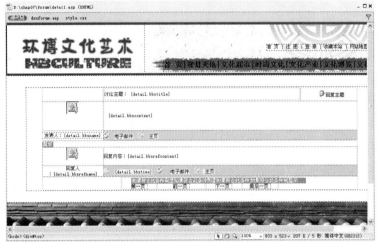

图 7-64　添加记录集导航条

7.4.2　设置点击次数

在论坛讨论主页面中有一个"阅读"的统计项，当浏览者单击标题进入查看内容时，阅读总数就要增加一次。其功能的实现方法在于更新数据表 bbsmain 里的 bbshits 字段。详细操作步骤如下：

STEP 1 打开文件 detail.asp，在"应用程序"面板中的"服务器行为"面板中选择"命令"选项。打开"命令"对话框，如图 7-65 所示。

图 7-65　打开"命令"对话框

STEP 2 在打开的"命令"对话框中，设置"名称"为 cmdhits，"类型"为更新。SQL文本域中输入以下 SQL 语句。

01.UPDATE bbsmain

02.SET bbshits = bbshits + 1

03.WHERE bbsID = hitID

STEP 8 单击选择"命令"对话框中的"变量"后面的"增加变量"加号"＋"按钮，添加 hitID 变量，设置值为 Request.QueryString("bbsID")，设置如图 7-66 所示。

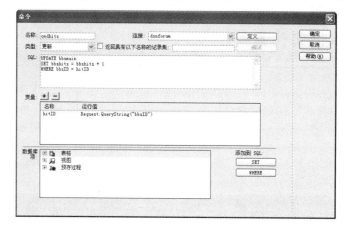

图 7-66　设置"命令"对话框

说明：

hitID 为 SQL 用来识别回复的变量。其值等于当前网页所显示的主题编号。

7.4.3　新增讨论主题页面

新增讨论主题页面 forum_add.asp 主要功能是将页面的表单数据新增到站点的数据库中，页面设计如图 7-67 所示。

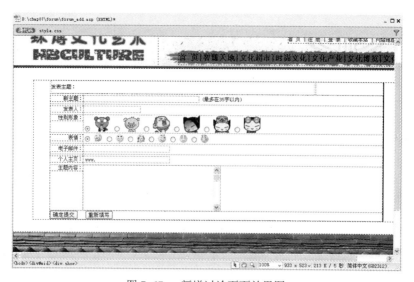

图 7-67　新增讨论页面效果图

详细操作步骤如下：

STEP 1 在图 7-67 中加入了一个隐藏区域，设置"隐藏区域"名称为 bbshits，并设置"值"为默认值 1，这样操作是为了实现提交增加主题时，数据库中能让"阅读"的次数设置为 1 次，隐藏区域的"属性"面板设置如图 7-68 所示。

图 7-68　加入 bbshits 隐藏区域

STEP 2 新讨论主题的表单提交前，要为这个表单加入"检查表单"的动作，这样能保证插入到数据库的数据都是有实际数据的，单击<form1>标签，然后单击"服务器行为"面板中的"＋"号按钮。在弹出的菜单中，选择"检验表单"选项。

STEP 3 打开"检查表单"对话框，设置所有字段"值"为"必需的"，并设置相应的"可接受"范围，具体参数如图 7-69 所示。

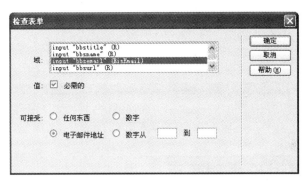

图 7-69　设置检查表单

STEP 4 单击"确定"按钮完成检查表单的操作。只有加入"插入记录"服务器行为，才能将新的讨论主题新增至数据表 bbsmain 中。执行菜单栏中的"窗口"→"服务器行为"命令，打开"服务器行为"面板。单击该面板中的"＋"号按钮，从打开的菜单中选择"插入记录"命令，向该网页插入记录的服务器行为。

STEP 5 在"插入记录"对话框中，按下面的参数进行设置，如图 7-70 所示。

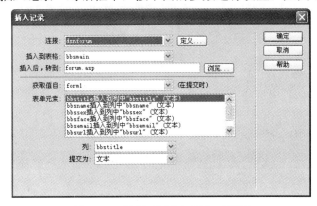

图 7-70　设置"插入记录"对话框

- 从"连接"下拉列表中选择 dsnforum 连接对象。
- 从"插入到表格"下拉列表中选择 bbsmain 数据表。
- 在"插入后,转到:"栏中输入 forum.asp,表示插入成功后返回该页面。
- 从"获取值自"下拉菜单中选择建立的 form1 表单对象。
- 在"表单元素"列表框中把表单中的字段和数据库中的字段——对应。

STEP 6 单击"确定"按钮回到网页设计编辑页面,这样就完成了插入主题页面 forum_add.asp 的设计了,完成后的效果如图 7-71 所示。

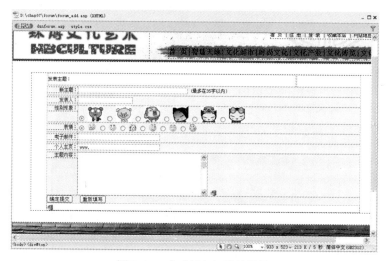

图 7-71 完成插入记录的效果

7.4.4 回复讨论主题页面

回复讨论主题页面 reforum.asp 的设计与发表新讨论主题页面的设定相似,主要功能是将页面的表单数据新增到网站的 bbsref 数据表中。它的版面设计如图 7-72 所示。

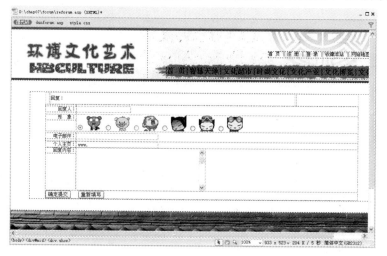

图 7-72 回复讨论主题页面设计

STEP 1 创建好静态页面后，单击"绑定"面板中的"＋"号按钮，在弹出的菜单中，选择"记录集（查询）"选项，打开"记录集"对话框，按如下参数进行设置，单击"确定"按钮完成设定，如图 7-73 所示。

- 在"名称"文本框中输入 rsmain 作为该记录集的名称。
- 从"连接"下拉列表中选择 dsnforum 数据源连接对象。
- 从"表格"下拉列表中，选择使用的数据库表对象为 bbsmain。
- 在"列"选项组中选择"选定的"单选按钮，选择 bbsID 字段。
- 设置"筛选"的条件为"bbsID=URL 参数/bbsID"。
- 将"排序"设置为"无"。

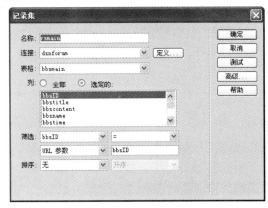

图 7-73　设定 rsmain "记录集"

STEP 2 加入了一个隐藏区域，单击选择该隐藏区域，在"属性"面板中单击"动态数据值"按钮，打开"动态数据"对话框，单击选择"域"列表框中的"记录集（rsmain）"，在展开的列选项中选择"bbsID"选项，单击"确定"按钮，则将 bbsID 绑定到隐藏区域的"值"中。设置如图 7-74 所示。

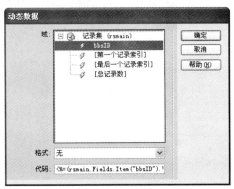

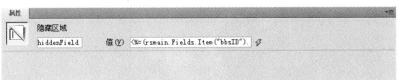

图 7-74　加入隐藏区域并设置动态值

STEP 3 与讨论主题一样，回复主题的表单提交前要为这个表单加入"检验表单"的动作，单击<form1>标签，再单击"服务器行为"面板中的加号"＋"按钮。在弹出的菜单中，选择"检验表单"选项，打开"检查表单"对话框，设置所有字段值为"必需的"，并设置相应的"可接受"范围，如图 7-75 所示。

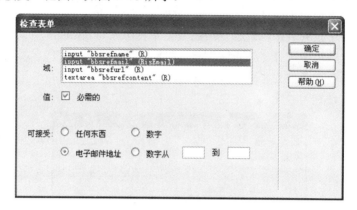

图 7-75　设置检查表单

STEP 4 单击"确定"按钮完成检查表单的操作。只有加入"插入记录"服务器行为，才能将新的讨论主题新增至数据表 bbsref 中。执行"服务器行为"面板中的"插入记录"命令，打开"插入记录"对话框，按下面的参数进行设置，如图 7-76 所示。

● 从"连接"下拉列表中选择 dsnforum 连接对象。
● 从"插入到表格"下拉列表中选择 bbsref 数据表。
● 在"插入后，转到："栏中输入/forum/forum.asp，表示插入成功后返回该页面。
● 从"获取值自"下拉菜单中选择建立的 form1 表单对象。
● 在"表单元素"列表框中把表单中的字段和数据库中的字段一一对应。

图 7-76　设置"插入记录"对话框

STEP 5 单击"确定"按钮回到编辑页面，完成回复讨论页面 reforum.asp 的设计，如图 7-77 所示。

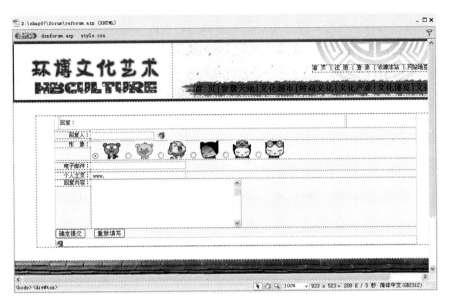

图 7-77 完成的效果

论坛后台管理

为论坛开发一个后台管理功能也是必要的。管理者通过合法身份登录后，可以实现对讨论主题的修改、删除以及删除回复内容功能。从动态功能上考虑，实现这些功能主要也是通过"服务器行为"面板中的"更新记录"和"删除记录"实现。

7.5.1 后台登录

由于管理者接口是不允许网站浏览者进入的，必须进行权限的设置。

详细制作步骤如下：

STEP❶ 启动 Dreamweaver CS5，执行菜单栏中的"文件"→"新建"命令，打开"新建文档"对话框，选择"空白页"选项卡中的"页面类型"列表框下的 ASP VBScript 选项，在"布局"列表框中选择"无"选项，然后用鼠标单击"创建"按钮创建新页面，输入网页标题"BBS 后台管理登录"，执行菜单栏中的"文件"→"保存"命令，在站点中将该文档保存为 admin_login.asp。

STEP❷ 执行菜单栏中的"插入"→"表单"→"表单"命令，插入一个表单。

STEP❸ 将鼠标指针放置在该表单中，执行菜单栏中的"插入"→"表格"命令，打开"表格"对话框，在"行数"文本框中输入需要插入表格的行数为 4。在"列数"文本框中输入需要插入表格的列数为 2。在"表格宽度"文本框中输入 400 像素。其他参数保持默认值，如图 7-78 所示。

STEP❹ 单击"确定"按钮，在该表单中插入 4 行 2 列的表格，选择表格在"属性"面板中设置对齐方式为居中对齐。单击鼠标左键并拖曳鼠标选中第 1 行表格，选中表格的第 1 行后，在"属性"面板中单击"合并所选单元格，使用跨度"按钮，将第 1 行表格合并。用同样的方法把第 4 行合并。

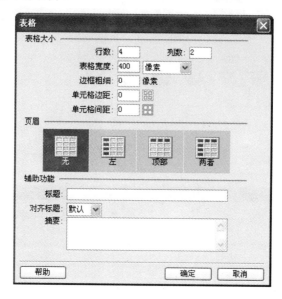

图 7-78　插入表格

STEP 5 在该表单中的第一行中输入文字"BBS 后台管理登录页面"，在表格的第 2 行中的第 1 个单元格中输入文字说明"用户："，在表格的第 2 行中的第 2 个单元格中单击"文本域"按钮，插入单行文本域表单对象，定义文本域名为 username。"文本域"属性设置及此时的效果如图 7-79 所示。

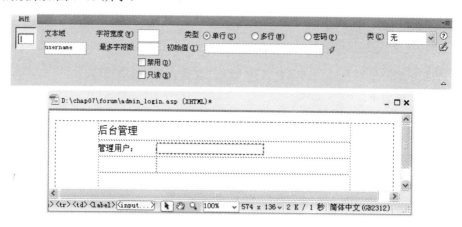

图 7-79　插入"文本域"的设置和效果图

STEP 6 在第 3 列表格中输入文字说明"密码："，在表格的第 3 列中的第 2 个单元格中单击"文本域"按钮，插入单行文本域表单对象，定义文本域名为 password。"文本域"属性设置及此时的效果如图 7-80 所示。

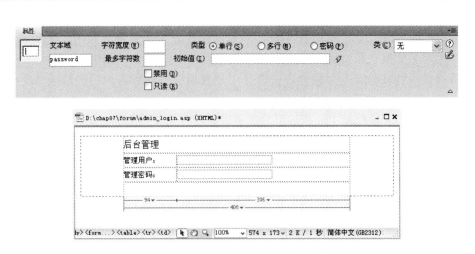

图 7-80　插入"文本域"的设置及效果

STEP 7　单击选择第 4 行单元格，执行菜单栏中的"插入"→"表单"→"按钮"命令，重复执行一次则插入两个按钮，并分别在"属性"面板中进行属性变更，一个将"值"设置为"登录"，"动作"设置为"提交表单"单选按钮，另一个将"值"设置为"重设"将"动作"设置为"重设表单"单选按钮，"属性"的设置及效果如图 7-81 所示。

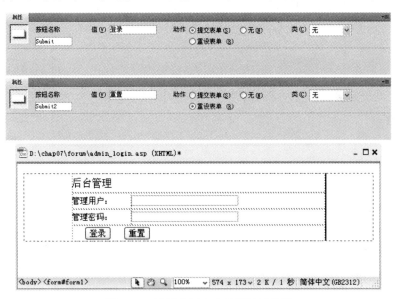

图 7-81　设置按钮名称的属性及效果

STEP 8　单击"应用程序"面板中的"服务器行为"标签中的 ⊞ 号按钮，在弹出的菜单列表中选择"用户身份验证/登录用户"选项。

STEP 9　打开"登录用户"对话框，进行如下设置：

● 从"从表单获取输入"下拉列表中选择该服务器行为使用网页中的 form1 表单对象中浏览者填写的对象。

● 从"用户名字段"下拉列表中选择文本域 username 对象，设定该用户登录服务器行为的用户名数据来源为表单的 username 文本域中浏览者输入的内容。

- 从"密码字段"下拉列表中选择文本域 password 对象，设定该用户登录服务器行为的用户名数据来源为表单的 password 文本域中浏览者输入的内容。
- 从"使用连接验证"下拉列表中选择用户登录服务器行为使用的数据源连接对象为dsnforum。
- 从"表格"下拉列表中选择该用户登录服务器行为使用到的数据库表对象为 admin。
- 从"用户名列"下拉列表中选择表 admin 存储用户名的字段为 username 字段。
- 从"密码列"下拉列表中选择表 admin 存储用户密码的字段为 password 字段。
- 在"如果登录成功，转到"文本框中输入登录成功后，转向/forum/admin.asp 页面。
- 在"如果登录失败，转到"文本框中输入登录失败后，转向/forum/forum.asp 页面。
- 选中"基于以下项限制访问"后面的"用户名和密码"单选按钮。

设置如图 7-82 所示。

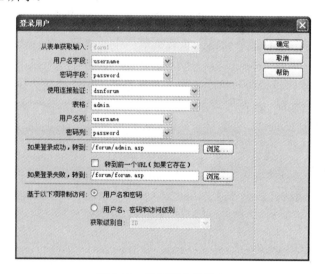

图 7-82 登录用户的设定

STEP 10 执行菜单栏中的"窗口"→"行为"命令，打开"服务器行为"面板，单击"服务器行为"面板中的加号"＋"号按钮，在打开的行为列表中，选择"检查表单"命令，打开"检查表单"对话框，设置 username 和 password 文本域的"值"都为"必需的"，"可接受"为"任何东西"单选按钮。如图 7-83 所示。

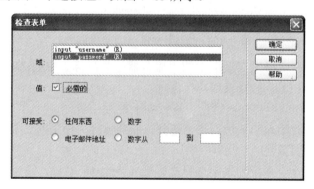

图 7-83 设置检查表单

STEP *11* 单击"确定"按钮回到编辑页面，管理者登录页面 admin_login.asp 的制作已经完成，完成后的效果如图 7-84 所示。

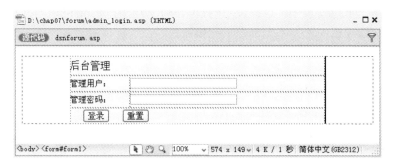

图 7-84　设置管理者登录界面

7.5.2　管理主页面

admin.asp 页面是管理者登录成功后转向的管理主页面。这个页面的主要功能是显示所有讨论主题的标题，并为管理者提供删除和修改的功能。管理主页面 admin.asp 的内容设计与系统主页面 forum.asp 大致相同，不同的是加入可以转到所编辑页面的链接"修改"和"删除"，静态部分的设计如图 7-85 所示。

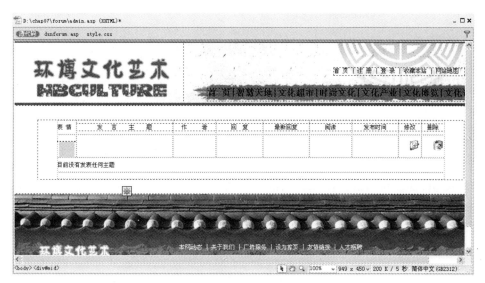

图 7-85　版主管理页面的设计

具体制作步骤如下：

STEP *1* 创建好静态部分网页后单击"绑定"面板中的"＋"号按钮，在弹出的菜单中，选择"记录集（查询）"选项。

STEP *2* 打开"记录集"对话框，按如下参数进行设置，单击"确定"按钮完成设定，如图 7-86 所示。

- 在"名称"文本框中输入 rsBB 作为该记录集的名称。
- 从"连接"下拉列表中选择 dsnforum 数据源连接对象。
- 从"表格"下拉列表中，选择使用的数据库表对象为 bbsmain。
- 从"列"选项组中选择"全部"单选按钮。
- 设置"筛选"的条件为"无"。
- 设置"排序"的条件为"无"。

STEP 3 单击"高级"按钮，进入记录集高级设定的页面，将现有的 SQL 语句改成以下的 SQL 语句，如图 7-87 所示。

图 7-86 设定 rsBB 记录集

图 7-87 改写 SQL 语句

```
01. SELECT
02. bbsMain.bbsID,
03. FIRST (bbsMain.bbsTime) AS bbsTime, FIRST (bbsMain.bbsHits) AS bbsHits,
04. FIRST (bbsMain.bbsTitle) AS bbsTitle,FIRST (bbsMain.bbsurl) AS bbsurl, FIRST
    (bbsMain.bbsemail) AS bbsemail,FIRST (bbsMain.bbssex) AS bbssex, FIRST
    (bbsMain.bbsFace) AS bbsFace, FIRST (bbsMain.bbsContent) AS bbsContent,
05. FIRST (bbsMain.bbsName) AS bbsName,COUNT(bbsRef.bbsMainID) AS ReturnNum,
06. MAX(bbsRef.bbsTime) AS LatesTime
07. FROM
08. bbsMain LEFT OUTER JOIN bbsRef ON
09. bbsMain.bbsID=bbsRef.bbsMainID
10. GROUP BY bbsMain.bbsID
```

STEP 4 绑定记录集后，将记录集中的字段插入至 forum.asp 页面的适当位置，如图 7-88 所示。

STEP 5 选中记录集有数据时要显示的单元格，如图 7-89 所示。

STEP 6 单击"应用程序"面板中的"服务器行为"标签，并在面板中单击"增加服务器行为"加号"＋"按钮，在弹出的菜单列表中，选择"显示区域"→"如果记录集不为空则显示区域"选项。

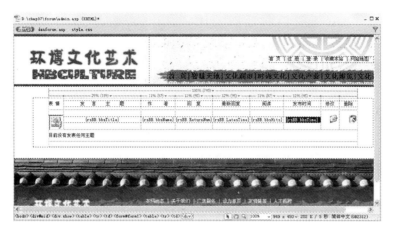

图 7-88 字段的绑定

图 7-89 选择要显示的单元格

STEP 7 打开"如果记录集不为空则显示区域"对话框，保持默认值，单击"确定"按钮回到编辑页面，则发现之前所选中要显示的区域左上角出现了一个"如果符合此条件则显示…"的灰色卷标，这表示已经完成设置，如图 7-90 所示。

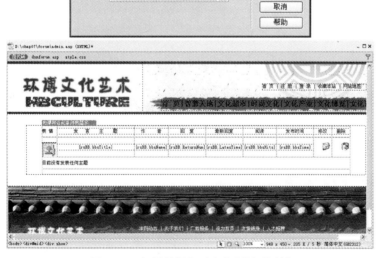

图 7-90 如果数据集不为空则显示区域

STEP 8 根据前面的步骤，将"目前没有发表任何主题"区域设定成"如果数据集为空则显示区域"，如图 7-91 所示。

STEP 9 单击 forum.asp 页面中要重复的记录所在的表格，如图 7-92 所示。

STEP 10 再单击"应用程序"面板群组中的"服务器行为"面板，并在面板中单击加号"＋"号按钮。在弹出的菜单中，选择"重复区域"选项。

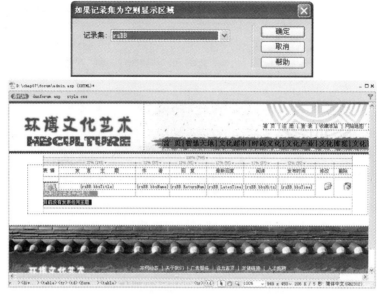

图 7-91 如果数据集为空则显示区域

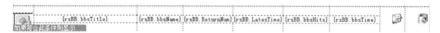

图 7-92 选择要重复的列

STEP 11 打开"重复区域"对话框，设置这一页显示的数据"记录"为 10，单击"确定"按钮回到编辑页面，将发现之前所选中要重复的区域左上角出现了一个"重复"的灰色标签，这表示已经完成设定，设置及效果如图 7-93 所示。

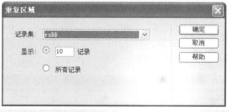

图 7-93 设置"重复区域"

STEP 12 接下来我们要插入"记录集导航条",把鼠标移至要加入"记录集导航条"的位置,单击"插入"工具栏中的"数据"标签中的"记录集导航条"按钮。

STEP 13 打开"记录集导航条"对话框,单击选择"记录集"后面的下拉三角按钮,在展开的菜单中选择 rsBB 记录集,然后单击选择"显示方式"为"文本"单选按钮,最后单击"确定"按钮回到编辑页面,页面中将自动插入记录集的导航条,如图 7-94 所示。

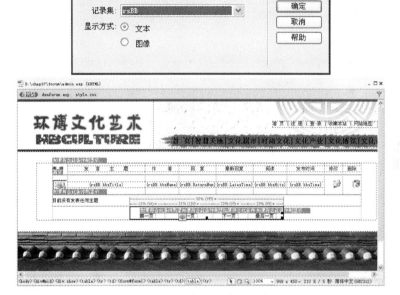

图 7-94 添加记录集导航条

STEP 14 在系统管理页面 admin.asp 的讨论主题中加上"转到详细页面"的设定,是为了要进入讨论主题内容管理页面 delref.asp 进行删除回复的操作。首先选中页面中的标题字段{rsBB.bbsTitle},然后单击"应用程序"面板中的"服务器行为"标签中的加号"+"按钮,在弹出的菜单列表中选择"转到详细页面"选项。

STEP 15 打开"转到详细页面"对话框,详细设置如图 7-95 所示。

图 7-95 设置{rsBB.bbsTitle}转到详细页面

STEP 16 admin.asp 页面中每个讨论主题后面都各有一个"修改"和"删除"按钮,它是用来修改和删除某个讨论主题的，但不是在这个页面执行，而是利用"转到详细页面"的方式，另外打开一个页面来执行。选中 admin.asp 页面中的删除按钮，执行"服务器行为"面板中的"转到详细页面"功能选项。

STEP⑰ 在"转到详细页面"对话框中，详细设置如图 7-96 所示。

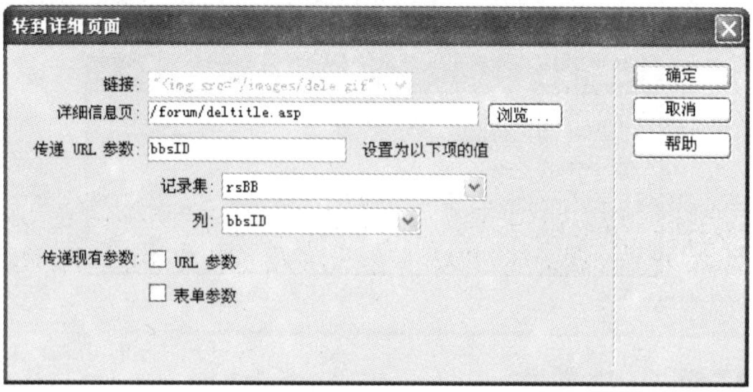

图 7-96　设置"删除"转到详细页面

STEP⑱ 用同样的方法。设置"修改"按钮转到详细页面 adtitle.asp，如图 7-97 所示。

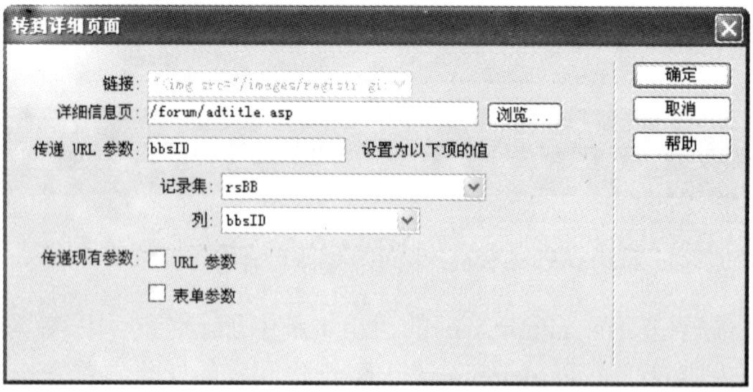

图 7-97　设置"修改"转到详细页面

STEP⑲ 设置限制对本页的访问功能。单击"应用程序"面板中"服务器行为"标签中加号"＋"按钮。在弹出的菜单列表中，选择"用户身份验证/限制对页的访问"的选项，在打开的"限制对页的访问"对话框中单击选择"用户名的密码"单选按钮，在"如果访问被拒绝，则转到"文本框中输入/forum/forum.asp，表示如果访问被拒绝则转到该页面，如图 7-98 所示。

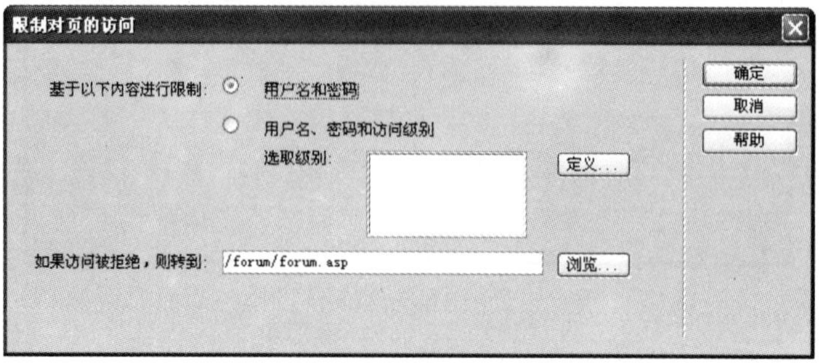

图 7-98　限制对页的访问

STEP **20** 单击"确定"按钮，admin.asp 页面就完成设计了，完成后的效果如图 7-99 所示。

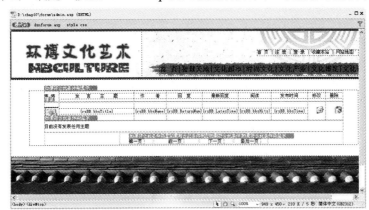

图 7-99　完成的 admin.asp 的设计效果

7.5.3　删除讨论主题页面

删除讨论主题页面 deltitle.asp 的功能不只是删除所指定的回复的主题，还要将与此主题相关的回复留言从数据表 bbsref 中删除。删除讨论主题页面设计如图 7-100 所示。

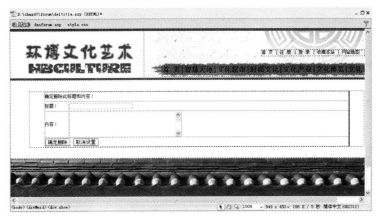

图 7-100　删除讨论主题页面设计

详细步骤如下：

STEP **1** 创建删除主题页面 deltitle.asp 的静态效果，然后单击"绑定"面板中的加号"＋"按钮，在弹出的菜单中，选择"记录集（查询）"选项。

STEP **2** 打开"记录集"对话框，单击"高级"按钮，进入记录集高级设定页面，将现有的 SQL 语句改成以下的 SQL 语句，如图 7-101 所示。

01．SELECT bbsmain.*,bbsref.*FROM
02．bbsmain LEFT OUTER JOIN bbsref ON
03．bbsmain.bbsID=bbsref.bbsmainID
04．WHERE
05．bbsmain.bbsID = queryID

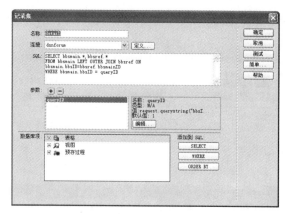

图 7-101   改写 SQL 语句

说明：

上图中设置了一个名为 queryID 的变量值，并且将其设为 **request.querystring("bbsID")**，传递过来的参数。

STEP 3 设定完上面的记录集绑定后，还需要把记录集 deltitle.asp 中的字段插入到网页中，如图 7-102 所示。

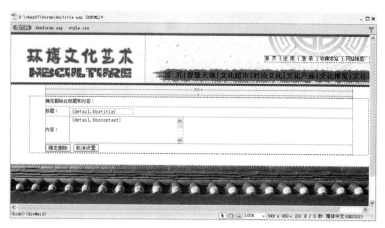

图 7-102   deltitle.asp 中的字段插入

STEP 4 完成页面的字段布置后，要在 deltitle.asp 页面中加入"删除记录"命令。单击"服务器行为"面板中的加号"＋"按钮。在弹出的菜单中，选择"删除记录"选项，打开"删除记录"对话框中，按照下面的参数进行设置：

- 从"连接"下拉列表中选择 dsnforum 数据源连接对象。
- 从"从表格中删除"下拉菜单中，选择使用的数据库表对象为 bbsmain。
- 从"选取记录自"下拉列表中，选择 detail 记录集。
- 从"唯一键列"下拉列表中选择 bbsID 字段，并单击选择"数值"复选框。
- 在"提交此表单以删除"下拉列表中选择 form1 表单。
- 在"删除后，转到"文本框中输入删除后转到的页面为/forum/forum.asp。

设置的对话框如图 7-103 所示。

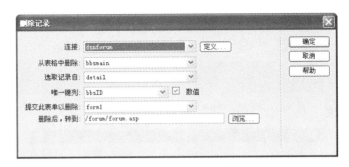

图 7-103　加入删除记录行为

STEP 5 单击"确定"按钮，完成删除讨论主题的设置，效果如图 7-104 所示。

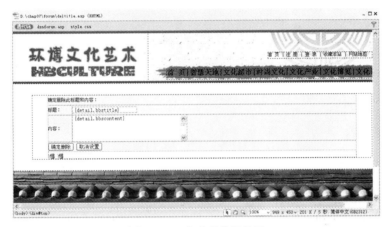

图 7-104　完成的设计效果

7.5.4　修改讨论主题页面

修改讨论主题页面 adtitle.asp 使用"更新记录"行为实现 bbsmain 数据表中数据的更新修改，页面的静态部分设计如图 7-105 所示。

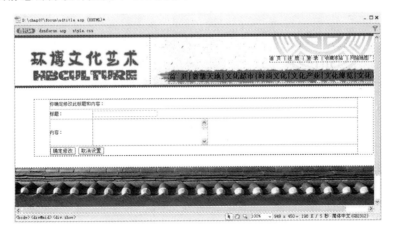

图 7-105　修改讨论主题页面设计

操作步骤如下:

STEP 1 创建 adtitle.asp 网页的静态部分,单击"绑定"面板中的"+"号按钮,在弹出的菜单中,选择"记录集(查询)"选项。

STEP 2 打开"记录集"对话框,单击"高级"按钮,进入记录集高级设定页面,将现有的 SQL 语句改成以下的 SQL 语句,如图 7-106 所示。

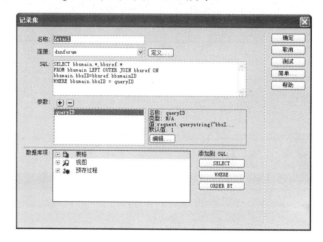

图 7-106 改写 SQL 语句

01. SELECT bbsmain.*,bbsref.*FROM
02. bbsmain LEFT OUTER JOIN bbsref ON
03. bbsmain.bbsID=bbsref.bbsmainID
04. WHERE
05. bbsmain.bbsID = queryID

上图中设置了一个名为 queryID 的变量值,并且将其设为 **request.querystring("bbsID")**,传递过来的参数。

STEP 3 设定完上面记录集绑定后,需要把记录集中的字段插入到页面上,如图 7-107 所示。

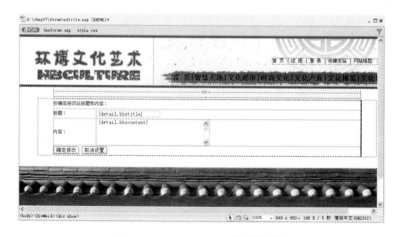

图 7-107 adtitle.asp 中的字段插入

STEP 4 完成页面的字段布置后，要在 adtitle.asp 页面中加入"更新记录"的设定。执行菜单栏中的"窗口"→"服务器行为"命令，打开"服务器行为"面板。单击该面板中的加号"+"按钮，从打开的菜单中选择"更新记录"命令，打开"更新记录"对话框，按图 7-108 所示进行设置。

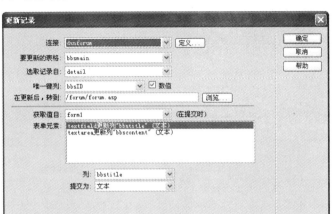

图 7-108　加入更新记录的行为

STEP 5 单击"确定"按钮，完成修改主题页面的制作，此时的效果如图 7-109 所示。

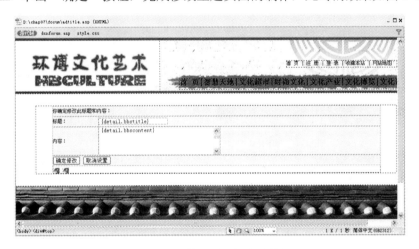

图 7-109　修改页面的完成效果

7.5.5　删除回复主题页面

最后，我们来设计删除回复主题的两个页面 delerf.asp 和 delrefcontent.asp，其功能是将表单中的数据从网站的数据表 bbsref 中删除。delref.asp 页面设计和 detail.asp 相似，不同之处就是 delref.asp 在显示回复内容栏后面多了一个删除回复的详细链接，其页面设计如图 7-110 所示。

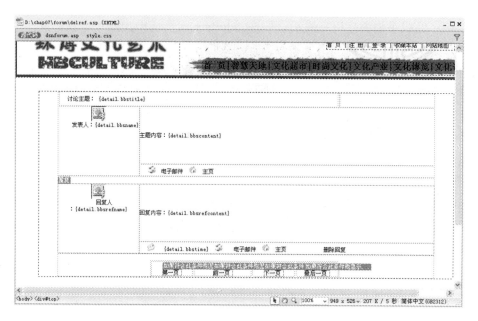

图 7-110 delref.asp 页面的设计

具体操作步骤如下：

STEP 1 delref.asp 页面设计和主题内容页面 detail.asp 相似，这里只重点介绍"删除回复"的动态设置。

STEP 2 单击选择文字"删除回复"，然后单击"应用程序"面板中的"服务器行为"标签中的加号"＋"按钮，在弹出的菜单列表中选择"转到详细页面"选项。

STEP 3 打开"转到详细页面"对话框，详细设置如图 7-111 所示。

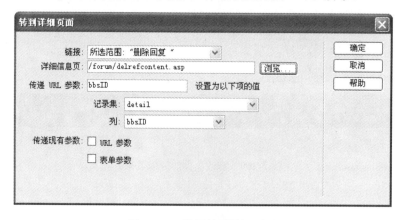

图 7-111 设置转到详细页面

STEP 4 单击"确定"按钮，完成转到详细页面的设置。

STEP 5 创建 delrefcontent.asp，设计如图 7-112 所示。

STEP 6 单击"绑定"面板中的加号"＋"按钮，在弹出的菜单中，选择"记录集（查询）"选项。

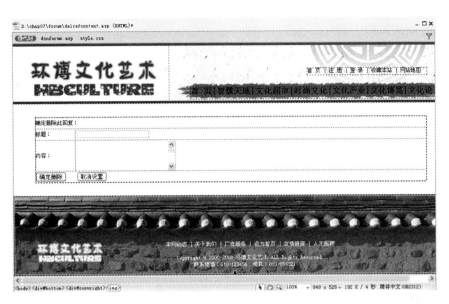

图 7-112　页面 delrefcontent.asp 的设计

STEP 7 打开"记录集"对话框，按如下参数进行设置，单击"确定"按钮完成设定，如图 7-113 所示。

- 在"名称"文本框中输入 Recordset1 作为该记录集的名称。
- 从"连接"下拉列表中选择 dsnforum 数据源连接对象。
- 从"表格"下拉列表中，选择使用的数据库表对象为 bbsref。
- 在"列"选项组中选择"全部"单选按钮。
- 设置"筛选"的条件为"bbsrefID= URL 参数/ bbsrefID"。
- 设置"排序"条件为"无"。

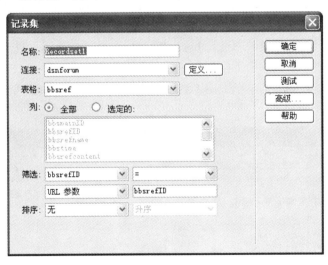

图 7-113　绑定记录集设定

STEP 8 绑定记录集后，将记录集中的字段插入至网页的适当位置，并加入一个隐藏字段 bbsrefID，设置如图 7-114 所示。

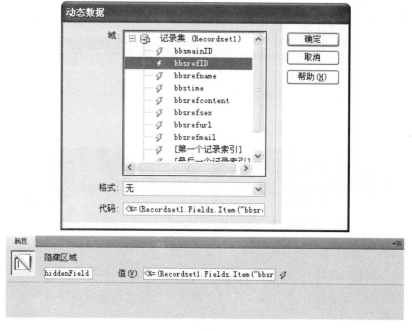

图 7-114　绑定隐藏区域

STEP 9 完成页面的字段布置后，要在 delrefcontent.asp 页面中加入"删除记录"的设定。单击"服务器行为"面板中的加号"＋"按钮。在弹出的菜单中，选择"删除记录"选项，打开"删除记录"对话框中，按照下面的参数进行设置：

- 从"连接"下拉菜单中选择 dsnforum 数据源连接对象。
- 从"从表格中删除"下拉列表中，选择使用的数据库表对象为 bbsref。
- 从"选取记录自"下拉列表中，选择 Recordset1 记录集。
- 从"唯一键列"下拉菜单中选择 bbsrefID 字段，并单击选择"数值"复选框。
- 在"提交此表单以删除"下拉列表中选择 form1 表单。
- 在"删除后，转到"文本框中输入删除后转到的页面为/forum/admin.asp。

如图 7-115 所示。

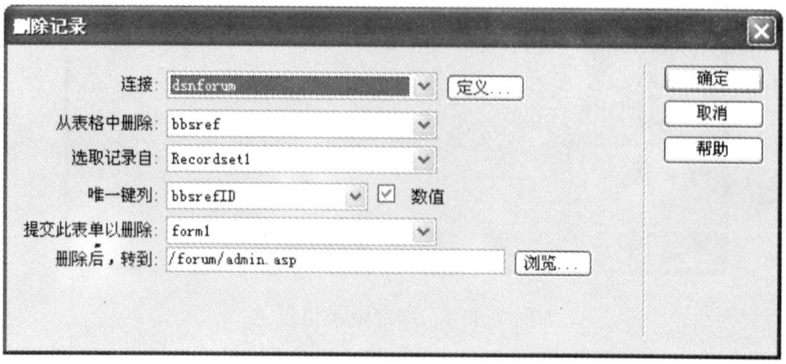

图 7-115　加入"删除记录"行为

STEP⑩ 单击"确定"按钮，完成删除回复内容的设置，效果如图 7-116 所示。

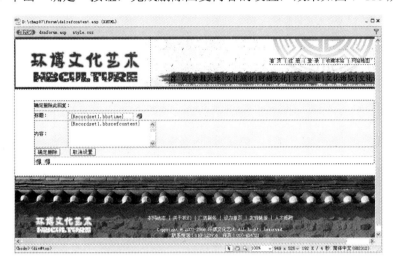

图 7-116 完成删除回复后的页面效果

读书笔记

第 **8** 章 博客系统

博客（Blog）是 WebBlog 的缩写，简单来说就是网络日记。一个博客系统可以认为是一个独立的个人网站，它通常是由简短而且经常更新的日记所构成，这些文章都按照年份和日期排列。

本章的实例效果

教学重点

博客系统开发平台 📁
博客系统规划 📁
博客系统前台设计 📁
博客系统后台设计 📁

博客系统开发平台

本章使用 ASP+Access 为开发平台开发一个个人博客系统，该系统功能比较齐全，用户在注册后可以发布个人日记，登录后台可进行自我管理。开发这个博客系统首先需要在本地搭建博客系统的开发平台，并建立静态页面。

8.1.1 使用 Photoshop CS5 分割图片

首先使用 Photoshop CS5 切片工具分割首页图片。

STEP① 首先在本地计算机的 D 盘中建立站点文件夹 chap08，在站点文件夹里面建立一些常用文件夹。然后从光盘中找到站点 chap08/psd 文件夹中的 index.psd 文件，将其复制到本地站点 psd 文件夹中。

STEP② 启动 Photoshop CS5，选择菜单栏中的"文件"→"打开"命令，打开首页 index.psd 文件，可分割的效果如图 8-1 所示。

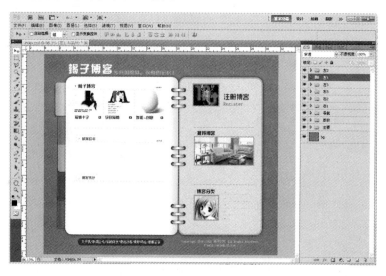

图 8-1　设计的首页可分割效果

STEP③ 开始分割各部分图片，首先分割最上面的 Logo 所在行的图片，单击工具箱中的"切片工具"按钮，按住鼠标左键从场景的左上角拖曳到标题的右下角，如图 8-2 所示，图中虚线框绘制的就是切片大小，切片后左上角将显示一个 01 图标。

图 8-2　Logo 部分的切片效果

STEP 4 按下快捷键〈Ctrl+H〉组合键，打开辅助线视图，可以先用辅助线分割好需要分割的区域，再按照辅助线分割。本例将整个网页分割成 15 个小图片，如图 8-3 所示。

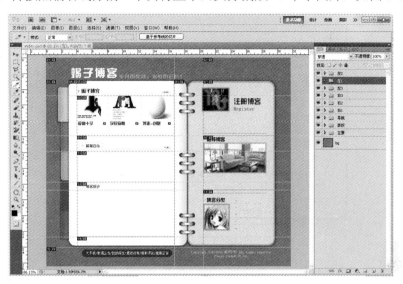

图 8-3　切片整个首页的效果

STEP 5 选择菜单栏中的"文件"→"存储为 Web 和设备所用格式"命令，打开"存储为 Web 和设备所用格式"对话框，设置为"GIF"格式，"颜色"值为 256，"扩散"模式，"仿色"值为 100%，"Web 靠色"值设置为 100%，其他设置如图 8-4 所示。

图 8-4　"存储为 Web 和设备所用格式"对话框

STEP 6 单击"存储"按钮，打开"将优化结果存储为"对话框，单击"保存在"后面的下拉三角按钮 ，选择建立的 chap08 文件夹，其他保持默认值，设置如图 8-5 所示。

图 8-5 "将优化结果存储为"对话框设置

STEP⑦ 单击"保存"按钮，完成保存切片的操作。打开保存文件的路径，可以看到自动生成了一个名为 images 的文件夹，文件夹里是前面切片后产生的小图片，由这些小图片组成了首页的效果，在设计的时候可以分别调用这些小图片，如图 8-6 所示。

图 8-6 切片的小图片

8.1.2 配置博客系统站点服务器

使用 IIS 在本地计算机上构建用户管理系统网站的站点。

配置的步骤如下：

STEP① 首先启动 IIS，在 IIS 窗口中，右键单击"默认网站"选择菜单中的"属性"

命令，打开"默认网站 属性"对话框，如图8-7所示。

图8-7 "默认网站 属性"对话框

STEP 2 单击"主目录"选项卡，在"本地路径"文本框中输入站点文件夹路径为 "D:\chap08"，其他保持默认值，设置如图8-8所示。

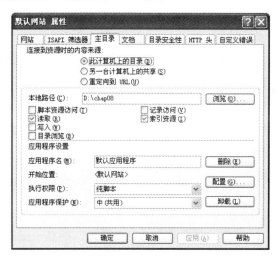

图8-8 设置网站的"本地路径"

STEP 3 单击"确定"按钮，完成"默认网站属性"的配置，由于前面已经使用 Photoshop CS5 分割了页面，并自动保存生成了 index.html 页面，所以打开 IE 浏览器输入地 址 http://127.0.0.1，即可打开页面切片后的效果。

8.1.3 创建编辑站点 chap08

使用 Dreamweaver CS5 进行网页布局设计，首先需要用定义站点向导定义站点，操作步 骤如下：

STEP 1 打开 Dreamweaver CS5，选择菜单栏中的"站点"→"管理站点"命令，打开"管理站点"对话框。

STEP 2 单击右边的"新建"按钮，从弹出的下拉菜单中选择"站点"命令，则打开"站点设置对象"对话框，进行如下参数设置：

"站点名称"：chap08。

"本地站点文件夹"：D:\chap08\。

如图 8-9 所示。

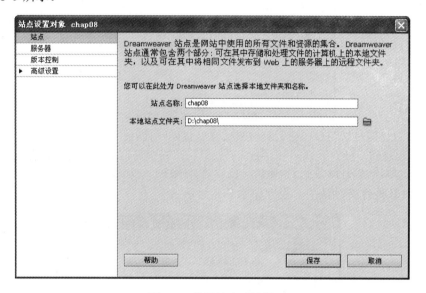

图 8-9 设置站点对话框

STEP 3 单击"分类"列表框中的"服务器"选项，进行如下参数设置。

"服务器名称"：chap08。

"连接方法"：本地/网络。

"服务器文件夹"：D:\chap08。

"Web URL"：http://127.0.0.1。

STEP 4 单击"确定"按钮，完成站点的定义设置。在 Dreamweaver CS5 中就已经拥有了刚才所设置的站点。

div 页面布局由于篇幅关系这里就不做具体的介绍，读者可以打开光盘源代码进行参考。

Section 8.2 博客系统规划

博客系统的主要结构分成一般用户使用和管理员使用两个部分，个人博客系统的页面共由 20 个页面组成，包括博客主页面、博客分类页面、个人博客主页面、日记分类页面和后台管理页面。

8.2.1 博客系统的页面设计

每一个注册用户都有修改、删除自己日记的功能，系统页面的功能与文件名称见表 8-1。

表 8-1 博客系统将要开发的网页功能

开发的页面	页面名称	功能
博客系统主页面	index.asp	显示最新博客最新注册等信息页面
分类页面	blog_type.asp	列出所有博客分类的大体内容
日记内容页面	log_content.asp	博客分类中子内容的详细页面
个人主页面	user.asp	个人博客主要页面
日记分类内容页面	log_class.asp	个人日记分类的内容页面
用户注册页面	register.asp	新用户注册页面
管理登录判断页面	check.asp	判断登录用户再分别转向不同页面
后台管理主页面	user_admin.asp/admin.asp	一般用户管理页面 / 管理员管理页面
日记分类管理页面	admin_log_type.asp	个人日记分类管理页面，可添加日记分类
修改日记分类页面	admin_log_typeupd.asp	修改日记分类的页面
删除日记分类页面	admin_log_typedel.asp	删除日记分类的页面
日记列表管理主页面	admin_log_class.asp	个人日记列表管理页面，可添加日记
修改日记列表页面	admin_log_classupd.asp	修改个人日记的页面
删除日记列表页面	admin_log_classdel.asp	删除个人日记的页面
博客分类管理页面	admin_blog_type.asp	管理员对博客分类管理页面，可添加分类
修改博客分类页面	admin_blog_upd.asp	管理员对博客分类进行修改的页面
删除博客分类页面	admin_blog_del.asp	管理员对博客分类进行删除的页面
博客列表管理主页面	admin_blog.asp	管理员对用户博客进行管理的页面
推荐博客管理页面	admin_blog_good.asp	管理员对用户博客是否推荐的管理页面
删除用户博客页面	admin_del_blog.asp	管理员对用户博客进行删除的页面

8.2.2 数据库设计

博客系统的数据库命名为 blog，并在里面分别建立用户信息表 users、博客分类表 blog_type、日记信息表 blog_log、日记分类表 log_type 以及日记回复表 log_reply 作为博客系统数据查询、新增、修改与删除等后端支持。对于需要创建的用户信息数据表 users、博客分类表 blog_type、日记信息表 blog_log、日记分类表 log_type 和日记回复表 log_reply 的字段结构设计和分析如下：

STEP 1 用户信息数据表 users 主要用来存储注册用户的信息，并具有统计日记数和回复数的字段，设计的字段和数据表如图 8-10 所示。

图 8-10　创建的 users 用户信息数据表

STEP 2 博客分类表 blog_type 用于存放博客创建的分类名称，设计的字段和数据表如图 8-11 所示。

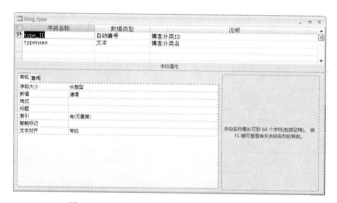

图 8-11　创建成的博客分类表 blog_type

STEP 3 日记信息表 blog_log 主要用于存放用户编写的日记内容，其中设置了日记添加时间和发布时间两个字段，设计的字段如图 8-12 所示。

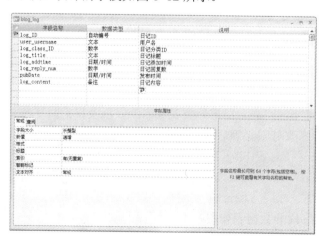

图 8-12　日记信息表 blog_log

STEP④ 日记分类表 log_type 用于储存注册用户创建的日记分类信息，设计的字段如图 8-13 所示。

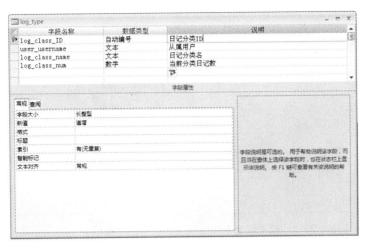

图 8-13　日记分类表 log_type

STEP⑤ 日记回复表 log_reply 用于储存日记回复数据的数据表，里面主要建立回复日记所需要的字段如"回复标题"、"回复时间"、"回复内容"等，设计的 log_reply 数据表如图 8-14 所示。

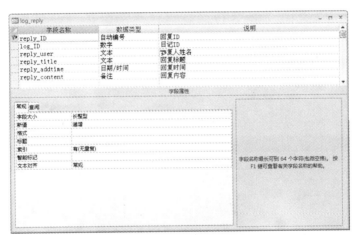

图 8-14　日记分类表 log_reply

所有的数据表都是在 Access 2007 里面完成的，这里不再做具体介绍。

8.2.3　创建数据库连接

具体连接步骤如下：

STEP① 执行"控制面板"→"管理工具"→"数据源 (ODBC)"→"系统 DSN"选项卡，打开"ODBC 数据源管理器"对话框中的"系统 DSN"选项卡，如图 8-15 所示。

STEP 2 在打开的"系统 DSN"对话框中单击"添加（D）"按钮，将打开"创建新数据源"对话框，在"创建新数据源"对话框中，选择"Driver do Microsoft Access（*.mdb）"选项，如图 8-16 所示。

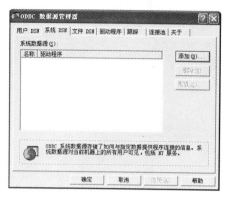

图 8-15　ODBC 数据源管理器中的系统 DSN

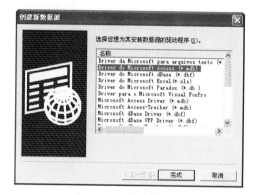

图 8-16　创建数据源

STEP 3 单击"完成"按钮，打开"ODBC Microsoft Access 安装"对话框，在"数据源名（N）"文本框输入 blog，单击"选择（S）"按钮，打开"选择数据库"对话框，单击"驱动器(V):"文本框右侧的下拉三角按钮▼，从下拉列表中找到在创建数据库步骤中数据库所在的盘符，在"目录（D）:"中找到在创建数据库步骤中保存数据库的文件夹，然后单击左上方"数据库名（A）"选项组中的数据库文件 blog.mdb，则数据库名称自动添加到"数据库名（A）"下的文本框中。如图 8-17 所示。

STEP 4 单击"确定"按钮，返回到"ODBC 数据源管理器"中的"系统 DSN"选项卡中。在这里看到"系统数据源"中，已经添加了"名称"为"blog"，"驱动程序"为"Driver do Microsoft Access（*.mdb）"的系统数据源，如图 8-18 所示。

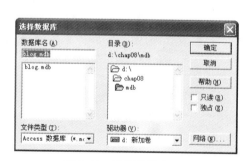

图 8-17　选择数据库

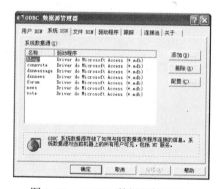

图 8-18　ODBC 数据源管理器

STEP 5 单击"确定"按钮，完成"ODBC 数据源管理器"中"系统 DSN"的设置。启动 Dreamweaver CS5，设置好"站点"、"文档类型"和"测试服务器"后，打开创建的 index.asp 网页。

STEP 6 在 Dreamweaver CS5 软件中执行菜单栏中的"文件"→"窗口"→"数据库"命令，打开"数据库"面板，单击"数据库"面板中的"＋"号按钮，在下拉菜单中选择"数据源名称（DSN）"命令。

STEP 7 打开"数据源名称（DSN）"对话框，在"连接名称:"文本框中输入 blog，单击"数据源名称（DSN）:"文本框右侧的下拉三角按钮，从打开的下拉菜单中选择建立的 blog，其他保持默认值，如图 8-19 所示。

图 8-19　建立数据源名称

STEP 8 单击"确定"按钮，完成数据库的连接。同时系统将在网站根目录下，自动创建一个名为 Connections 的文件夹，而且 Connections 文件夹内包含 connblog.asp 数据库连接文件。

Section 8.3　博客系统前台设计

在博客系统前台的页面设计中，首页 index.asp 中主要由博客分类、最新日记、访问统计、推荐博客和用户注册等几大栏目组成。用户登录后可进入个人博客主页面和个人博客管理页面，对日记列表进行修改、删除和添加操作。

8.3.1　系统主页面

制作博客的主页面 index.asp，博客系统首页 index.asp 主要由博客分类、最新日记、文章统计、推荐博客和用户登录等几大栏目组成，其页面设计效果如图 8-20 所示。

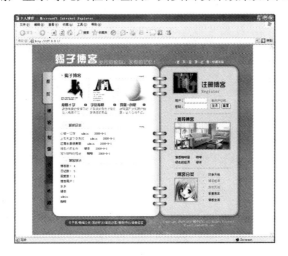

图 8-20　主页面效果图

制作的步骤如下：

STEP① 启动 Dreamweaver CS5，按照图 8-20 所示的效果图在 Dreamweaver CS5 中设计静态部分页面效果如图 8-21 所示。

图 8-21　静态页面设计图

STEP② 首先设计"用户登录"栏目的用户登录功能，单击鼠标选择<form1>表单，执行菜单栏中的"窗口"→"服务器行为"命令，打开"服务器行为"面板。单击该面板中"+"号按钮，从打开的菜单中选择"用户身份验证"→"登录用户"命令，打开如图 8-22 所示的"登录用户"对话框，具体参数设置如下：

● 从"从表单获取输入"下拉列表中选择该服务器行为使用网页中的 form1 表单对象中浏览者填写的对象。

● 从"用户名字段"下拉列表中选择文本域 user_name 对象，设定该用户登录服务器行为的用户名数据来源为表单的 user_name 文本域中浏览者输入的内容。

● 从"密码字段"下拉列表中选择文本域 user_password 对象，设定该用户登录服务器行为的用户名数据来源为表单的 user_password 文本域中浏览者输入的内容。

● 从"使用连接验证"下拉列表中选择用户登录服务器行为使用的数据源连接对象为 connblog。

● 从"表格"下拉列表中选择该用户登录服务器行为使用到的数据库表对象为 users。

● 从"用户名列"下拉列表中选择表 users 存储用户名的字段为 user_username 字段。

● 从"密码列"下拉列表中选择表 users 存储用户密码的字段为 user_password 字段。

● 在"如果登录成功，转到"文本框中输入登录成功后，转向/check.asp 页面。

● 在"如果登录失败，转到"文本框中输入登录失败后，转向/err.asp 页面。

● 选择"基于以下项限制访问"后面的"用户名和密码"单选按钮，设定后将根据用户的用户名、密码决定其浏览网页的权限。

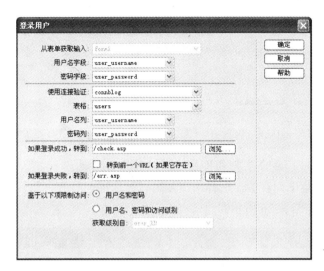

图 8-22 设置"登录用户"对话框

STEP 3 "博客用户"栏其实就是显示 users 数据表中的最新记录，单击"绑定"面板中的加号"+"按钮，在弹出的菜单中，选择"记录集（查询）"选项，打开"记录集"对话框，按如下参数进行设置，如图 8-23 所示。

- 在"名称"文本框中输入 Rs1 作为该记录集的名称。
- 从"连接"下拉列表中选择 connblog 数据源连接对象。
- 从"表格"下拉列表中，选择使用的数据库表对象为 users。
- 在"列"选项组中选择"全部"单选按钮。
- 设置"筛选"的条件为"无"。
- 在"排序"下拉列表中选择 user_ID 选项，然后选择"降序"的排列顺序。

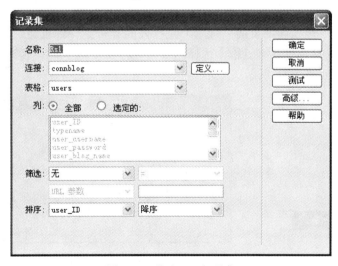

图 8-23 绑定 Rs1 记录集

STEP 4 绑定记录集后，将记录集中的字段插入至 index.asp 网页的适当位置，如图 8-24 所示。

STEP 5 加入"服务器行为"中的"重复区域"的设定，单击要重复显示的行，如图 8-25 所示。

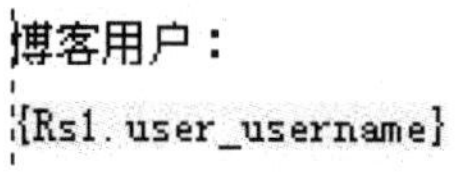

博客用户：

{Rs1.user_username}   {Rs1.user_username}

图 8-24 插入至 index.asp 网页中 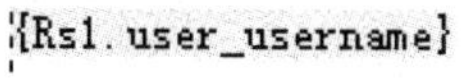   图 8-25 选择要重复的行

STEP 6 单击"应用程序"群组面板中的"服务器行为"标签，并单击面板中的加号"+"按钮。在弹出的菜单列表中，选择"重复区域"选项，打开"重复区域"对话框，设置显示的记录数为 5，如图 8-26 所示。

图 8-26 选择一次可以显示的记录数

STEP 7 单击"确定"按钮回到编辑页面，将发现先前所选取要重复的区域左上角出现了一个"重复"的灰色标签，这表示已经完成设定。

STEP 8 显示出最新注册的用户后，访客可以单击用户名进入用户个人博客页面，方法是首先选取编辑页面中的 Rs1.user_username 字段，如图 8-27 所示。

STEP 9 单击"应用程序"面板中的"服务器行为"标签上的加号"+"按钮；在弹出的菜单列表中选择"转到详细页面"选项，在打开的"转到详细页面"对话框中单击"浏览"按钮，打开"选择文件"对话框，选择此站点中的 user.asp，将"传递 URL 参数"设置为 user_username，如图 8-28 所示。

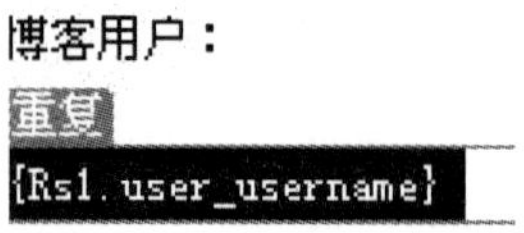

博客用户：

重复

{Rs1.user_username}

图 8-27 选择字段   图 8-28 设置"转到详细页面"

STEP 10 单击"确定"按钮，完成对"最新注册"栏目的制作。下面将对统计栏目进行设计，需要进行统计的栏目包括博客数、日记数和回复数，可以在记录集查询高级模式中的

SQL 语句中使用 count(*)函数进行统计。COUNT(*) 函数不需要 expression 参数，因为该函数不使用有关任何特定列的信息。该函数计算符合查询限制条件的总数。COUNT(*) 函数返回符合查询中指定的搜索条件的数目，而不消除重复值。

STEP11 单击"应用程序"面板中的"绑定"标签上的加号"+"按钮，在打开的列表菜单中选择"记录集（查询）"选项，打开"记录集"对话框，按图 8-29 所示设置相应的参数。

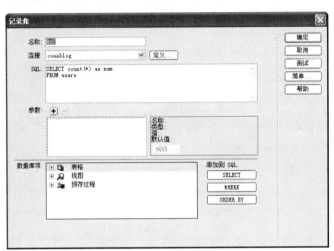

图 8-29　绑定记录集 Rs2

SQL 语法说明：
SELECT count(*) as num
FROM users
//计算所有用户博客数

STEP12 两次执行单击"应用程序"面板中的"绑定"标签上的加号"+"按钮，在打开的列表菜单中选择"记录集（查询）"选项打开"记录集"对话框，在打开的"记录集"对话框中分别输入如图 8-30 和图 8-31 所示的参数。

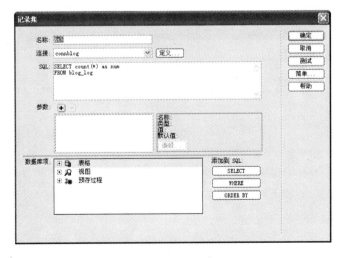

图 8-30　绑定记录集 Rs3

SQL 语法说明：

SELECT count(*) as num

FROM blog_log

//计算所有日记数

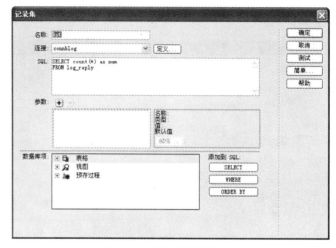

图 8-31　绑定记录集 Rs4

SQL 语法说明：

SELECT count(*) as num

FROM log_reply

　//计算所有回复数

博客统计

博客数　{Rs2.num}

日记数　{Rs3.num}

回复数　{Rs4.num}

STEP 13 绑定记录集后，将记录集中的字段插入　　图 8-32　插入至 index.asp 网页中
至 index.asp 网页的适当位置，如图 8-32 所示。

STEP 14 插入字段后对"文章统计"栏目的制作已完成，现在来设置"推荐博客"一栏，推荐博客的条件应为 users 数据表中的 user_blog_good 等于"1"，单击"应用程序"面板中的"绑定"标签上的加号"+"按钮，在打开的列表菜单中选择"记录集（查询）"选项打开"记录集"对话框，在打开的"记录集"对话框中输入如图 8-33 所示的参数。

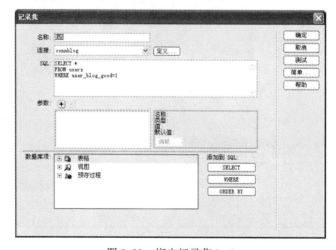

图 8-33　绑定记录集 Rs6

SQL 语法说明：

SELECT *

FROM users　　　　　　　　　　//从数据库中选择 gbook 数据表

WHERE user_blog_good=1　　　　//选择的条件为 user_blog_good 为 1

STEP 15 单击"确定"按钮完成对 Rs6 记录集的绑定，然后将 Rs6 记录集中的 user_blog_name 和 user_username 两个字段插入到页面的适当位置，如图 8-34 所示。

STEP 16 加入"服务器行为"中的"重复区域"设定，单击要重复显示的行，如图 8-35 所示。

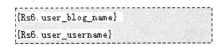

图 8-34　将两个字段段插入到页面中　　　　　　　图 8-35　选择要重复的行

STEP 17 单击"应用程序"面板群组中的"服务器行为"标签中的加号"+"按钮。在弹出的菜单中，选择"重复区域"选项，打开"重复区域"对话框，在 打开"重复区域"对话框中设置显示的记录数为 2，如图 8-36 所示。

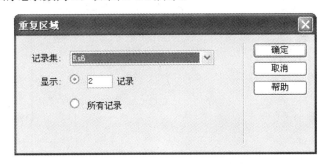

图 8-36　选择一次可以显示的记录数

STEP 18 单击"确定"按钮回到编辑页面，将发现之前选中要重复的区域的左上角出现了一个"重复"的灰色标签，这表示已经完成设定。

STEP 19 显示出推荐用户的博客后，用户可以单击博客名进入用户个人的博客页面，选中编辑页面中的 Rs6.user_blog_name 字段，如图 8-37 所示。

图 8-37　选择字段

STEP 20 单击"应用程序"面板中的"服务器行为"标签中的加号"+"按钮。在弹出的菜单列表中选择"转到详细页面"选项，在打开的"转到详细页面"对话框中单击"浏览"按钮，打开"选择文件"对话框，选择此站点中的 user.asp，将"传递 URL 参数"设置为 user_username，如图 8-38 所示。

图 8-38　设置"转到详细页面"对话框

STEP21 单击"确定"按钮完成对"推荐博客"栏目的制作，在"博客分类"栏目中主要是绑定 blog_type 数据表，单击"应用程序"面板中的"绑定"标签中的加号"+"按钮，在打开的列表菜单中选择"记录集（查询）"选项，打开"记录集"对话框，参数设置如图 8-39 所示。

图 8-39　绑定记录集 Rs7

STEP22 单击"确定"按钮完成对 Rs7 记录集的绑定，将 Rs7 记录集中的 typename 字段插入到页面的适当位置，如图 8-40 所示。

STEP23 在显示博客分类的记录数时要求显示出所有的博客分类数，而目前的设定只能显示一条记录，因此，需要加入"服务器行为"中的"重复区域"设定，单击要重复显示的行，如图 8-41 所示。

图 8-40　插入字段 typename

{Rs7.typename}

图 8-41　选择要重复的行

STEP 24 单击"应用程序"面板群组中的"服务器行为"标签中的加号"+"按钮。在弹出的菜单列表中，选择"重复区域"选项，打开"重复区域"对话框，在打开"重复区域"对话框中设置显示的记录数为"所有记录"，如图 8-42 所示。

STEP 25 单击"确定"按钮回到编辑页面，将发现之前选中要重复的区域的左上角出现了一个"重复"的灰色标签，这表示已经完成设定。

STEP 26 显示所有博客分类后，为了实现单击博客中的分类能够进入博客分类的子内容页面，需要选中编辑页面中的 Rs7.typename 字段，如图 8-43 所示。

图 8-42 选择一次可以显示的次数

图 8-43 选择字段

STEP 27 选择 Rs7.typename 字段后，单击"应用程序"面板中的"服务器行为"标签中的加号"+"按钮，在弹出的菜单列表中选择"转到详细页面"选项，在打开的"转到详细页面"对话框中单击"浏览"按钮，打开"选择文件"对话框，选择此站点中的 blog_type.asp，将"传递 URL 参数"设置为 typename，如图 8-44 所示。

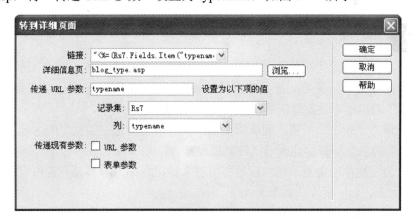

图 8-44 设置"转到详细页面"

STEP 28 单击"确定"按钮则完成"博客分类"栏目的制作，下面将制作"最新日记"栏目，最新日记用到的是日记信息表 blog_log，单击"应用程序"面板中的"绑定"标签中的加号"+"按钮，在打开的列表菜单中选择"记录集（查询）"选项，打开"记录集"对话框，参数设置如图 8-45 所示。

图 8-45 绑定记录集 Rs5

STEP 29 单击"确定"按钮则完成对 Rs5 记录集的绑定,然后将 Rs5 记录集中的字段插入到页面的适当位置,如图 8-46 所示。

STEP 30 在显示最新日记的记录数时要求显示部分日记,而目前的设定只能显示一条记录,因此,需要加入"服务器行为"中的"重复区域"设定,单击要重复显示的行,如图 8-47 所示。

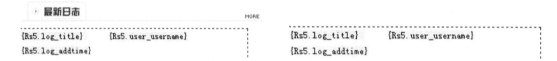

图 8-46 插入字段　　　　　　　　　　　　图 8-47 选择要重复的行

STEP 31 单击"应用程序"面板群组中的"服务器行为"标签,并在面板上单击"+"号按钮。在弹出的菜单列表中,选择"重复区域"选项,打开"重复区域"对话框,在 打开"重复区域"对话框中设置显示的记录数为 5,如图 8-48 所示。

STEP 32 单击"确定"按钮回到编辑页面,会发现之前选中要重复的区域的左上角出现了一个"重复"的灰色标签,这表示已经完成设定。

STEP 33 为实现单击最新日记的标题即可进入日记详细内容页面查看内容,需要选中编辑页面中的 Rs5.log_title 字段,如图 8-49 所示。

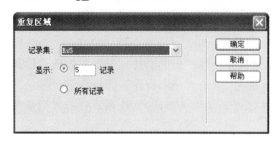

图 8-48 选择一次可以显示的次数

图 8-49 选择字段

STEP34 选择 Rs5.log_title 字段后，单击"应用程序"面板中的"服务器行为"标签中的"+"号按钮，在弹出的菜单列表中选择"转到详细页面"选项，在打开的"转到详细页面"对话框中单击"浏览"按钮，打开"选择文件"对话框，选择此站点中的 log_content.asp，将"传递 URL 参数"设置为 log_ID，设置如图 8-50 所示。

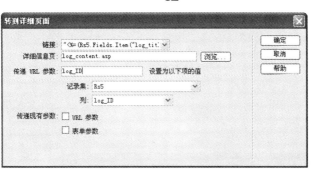

图 8-50 设置"转到详细页面"对话框

STEP35 单击"确定"按钮，则完成对博客主页面 index.asp 的设计与制作，完成后的整体效果如图 8-51 所示。

图 8-51 完成的设计效果

8.3.2 博客分类页面

博客分类页面 blog_type.asp 主要用于显示博客分类中的子信息页面，其静态设计如图 8-52 所示。

图 8-52　blog_type.asp 静态页面效果

制作步骤如下：

STEP 1 创建博客分类页面 blog_type.asp，单击"应用程序"面板中的"绑定"标签中的加号"+"按钮，在打开的列表菜单中选择"记录集（查询）"选项，打开"记录集"对话框，参数设置如图 8-53 所示。

图 8-53　绑定记录集 Rs

STEP 2 单击"确定"按钮，则完成对 Rs 记录集的绑定，将 Rs 记录集中的字段插入到页面的适当位置，如图 8-54 所示。

图 8-54 插入字段

STEP 3 加入"服务器行为"中的"重复区域"设定，单击要重复显示行的，如图 8-55 所示。

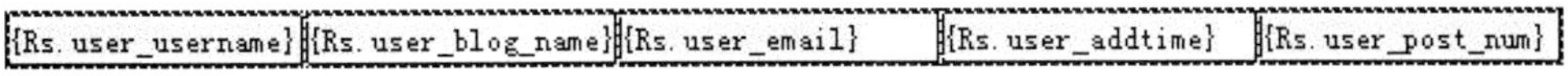

图 8-55 选择要重复的行

STEP 4 单击"应用程序"面板群组中的"服务器行为"标签中的加号"+"按钮。在弹出的菜单中，选择"重复区域"选项，打开"重复区域"对话框，设置显示的记录数为 15，如图 8-56 所示。

图 8-56 选择一次可以显示的记录数

STEP 5 单击"确定"按钮回到编辑页面，发现之前选中要重复的区域的左上角出现了一个"重复"的灰色标签，这表示已经完成设定。

STEP 6 将鼠标移至要加入"记录集导航条"的位置，单击"插入"工具栏中的"数据"标签中的"记录集导航条"按钮，在打开的对话框中，选中要导航的记录集以及导航条的显示方式，单击"确定"按钮回到编辑页面，如图 8-57 所示。

图 8-57 插入"记录集导航条"

STEP 7 选中编辑页面中的 Rs.user_blog_name 字段，如图 8-58 所示。

STEP 8 单击"应用程序"面板中的"服务器行为"标签中的加号"+"按钮，在弹出的菜单列表中选择"转到详细页面"选项，在打开的"转到详细页面"对话框中单击"浏览"按钮，打开"选择文件"对话框，选择站点中的 user.asp，将"传递 URL 参数"设置为 user_username，设置如图 8-59 所示。

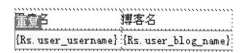

图 8-58　选择字段　　　　　　　　　　　图 8-59　设置"转到详细页面"对话框

STEP 9 单击选择 Rs.user_email 字段在"属性"面板中"链接"文本框后面的"浏览文件"按钮，打开"选择文件"对话框，在该对话框中单击选择"数据源"单选按钮，在"域"列表框中单击选择"记录集（Rs）"中的 user_email 字段，并且在 URL 链接前面加上 mailto:，如图 8-60 所示。

STEP 10 单击"确定"按钮，则完成博客分类页面 blog_type.asp 的设计与制作，效果如图 8-61 所示。

图 8-60　设置给对方发送 email 的 URL 链接　　　图 8-61　页面 blog_type.asp 的完成效果

8.3.3　日记内容页面

日记详细内容页面 log_content.asp 除了用于显示日记的详细内容和访客留言信息外，还应为访问者提供一个留言板，日记内容页面的设计效果如图 8-62 所示。

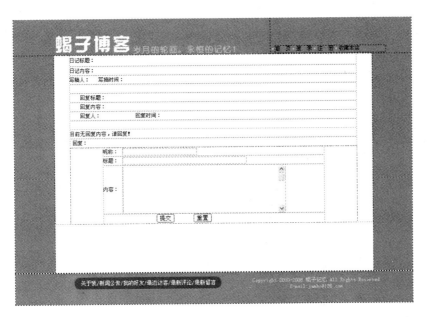

图 8-62 日记内容页面效果

设计步骤如下：

STEP 1 创建日记详细内容页面 log_content.asp，单击"应用程序"面板中的"绑定"标签中的加号"+"按钮，在打开的列表菜单中选择"记录集（查询）"选项，打开"记录集"对话框，参数设置如图 8-63 所示。

STEP 2 绑定记录集后，将记录集 Rs1 中的字段插入至 log_content.asp 网页的适当位置，如图 8-64 所示。

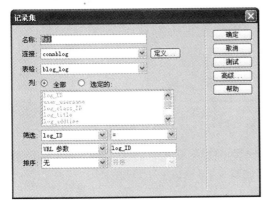

图 8-63 绑定记录集 Rs1

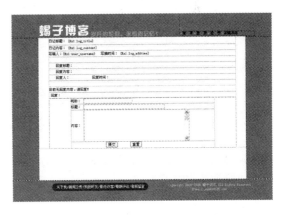

图 8-64 插入 Rs1 记录集中的字段

STEP 3 再单击"应用程序"面板中的"绑定"标签中的加号"+"按钮，在打开的列表菜单中选择"记录集（查询）"选项，打开"记录集"对话框，具体参数设置如图 8-65 所示。

STEP 4 绑定记录集后，将记录集 Rs2 中的字段插入至 log_content.asp 网页的适当位置，如图 8-66 所示。

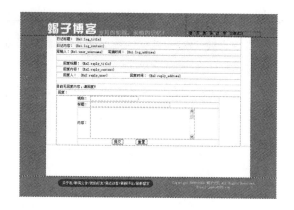

图 8-65　绑定记录集 Rs2　　　　　　　　　图 8-66　插入 Rs2 记录集中的字段

STEP 5 加入"服务器行为"中"重复区域"设定，单击 log_content.asp 页面中记录的那个表格，如图 8-67 所示。

图 8-67　选择要重复的表格

STEP 6 单击"应用程序"面板群组中的"服务器行为"标签中的加号"+"按钮。在弹出的菜单中，选择"重复区域"选项，在打开"重复区域"对话框中，设置显示的记录数为 5，如图 8-68 所示。

图 8-68　选择显示的记录数

STEP 7 单击"确定"按钮回到编辑页面，发现之前选中要重复的区域的左上角出现了一个"重复"的灰色标签，这表示已经完成设定，如图 8-69 所示。

图 8-69　完成设定"重复区域"

STEP 8 接下来要在 log_content.asp 中加入"记录集导航条"，以便分页显示回复的数据，在鼠标移至要加入"记录集导航条"的位置，单击"插入"工具栏中的"数据"标签中的"记录集导航条"按钮 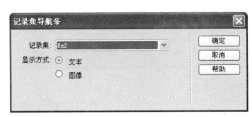，打开"记录集导航条"对话框，选中要导航的记录集以及导航的显示方式，然后单击"确定"按钮回到编辑页面，此时页面则出现该记录集的导航条。读者可以修改其文字效果如图 8-70 所示。

图 8-70　加入"记录集导航条"

STEP 9　首先选中记录集有数据时要显示的数据表格，如图 8-71 所示。

> 回复标题：{Rs2.reply_title}
> 回复内容：{Rs2.reply_content}
> 回复人：{Rs2.reply_user}　　　回复时间：{Rs2.reply_addtime}

图 8-71　选中有记录时显示的表格

STEP 10　单击"服务器行为"面板中的加号"+"按钮，在弹出的菜单中，选择"显示区域"→"如果记录集不为空则显示区域"选项，在打开的"如果记录集不为空则显示区域"对话框中选择记录集为 Rs2，再单击"确定"按钮回到编辑页面，发现之前选中要显示的区域左上角出现了一个"如果符合此条件则显示..."的灰色卷标，这表示已经完成设定，如图 8-72 所示。

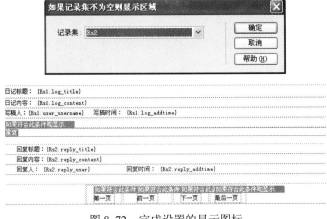

图 8-72　完成设置的显示图标

STEP ⑪　选择没有回复数据时要显示的文字"目前无回复内容，请回复！"，根据前面的制作步骤，将下面区域设定成"如果记录集为空则显示区域"，如图 8-73 所示。

```
如果记录集为空则显示区域                              ☒

  记录集： Rs2                        ▼        确定
                                              取消
                                              帮助
```

```
日记标题： {Rs1.log_title}
日记内容： {Rs1.log_content}
写稿人：{Rs1.user_username}  写摘时间：{Rs1.log_addtime}
如果符合此条件则显示
查复

  回复标题：{Rs2.reply_title}
  回复内容：{Rs2.reply_content}
  回复人：{Rs2.reply_user}          回复时间：{Rs2.reply_addtime}

        如果符合此条件,如果符合此条件,如果符合此条件如果符合此条件则显示
        第一页      前一页      下一页    最后一页
如果符合此条件则显示
目前无回复内容，请回复！
```

图 8-73　选择没有数据时的显示内容

STEP ⑫　下面将制作"回复栏"，回复栏和前面的留言板系统一样，将回复的信息添加到数据表 log_reply 中，设计中表单 form1 中的文本域和文本区域设置见表 8-2，其静态页面设计效果如图 8-74 所示。

表 8-2　form1 中的文本域和文本区域设置

意　　义	文本（区）域/按钮名称	类　　型
昵称	reply_user	单行
标题	reply_title	单行
内容	reply_content	多行
提交	Submit	提交表单
重置	Submit2	重设表单

图 8-74　回复栏的静态页面设计效果

STEP ⑬　执行菜单栏中的"插入记录"→"表单"→"隐藏区域"命令，在表单中插入一个隐藏区域，单击选择该隐藏区域，在属性面板中设置名称为 log_ID，值等于 <%=request.querystring("log_ID")%>//其中 Request.QueryString 就是获取你请求页面时传递的

参数，设置如图 8-75 所示。

图 8-75　设置隐藏区域

STEP ⑭　选择"应用程序"→"服务器行为"面板中加号"+"按钮，在弹出的选项中，选择"插入记录"选项，打开"插入记录"对话框，具体设置参数如图 8-76 所示。

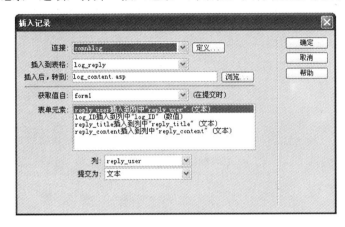

图 8-76　设置"插入记录"对话框

STEP ⑮　单击"确定"按钮，回到编辑页面，完成插入记录的设计。

STEP ⑯　加入"检验表单"行为。具体操作是在 log_content.asp 的标签检测区中，单击<form1>0 标签，然后单击"行为"面板中的"+"号按钮，在弹出的菜单中，选择"检验表单"命令，检验表单行为会根据表单的内容设定检查的方式，在此为了使访问者全部填写，在"值"后面选择"必需的"单选按钮，这样就可完成检验表单的行为设定了，设置如图 8-77 所示。

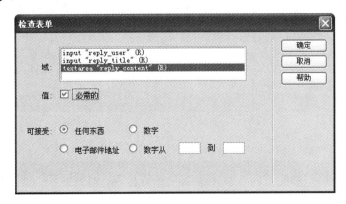

图 8-77　检验表单

STEP 17 单击"确定"按钮，完成日记详细页面 log_content.asp 的设计与制作，完成后的页面效果如图 8-78 所示。

图 8-78　日记详细页面 log_content.asp 的效果图

8.3.4　博客个人主页面

博客个人主页面 user.asp 主要由日记分类、最新留言及日记内容几个栏目组成，静态页面的设计效果如图 8-79 所示。

图 8-79　个人博客主页面效果

详细的制作步骤如下：

STEP① 创建 user.asp 静态页面，因为博客主页面和博客分类页面都由 user_usernameURL 变量传递到 user.asp 页面，因此可以用 user_username 字段的"URL 参数"建立一个日记的记录集。单击"应用程序"面板中的"绑定"标签中的加号"+"按钮，在打开的列表菜单中选择"记录集（查询）"选项，打开"记录集"对话框，具体参数设置如图 8-80 所示。

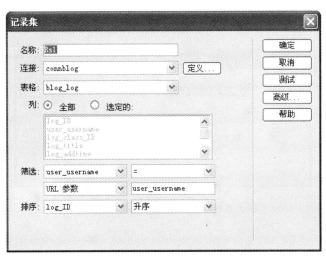

图 8-80　绑定记录集 Rs1

STEP② 单击"确定"按钮，完成记录集 Rs1 的绑定，把绑定的 Rs1 中的字段插入到个人博客主页面的适应位置，如图 8-81 所示。

图 8-81　插入字段

STEP③ 在个人博客主页面中应显示所有日记或部分日记的记录，而目前的设定只能显示一条记录，因此，需要加入"服务器行为"中的"重复区域"设定，单击要重复显示的表格，如图 8-82 所示。

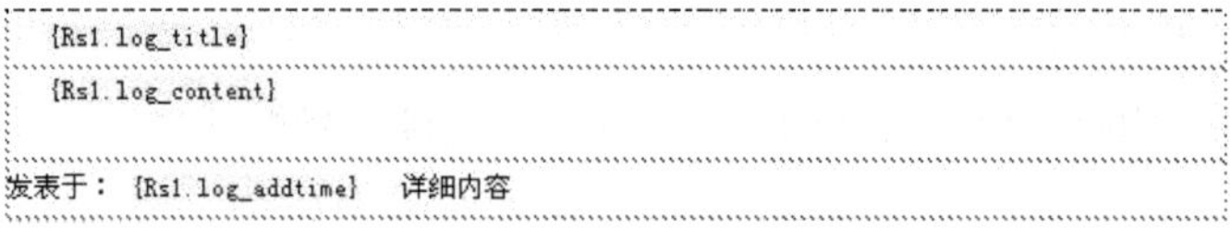

{Rs1.log_title}
{Rs1.log_content}
发表于：{Rs1.log_addtime} 详细内容

图 8-82 选择要重复的表格

STEP④ 单击“应用程序”面板群组中的“服务器行为”标签中的加号“+”按钮。在弹出的菜单列表中，选择“重复区域”选项，打开“重复区域”对话框，设置显示的记录数为 5，如图 8-83 所示。

重复区域
记录集: Rs1
显示: 5 记录
所有记录
确定
取消
帮助

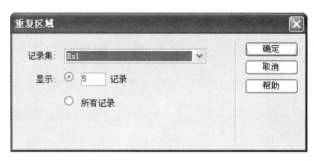

图 8-83 选择一次可以显示的记录数

STEP⑤ 单击“确定”按钮回到编辑页面，发现之前选中要重复的区域的左上角出现了一个“重复”的灰色标签，这表示已经完成设定。

STEP⑥ 加入“记录集导航条”以便分页显示日记的数据，将鼠标移至要加入“记录集导航条”的位置，单击“插入”工具栏中的“数据”标签中的“记录集导航条”按钮，在打开的“记录集导航条”对话框中，选中要导航的记录集以及导航的显示方式，然后单击“确定”按钮回到编辑页面，此时页面则出现该记录集的导航条。读者可以修改其文字效果，如图 8-84 所示。

记录集导航条
记录集: Rs1
显示方式: 文本
图像
确定
取消
帮助
蝎子博客
主题：
日记分类：
{Rs1.log_title}
{Rs1.log_content}
发表于：{Rs1.log_addtime} 详细内容
最新回复：
首页
上页
下页
尾页
关于我/新闻公告/我的好友/最近访客/最新评论/最新留言

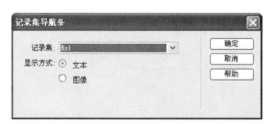

图 8-84 加入“记录集导航条”

STEP⑦ 把鼠标移至要加入"记录集导航状态"的位置，单击"插入"工具栏中的"数据"标签中的"记录集导航状态"按钮 ，打开"记录集导航状态"对话框，选中要显示状态的记录集后，再单击"确定"按钮回到编辑页面，此时页面则出现该记录集的导航状态，设置及效果如图 8-85 所示。

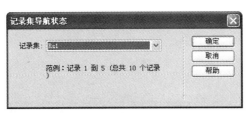

图 8-85　加入"记录集导航状态"

STEP⑧ 插入"记录集导航条"和"记录集导航状态"后选中编辑页面中的"详细内容"文字，再单击"应用程序"面板中的"服务器行为"标签中的加号"+"按钮，在弹出的菜单列表中选择"转到详细页面"选项，在打开的"转到详细页面"对话框中单击"浏览"按钮，打开"选择文件"对话框，选择站点中的 log_content.asp，将"传递 URL 参数"设置为 log_ID，设置如图 8-86 所示。

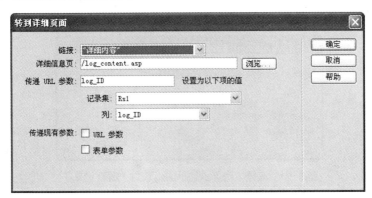

图 8-86　设置"转到详细页面"对话框

STEP⑨ 单击"确定"按钮，完成个人博客主页面中的日记内容栏目制作，现在对日记分类这一栏进行制作，单击"应用程序"面板中的"绑定"标签中的加号"+"按钮，在打开的列表菜单中选择"记录集（查询）"选项，打开"记录集"对话框，参数设置如图 8-87 所示。

图 8-87　绑定记录集 Rs2

STEP⑩ 单击"确定"按钮，完成记录集 Rs2 的绑定，把绑定的 Rs2 中的字段插入个人博客页面日记分类栏中的适当位置，如图 8-88 所示。

STEP⑪ 加入"服务器行为"中的"重复区域"设定，单击要重复显示的表格，如图8-89 所示。

图 8-88　插入字段

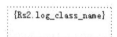

图 8-89　选择要重复的表格

STEP⑫ 单击"应用程序"面板群组中的"服务器行为"标签中的加号"+"按钮。在弹出的菜单列表中，选择"重复区域"选项，打开"重复区域"对话框，设置一次可以显示的记录数为"所有记录"，如图 8-90 所示。

图 8-90　选择一次可以显示的记录为"所有记录"

STEP⑬ 单击"确定"按钮回到编辑页面，发现之前选中要重复的区域左上角出现了一个"重复"的灰色标签，这表示已经完成设定。

STEP⑭ 选中编辑页面中的 Rs2.log_class_name 字段，单击"应用程序"面板中的"服务器行为"标签中的"+"号按钮，在弹出的菜单列表中选择"转到详细页面"选项，在打开的"转到详细页面"对话框中单击"浏览"按钮，打开"选择文件"对话框，选择此站点中的 log_class.asp，将"传递 URL 参数"设置为 log_class_ID，设置如图 8-91 所示。

图 8-91 设置"转到详细页面"对话框

STEP 15 单击"确定"按钮完成制作。接着制作"最新回复"功能,单击"应用程序"面板中的"绑定"标签中的"+"号按钮,在打开的列表菜单中选择"记录集(查询)"选项,打开"记录集"对话框,单击"高级"按钮进入"高级"模式,在"高级"模式中输入如图 8-92 所示的参数。

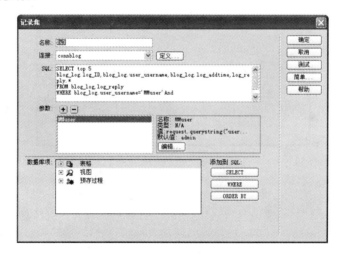

图 8-92 绑定记录集 Rs3

代码说明:

SELECT blog_log.log_ID,blog_log.user_username,blog_log.log_addtime,log_reply.*
FROM blog_log,log_reply
WHERE blog_log.user_username='MMuser'And blog_log.log_ID=log_reply.log_ID
//在回复表没有所从属的主题日记的相关信息,用条件 blog_log.log_ID=log_reply.log_ID 来获取信息,并用 blog_log.user_username='MMuser'来限制用户。

STEP 16 单击"确定"按钮,完成记录集 Rs3 的绑定,将 Rs3 记录集中的 reply_title 字段插入到"最新回复"栏目中,如图 8-93 所示。

STEP 17 选中 reply_title 字段所在的表格,单击"应用程序"面板群组中的"服务器行为"标签中的加号"+"按钮。选择"重复区域"选项,打开"重复区域"对话框,设置一次可以显示的记录数为 5,如图 8-94 所示。

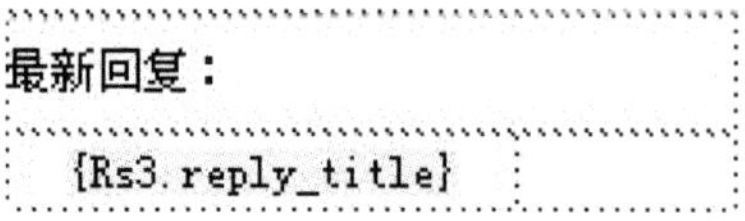

最新回复：

{Rs3.reply_title}

图 8-93　插入 reply_title 字段

图 8-94　选择一次可以显示的记录数

STEP 18 单击"确定"按钮，完成设置，再单击"应用程序"面板中的"绑定"标签中的加号"+"号按钮，在打开的列表菜单中选择"记录集（查询）"选项，打开"记录集"对话框，具体参数设置如图 8-95 所示。

图 8-95　绑定记录集 Rs4

STEP 19 单击"确定"按钮，完成记录集 Rs4 的绑定，再把 Rs4 记录集中的 Rs4.user_blog_name 字段插入到"主题"说明文字后面，完成后的效果如图 8-96 所示。

图 8-96　插入 user_blog_name 字段

8.3.5 日记分类内容页面

日记分类内容页面用于显示个人博客日记分类内容，页面设计比较简单，效果如图 8-97
所示。

图 8-97 日记分类内容效果图

详细制作步骤如下：

STEP① 创建日记分类内容的静态页面 log_class.asp，单击"应用程序"面板中"绑
定"标签中的加号"+"按钮，在打开的列表菜单中选择"记录集（查询）"选项，打开"记
录集"对话框，"记录集"对话框中的参数设置如图 8-98 所示。

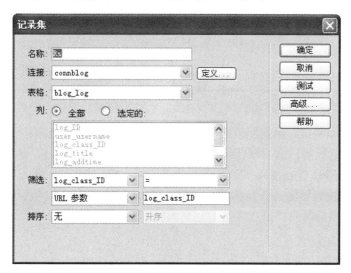

图 8-98 绑定记录集 Rs

STEP② 单击"确定"按钮，则完成对记录集 Rs 的绑定，再把绑定的记录集插入到网

页的相应位置，如图 8-99 所示。

图 8-99　插入字段到网页中

STEP 3 插入字段到网页后只能显示一条记录，而系统要求该页面应显示所有或部分记录，所以要加入"重复区域"设置，单击要重复显示的表格，如图 8-100 所示。

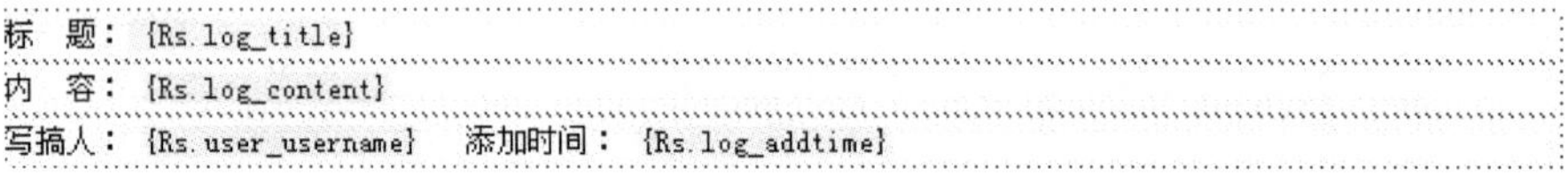

标　题：{Rs.log_title}
内　容：{Rs.log_content}
写摘人：{Rs.user_username}　添加时间：{Rs.log_addtime}

图 8-100　选择要重复的表格

STEP 4 单击"应用程序"面板群组中的"服务器行为"标签中的加号"+"按钮。在弹出的菜单列表中，选择"重复区域"选项，打开"重复区域"对话框，设置一次可以显示的记录数为 5，如图 8-101 所示。

图 8-101　选择一次可以显示的记录数为 5

STEP 5 单击"确定"按钮回到编辑页面，发现之前选中要重复的区域的左上角出现了一个"重复"的灰色标签，这表示已经完成设定。

STEP 6 将鼠标移至要加入"记录集导航条"的位置，单击"插入"工具栏中的"数据"标签中的"记录集导航条"按钮，在打开的对话框中，选取要导航的记录集以及导航条的显示方式，然后单击"确定"按钮回到编辑页面，如图 8-102 所示。

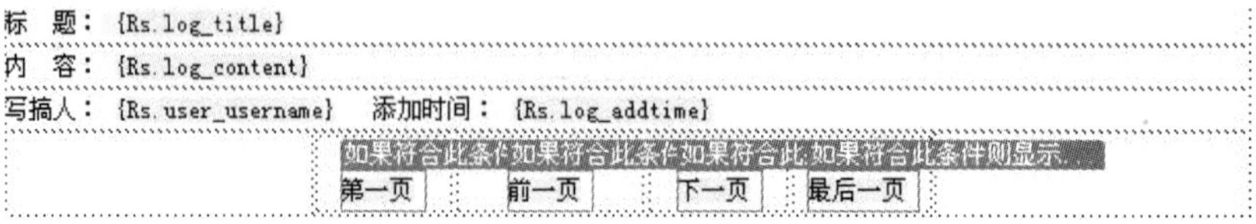

标　题：{Rs.log_title}
内　容：{Rs.log_content}
写摘人：{Rs.user_username}　添加时间：{Rs.log_addtime}
如果符合此条件如果符合此条件如果符合此如果符合此条件则显示
第一页　　前一页　　下一页　　最后一页

图 8-102　插入"记录集导航条"

STEP 7 选中编辑页面中的 Rs.log_title 字段，单击"应用程序"面板中的"服务器行为"标签中的加号"+"按钮，在弹出的菜单列表中选择"转到详细页面"选项，在打开的"转到详细页面"对话框中单击"浏览"按钮，打开"选择文件"对话框，选择此站点中的 log_content.asp，将"传递 URL 参数"设置为 log_ ID，参数设置如图 8-103 所示。

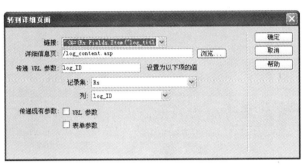

图 8-103 设置"转到详细页面"对话框

STEP 8 单击选择有记录时要显示的表格，如图 8-104 所示。

图 8-104 选择有记录时要显示的表格

STEP 9 单击"应用程序"面板中的"服务器行为"标签中的加号"+"按钮，在弹出的菜单列表中，选择"显示区域"→"如果记录集不为空则显示区域"选项，打开"如果记录集不为空则显示区域"对话框，在"记录集"中选择 Rs，再单击"确定"按钮回到编辑页面，发现之前选中要显示的区域左上角出现了一个"如果符合此条件则显示…"的灰色卷标，这表示已经完成设定，设置及效果如图 8-105 所示。

图 8-105 记录集不为空则显示设置及效果

STEP ⑩ 选中记录集中没有数据时要显示的文字 "目前没信息"，然后单击 "应用程序" 面板中的 "服务器行为" 标签中的加号 "+" 按钮，选择 "显示区域" → "如果记录集为空则显示区域" 选项，在 "记录集" 中选择 Rs，再单击 "确定" 按钮回到编辑页面，发现之前选中要显示的区域的左上角出现了一个 "如果符合此条件则显示..." 的灰色卷标，这表示已经完成设定，效果如图 8-106 所示。

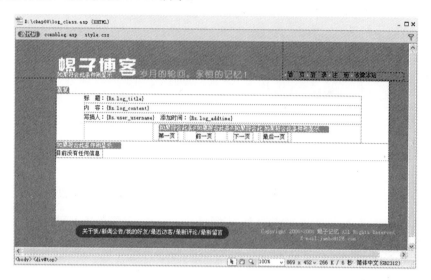

图 8-106　记录集为空时显示的效果

至此，日记分类内容页面的设计与制作就已经完成了。

Section 8.4　博客系统后台设计

在首页 index.asp 的用户登录栏中，当用户登录成功时则转向 check.asp，当用户登录失败时则转到 err.asp 页面。一般用户只可能对自己的日记分类和日记列表进行管理，而管理员除了对自己的日记进行管理外，还可以对用户信息、用户日记和博客分类信息进行管理。

8.4.1　管理登录身份判断

check.asp 页面通过 if 条件判断语句对转过来的用户名字段 user_username 进行判断是不是 admin，如果是再转向 admin.asp，如果不是则转向 user_admin.asp，详细制作步骤如下：

STEP ① 用户成功登录后转到 check.asp 页面，check.asp 页面比较简单，就是在里面加入一段 if 条件判断语句和绑定一个 MM_username 的阶段变量，单击 "应用程序" 面板中的 "绑定" 标签中的加号 "+" 按钮，在打开的列表菜单中选择 "阶段变量" 命令，打开 "阶段变量" 对话框，在打开的 "阶段变量" 对话框中设置其名称为 MM_username，如

图 8-107 所示。

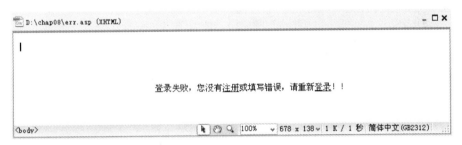

图 8-107 设置阶段变量名称

STEP② 单击"确定"按钮，完成阶段变量 MM_username 的绑定，再单击代码视图按钮 代码 回到代码编辑视图，向里面加入一段 if 条件判断语句，代码如下：

```
<%
if session("MM_Username")="admin" then
// 判断传递过来和变量用户名是否是 admin
response.Redirect("admin.asp")
// 如果是 admin 则转向 admin.asp
else
response.Redirect("user_admin.asp")
// 否则转向 user_admin.asp
end if
%>
```

STEP③ 用户在 index.asp 首页中登录失败则转向失败页面 err.asp，err.asp 是提示用户登录失败再重新登录的一个页面，效果如图 8-108 所示。

![D:\chap08\err.asp (XHTML) — 登录失败，您没有注册或填写错误，请重新登录！！ — body 100% 678 x 138 1 K / 1 秒 简体中文(GB2312)]

图 8-108 登录失败页面

STEP④ 在登录失败页面 err.asp 中有两个链接，一个是没有注册时单击文字"注册"链接到注册页面 register.asp（用户注册介绍，本章将不再说明），另外一个是填写错误时单击文字"登录"则返回到首页，用户可重新登录。

8.4.2 管理主页面功能

一般用户后台管理页面用于用户登录成功后，通过该页面可以对自己的注册资料进行修改，同时还可以对自己的日记分类和日记列表进行修改、删除和添加等操作。静态页面的设计效果如图 8-109 所示。

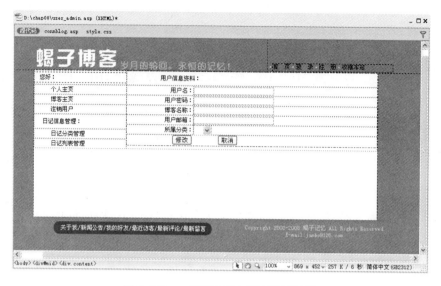

图 8-109　一般用户后台管理页面效果

制作步骤如下：

STEP① 在 user_admin.asp 页面设计中表单 from1 中的文本域和文本区域设置见表 8-3。

表 8-3　表单 from1 中的文本域和文本区域设置

意　义	文本（区）域/按钮名称	类　型
用户名	user_username	单行
用户密码	user_password	单行
博客名称	user_blog_name	单行
用户邮箱	user_email	单行
所属分类	typename	列表/菜单
修改	Submit	提交按钮
取消	Submit2	重设按钮

STEP② 单击"应用程序"面板中的"绑定"标签中的"+"按钮，在打开的列表菜单中选择"阶段变量"命令，打开"阶段变量"对话框，设置名称为 MM_username，设置如图 8-110 所示。

图 8-110　设置阶段变量 MM_username

STEP ③ 将绑定的阶段变量插入到网页 user_admin.asp 中，如图 8-111 所示。

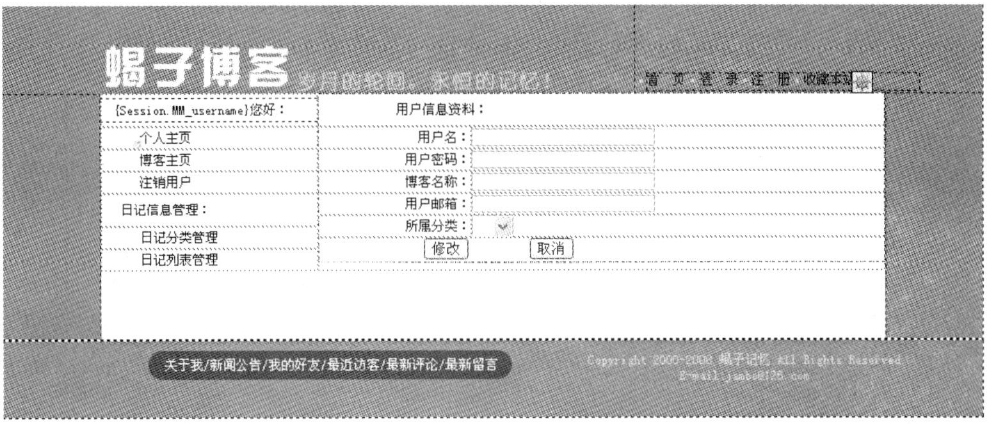

图 8-111　插入阶段变量 MM_username

STEP ④ 单击"应用程序"面板中的"绑定"标签中的加号"+"按钮，在打开的列表菜单中选择"记录集（查询）"选项，打开"记录集"对话框，参数设置如图 8-112 所示。

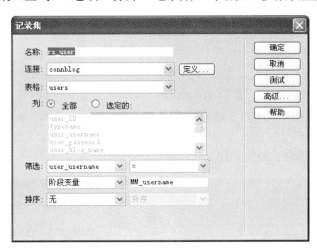

图 8-112　绑定记录集 rs_user

STEP ⑤ 单击"确定"按钮，完成记录集 rs_user 的绑定，把绑定的 rs_user 中的字段插入网页的合适位置，如图 8-113 所示。

用户信息资料：

用户名：{rs_user.user_username}
用户密码：{rs_user.user_password}
博客名称：{rs_user.user_blog_name}
用户邮箱：{rs_user.user_email}
所属分类：
修改　　取消

图 8-113　绑定字段

STEP 6　在"所属分类"一栏中需要动态绑定所有的博客分类，单击"应用程序"面板中的"绑定"标签中的加号"+"按钮，在打开的列表菜单中选择"记录集（查询）"选项，打开"记录集"对话框，具体参数设置如图8-114所示。

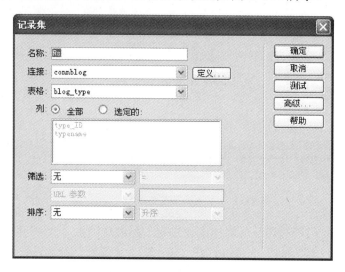

图8-114　绑定记录集Rs

STEP 7　单击选择 type_name 列表/菜单，在"属性"面板中选择动态按钮，打开"动态列表/菜单"对话框，在打开的"动态列表/菜单"对话框中设置"来自记录集的选项"为 Rs，"值"和"标签"都为 typename，再单击"选取值等于"后面的图标，打开"动态数据"对话框，在打开的"动态数据"对话框中选择"域"为 rs_user 记录集中的 typename 字段，然后单击"确定"按钮回到"动态列表/菜单"对话框，再次单击"确定"按钮完成动态数据的绑定。设置如图8-115所示。

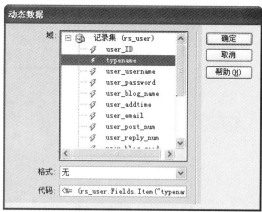

图8-115　动态数据的绑定

STEP 8　完成记录集的绑定后，单击"服务器行为"面板中的加号"+"按钮，从打开的菜单中选择"更新记录"命令，为网页添加"更新记录"的服务器行为。

STEP 9　此时，将打开"更新记录"对话框，在对话框中输入如图8-116所示的参数。

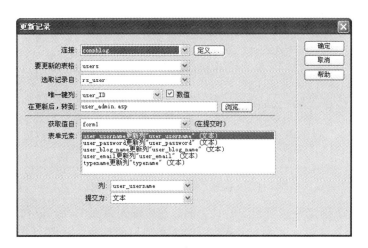

图 8-116 "更新记录"对话框设置

STEP 10 单击"确定"按钮，完成更新记录的设置。用户可以单击"个人主页"进入用户个人的博客主页面，首先选中编辑页面中的"个人主页"文字，再单击"应用程序"面板中的"服务器行为"标签中的加号"+"按钮；在弹出的菜单列表中选择"转到详细页面"选项，在打开的"转到详细页面"对话框中单击"浏览"按钮，打开"选择文件"对话框，选择此站点中的 user.asp，将"传递 URL 参数"设置为 user_username，设置如图8-117 所示。

图 8-117 设置"转到详细页面"对话框

STEP 11 单击编辑页面中的文字"博客主页"，在属性面板中选择"链接"文本框后面的浏览文件按钮，打开"选择文件"对话框，选择同一站点中的首页文件 index.asp。

STEP 12 user_admin.asp 页面还要为用户提供链接到编辑页面的链接，对自己的博客日记和日记分类的添加、修改和删除功能，因此要设定转到详细页面功能，这样转到的页面才能够根据参数值从数据库中将某一条数据筛选出来进行编辑。单击页面中的"日记分类管理"文字然后单击"服务器行为"面板中的加号"+"按钮，在弹出的菜单中选择"转到详细页面"选项，在打开的"转到详细页面"对话框中，在"详细信息页"文本框中输入admin_log_type.asp，将"传递 URL 参数"设置为记录集 rs_user 中的 user_username 字段，如图 8-118 所示。

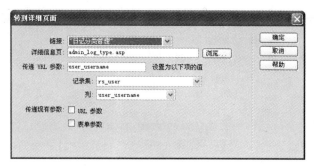

图 8-118 设置"转到详细页面"对话框

STEP 13 单击"确定"按钮回到编辑页面,选中编辑页面中"日记列表管理"文字然后单击"服务器行为"面板中的加号"+"按钮,在弹出的菜单中选择"转到详细页面",选项,打开"转到详细页面"对话框。单击"浏览"按钮,打开"选择文件"对话框,选择admin_log_class.asp,将"传递 URL 参数"设置为记录集 rs_user 中的 user_ID 字段,其他设定值皆不改变其默认值,如图 8-119 所示。

图 8-119 设置"转到详细页面"对话框

STEP 14 选中编辑页面中的"注销用户"文字,给用户添加一个注销功能,单击"应用程序"面板中的"服务器行为"标签中的加号"+"按钮,在弹出的菜单列表中选择"用户身份验证/注销用户"选项,在"在完成后,转到"文中框中输入 index.asp,如图 8-120 所示。

图 8-120 设置"注销用户"对话框

STEP 15 单击"确定"按钮回到编辑页面。因为个人日记管理页面 user_admin.asp 是通过用户用户名和密码进入的,所以不希望其他用户进入,这就需要设置用户的权限。单击"应用程序"面板中的"服务器行为"标签中的加号"+"按钮,在弹出的菜单列表中选择"用户身份验证/限制对页的访问"选项,在打开的"限制对页的访问"对话框中设置"如果访问被拒绝,则转到"index.asp 页面,如图 8-121 所示。

图 8-121 设置"限制对页的访问"对话框

STEP 16 单击"确定"按钮则完成了个人日记后台管理页面 user_admin.asp 的制作。整体页面设计效果如图 8-122 所示。

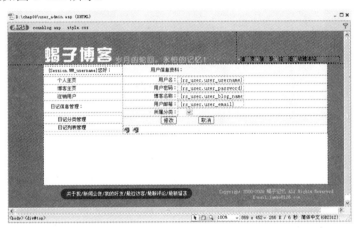

图 8-122 整体页面设计效果图

STEP 17 管理员后台管理页面 admin.asp 的制作与个人博客后台管理主页面大部分相同，只是加了两个页面的链接，页面链接如下：

● "博客分类管理"链接的页面为 admin_blog_type.asp；
● "博客列表管理"链接的页面为 admin_blog.asp。

完成的效果如图 8-123 所示。

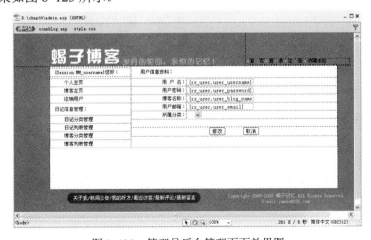

图 8-123 管理员后台管理页面效果图

8.4.3 日记分类管理页面

日记分类管理页面 admin_log_type.asp 是个人日记后台管理主页面通过字段 user_username 转到的一个管理页面，这个页面主要为用户提供添加日记分类和链接到修改、删除日记分类的功能。静态页面的设计效果如图 8-124 所示。

图 8-124　静态页面的设计效果

制作步骤如下：

STEP① 创建该页面的静态效果，单击"应用程序"面板中的"绑定"标签中的加号"+"按钮，在打开的列表菜单中选择"记录集（查询）"选项，打开"记录集"对话框，具体参数设置如图 8-125 所示。

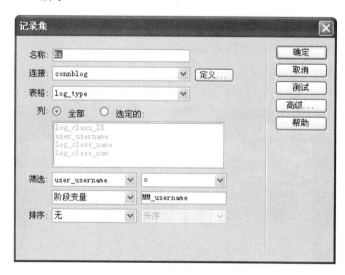

图 8-125　绑定记录集 Rs

STEP② 单击"确定"按钮，完成记录集 Rs 的绑定，把绑定的记录集 Rs 中的字段

log_class_name 插入到网页的适当位置, 如图 8-126 所示。

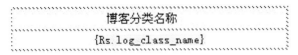

图 8-126 插入 log_class_name 字段

STEP 3 由于 admin_log_type.asp 页面应显示数据表 log_type 中的所有记录, 而目前的设定只能显示数据库的第一条数据, 因此, 需要加入"服务器行为"中"重复区域"设定, 单击 admin_log_type.asp 页面中的表格, 如图 8-127 所示。

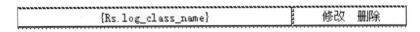

图 8-127 选择要重复显示的记录集表格

STEP 4 单击"应用程序"面板群组中的"服务器行为"面板, 并在面板中单击加号"+"按钮。在弹出的菜单中, 选择"重复区域"选项, 打开"重复区域"对话框, 在"重复区域"对话框中, 设定一次可以显示的记录数为"所有记录", 设置如图 8-128 所示。

图 8-128 选择一次可以显示的记录数

STEP 5 单击"确定"按钮回到编辑页面, 发现之前选中要重复的区域的左上角出现了一个"重复"的灰色标签, 这表示已经完成设定。

STEP 6 接下来加入显示区域的设定。如果数据库中有数据希望显示数据。首先选取记录集有数据时要显示的数据表格, 如图 8-129 所示。

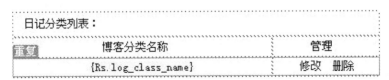

图 8-129 选择要显示的表格

STEP 7 单击"应用程序"面板中的"服务器行为"标签中的加号"+"按钮, 在弹出的菜单列表中, 选择"显示区域"→"如果记录集不为空则显示区域"选项, 打开"如果记录集不为空则显示区域"对话框, 在"记录集"中选择 Rs, 再单击"确定"按钮回到编辑页面, 发现之前选中要显示的区域的左上角出现了一个"如果符合此条件则显示..."

的灰色卷标，这表示已经完成设定，设置及效果如图 8-130 所示。

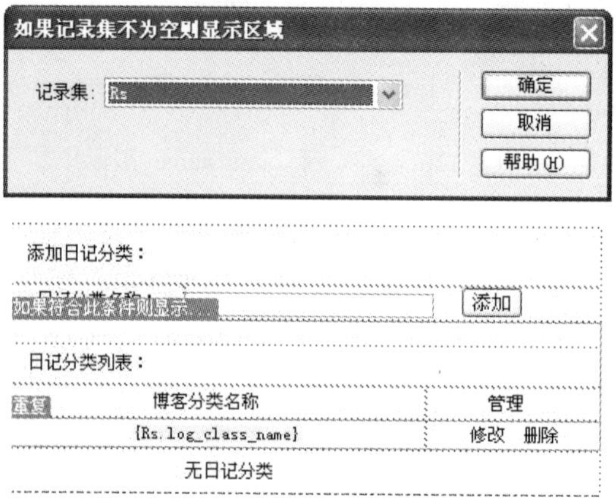

图 8-130　记录集不为空则显示的区域

STEP 8 选中记录集没有数据时要显示的数据表格，如图 8-131 所示。

> 无日记分类

图 8-131　选择没有的数据时显示的区域

STEP 9 单击"应用程序"面板中的"服务器行为"标签中的加号"+"按钮，在弹出的菜单列表中，选择"显示区域"→"如果记录集为空则显示区域"选项，打开"如果记录集为空则显示区域"对话框，在"记录集"中选择 Rs，再单击"确定"按钮回到编辑页面，发现之前选中要显示的区域的左上角出现了一个"如果符合此条件则显示..."的灰色卷标，这表示已经完成设定，设置及效果如图 8-132 所示。

图 8-132　记录集为空则显示区域

STEP 10 下面将制作添加日记分类，首先插入一个隐藏区域，然后将绑定面板中的 Session 变量 MM_username 绑定到表单中的 user_username 隐藏域中，如图 8-133 所示。

图 8-133　绑定字段到隐藏域中

STEP11 单击"应用程序"面板中"服务器行为"标签中的加号"+"按钮。在弹出的菜单列表中，选择"插入记录"选项，在"插入记录"对话框中按如图 8-134 所示设置参数。

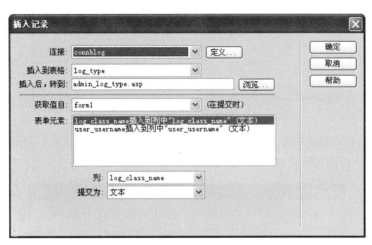

图 8-134 设定"插入记录"对话框

STEP12 单击"确定"按钮完成记录的插入，选择表单执行菜单栏中的"窗口"→"行为"命令，打开"服务器行为"面板，单击"服务器行为"面板中的加号"+"按钮，在打开的行为列表中，选择"检查表单"，打开"检查表单"对话框，设置 log_class_name 文本域的值都为"必需的"，可接受"任何东西"，设置如图 8-135 所示。

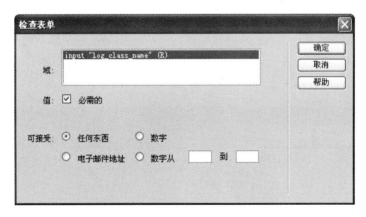

图 8-135 设置"检查表单"对话框

STEP13 页面编辑中的文字"修改"和"删除"的链接，必须给要转到的页面传递参数，这样前往的页面才能够根据参数值从数据库中将某一条数据筛选出来进行编辑。选中编辑页面中的"修改"文字单击"服务器行为"面板中的加号"+"按钮，在弹出的菜单中选择"转到详细页面"选项，在打开"转到详细页面"对话框，单击"浏览"按钮，打开"选择文件"对话框，选择 admin_log_typeupd.asp，将"传递 URL 参数"设置为记录集 Rs 中的 log_class_ID 字段，其他设置保持默认值，如图 8-136 所示。

图 8-136 设置"转到详细页面"对话框

STEP 14 选中"删除"文字并重复上面的操作,将要转到的详细页面改为 admin_log_typedel.asp,如图 8-137 所示。

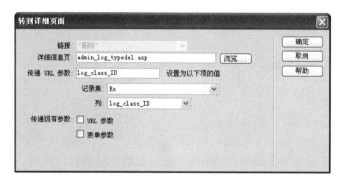

图 8-137 设置"转到详细页面"对话框

STEP 15 单击"确定"按钮,完成日记分类管理页面 admin_log_type.asp 的制作,效果如图 8-138 所示。

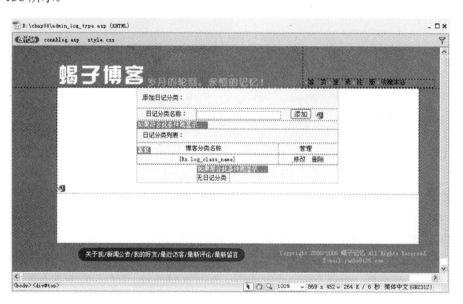

图 8-138 日记分类管理页面效果

8.4.4 修改日记分类页面

接下来要设计修改日记分类的页面 admin_log_typeupd.asp，这个页面的主要功能是将数据表中的数据传送到页面的表单中进行修改，修改数据后再更新到数据表中，页面设计如图 8-139 所示。

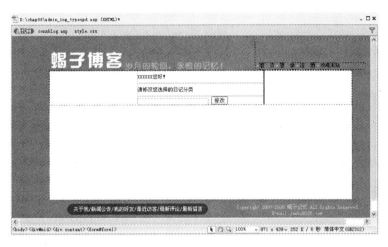

图 8-139 修改日记分类页面设计

操作步骤如下：

STEP① 创建 admin_log_typeupd.asp 页面，并单击"绑定"面板中的加号"+"按钮，在弹出的选项中，选择"记录集（查询）"选项，打开"记录集"对话框单击"高级"按钮进入高级模式窗口，在"记录集"对话框中输入参数如图 8-140 所示，单击"确定"按钮完成设定。

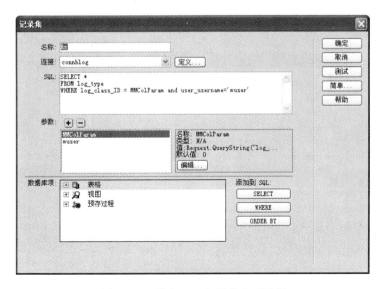

图 8-140 设定 Rs "记录集"对话框

语法说明：

这里增加了 MMColParam 和 muser 两个变量，设置运行值分别为 session("MM_username")和
Request.QueryString("log_class_ID")，
SELECT *
FROM log_type
WHERE log_class_ID = MMColParam and user_username='muser'
//此段的意思为根据 log_class_ID = MMColParam and user_username='muser'条件选择 log_type 数据
表中所有的字段。

STEP 2　绑定记录集后，将记录集中的字段插入至 admin_log_typeupd.asp 网页的适当位
置，如图 8-141 所示。

图 8-141　字段的插入

STEP 3　完成表单的布置后，要在 admin_log_typeupd.asp 页面中加入"服务器行为"中
"更新记录"的设定，在 admin_log_typeupd.asp 页面中，单击"应用程序"面板中的"服务
器行为"标签中的加号"+"按钮。在弹出的菜单列表中，选择"更新记录"选项，打开
"更新记录"对话框，具体参数设置如图 8-142 所示。

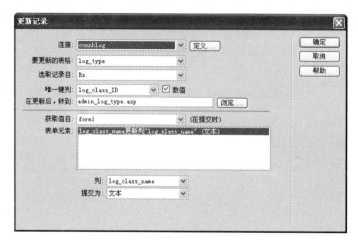

图 8-142　设置"更新记录"对话框

STEP④ 单击"确定"按钮回到编辑页面，完成修改日记分类页面的设计，完成后的效果如图 8-143 所示。

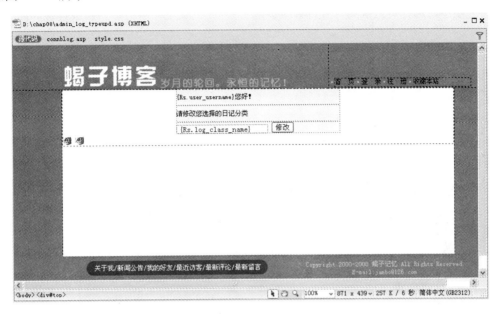

图 8-143　完成后的页面效果

8.4.5　删除日记分类页面

设计删除分类的页面 admin_log_typedel.asp，此页面设计和修改的页面差不多，如图 8-144 所示。其方法是将表单中的数据从站点的数据表中删除。

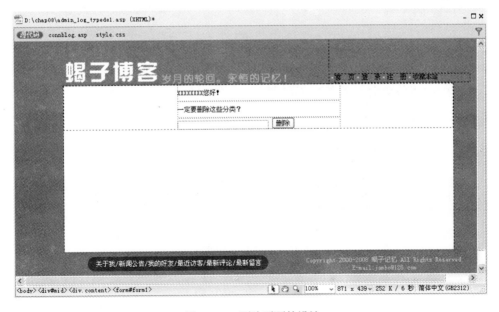

图 8-144　删除页面的设计

详细制作步骤如下：

STEP 1 创建 admin_log_typedel.asp 页面，并单击"绑定"面板中的加号"+"按钮，在弹出的选项中，选择"记录集（查询）"选项，打开"记录集"对话框，参数设置如图 8-145 所示。

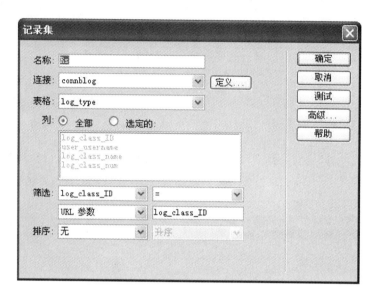

图 8-145　设定"记录集"对话框

STEP 2 绑定记录集后，将记录集中的字段插入至 admin_log_typedel.asp 网页的适当位置，如图 8-146 所示。

图 8-146　字段的插入

STEP 3 插入一个隐藏区域，然后将绑定面板中的 log_class_ID 绑定到表单中的 log_class_ID 隐藏域中，如图 8-147 所示。

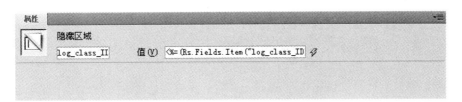

图 8-147 绑定字段到隐藏域中

STEP 4 完成表单的布置后，要在 admin_log_typedel.asp 页面中加入"服务器行为"中"删除记录"的设定，在 admin_log_typedel.asp 页面中，单击"应用程序"面板中的"服务器行为"标签中的加号"+"按钮。在弹出的菜单列表中，选择"删除记录"选项，在打开的"删除记录"对话框中，输入如图 8-148 所示的参数。

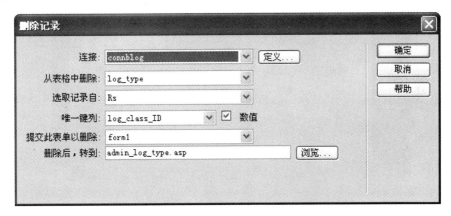

图 8-148 设定"删除记录"对话框

STEP 5 单击"确定"按钮回到编辑页面，完成删除日记分类页面的设计，如图 8-149 所示。

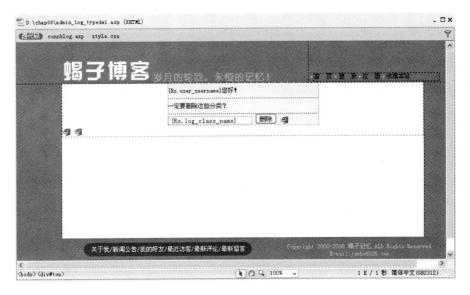

图 8-149 完成的设计效果

8.4.6　日记列表管理主页面

日记列表管理主页面 admin_log_class.asp 的主要功能是显示所有日记，并通过该页面进入到日记修改 admin_log_classupd.asp 页面和日记删除 admin_log_classdel.asp 页面，而且还有添加日记的功能。页面设计效果如图 8-150 所示。

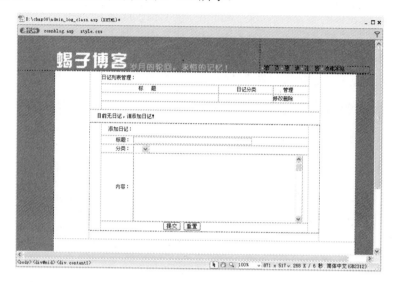

图 8-150　日记列表管理页面效果图

制作步骤如下：

STEP 1 创建该页面的静态效果，单击"绑定"面板中的加号"+"按钮，在弹出的选项中，选择"记录集（查询）"选项，打开"记录集"对话框并单击"高级"按钮进入高级模式窗口，打开"记录集"对话框中按如图 8-151 所示输入参数，单击"确定"按钮完成设定。

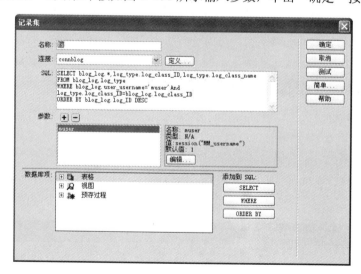

图 8-151　设定 Rs"记录集"对话框

语法说明：

SELECT blog_log.*,log_type.log_class_ID,log_type.log_class_name
FROM blog_log,log_type
WHEREblog_log.user_username='muser'And log_type.log_class_ID=blog_log.log_class_ID
ORDER BY blog_log.log_ID DESC
//通过 blog_log.user_username='muser'And log_type.log_class_ID=blog_log.log_class_ID 条件，按 blog_log.log_ID 降序条件，从 blog_log 和 log_type 两个数据表中选择出相应的字段。

STEP 2 绑定记录后，将 log_title 字段和 log_class_name 字段插入到网页的适当位置，如图 8-152 所示。

日记列表管理：

标 题	日记分类	管理
{Rs.log_title}	{Rs.log_class_name}	修改删除

图 8-152　插入字段

STEP 3 由于 admin_log_class.asp 页面用于显示所有用户日记列表的记录，而目前的设定只能显示数据库的第一条数据，因此，需要加入"服务器行为"中的"重复区域"设定，单击 admin_log_class.asp 页面中要重复显示的表格，如图 8-153 所示。

{Rs.log_title}	{Rs.log_class_name} 修改删除

图 8-153　选择要重复显示的表格

STEP 4 单击"应用程序"面板群组中的"服务器行为"面板，并在面板中单击加号"+"按钮。在弹出的菜单中，选择"重复区域"选项，打开"重复区域"对话框，在"重复区域"对话框中，设定一次显示的记录数为"所有记录"，如图 8-154 所示。

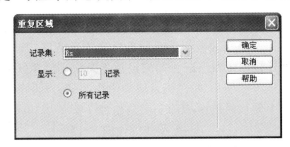

图 8-154　选择要重复显示记录集的数目

STEP 5 单击"确定"按钮回到编辑页面，发现之前选中要重复的区域的左上角出现了一个"重复"的灰色标签，这表示已经完成设定。

STEP 6 依照记录集的状况或条件来判别是否要显示网页中的某些区域，这就是显示区域的设定，首先选中记录集有数据时要显示的数据表格，如图 8-155 所示。

日记列表管理：

重复	标 题	日记分类	管理
{Rs.log_title}		{Rs.log_class_name}	修改删除

图 8-155　选择有数据时要显示的数据

STEP 7 单击"应用程序"面板中的"服务器行为"标签中的"+"号按钮，在弹出的菜单列表中，选择"显示区域"→"如果记录集不为空则显示区域"选项，打开"如果记录集不为空则显示区域"对话框，在"记录集"中选择"Rs"再单击"确定"按钮回到编辑页面，将发现之前选中要显示的区域的左上角出现了一个"如果符合此条件则显示..."的灰色卷标，这表示已经完成设定，设置及效果如图8-156所示。

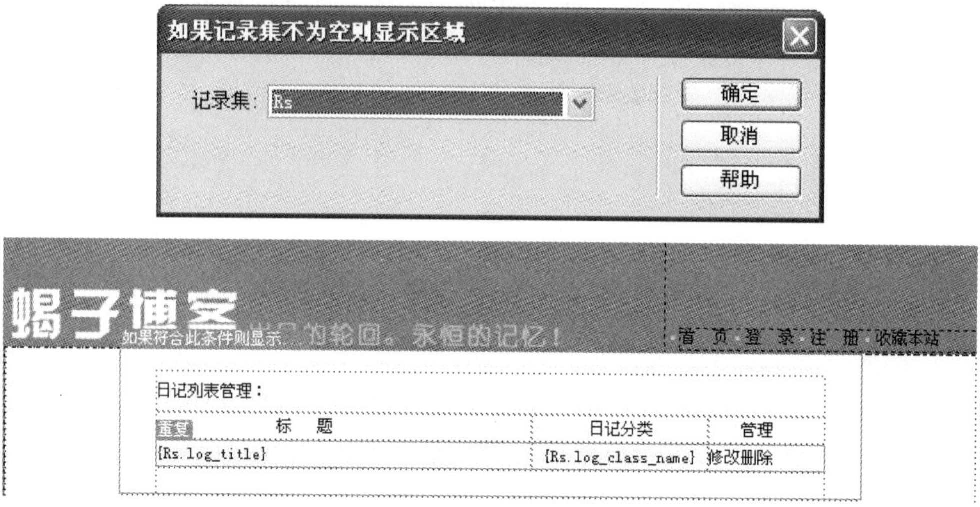

图8-156 记录集不为空则显示

STEP 8 选中记录集没有数据时要显示的数据表格，如图8-157所示。

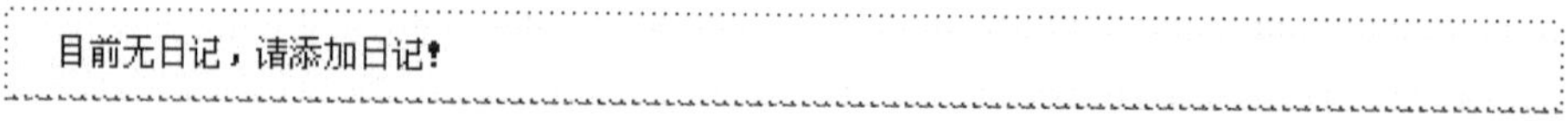

目前无日记，请添加日记！

图8-157 选中没有数据时要显示的区域

STEP 9 单击"应用程序"面板中的"服务器行为"标签中的加号"+"按钮，在弹出的菜单列表中，选择"显示区域"→"如果记录集为空则显示区域"选项，打开"如果记录集为空则显示区域"对话框，在"记录集"中选择 Rs，再单击"确定"按钮回到编辑页面，将发现之前选中要显示的区域的左上角出现了一个"如果符合此条件则显示..."的灰色卷标，这表示已经完成设定，设置及效果如图8-158所示。

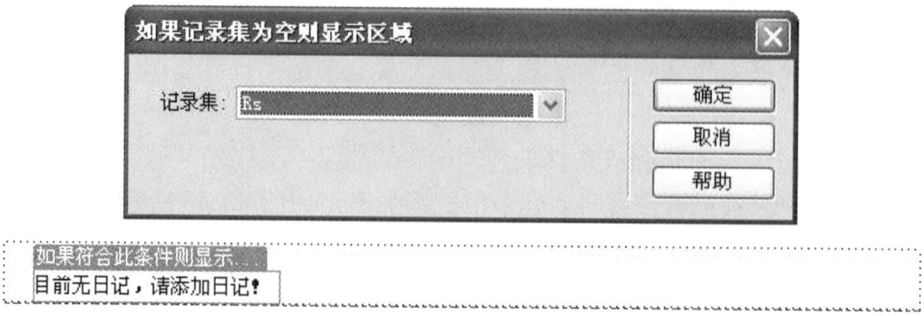

图8-158 记录集为空则显示的区域

STEP⑩ 把鼠标移至要加入"记录集导航条"的位置,单击"插入"工具栏中的"数据"标签中的"记录集导航条"按钮 ,打开"记录集导航条"对话框,选取要导航的记录集以及导航的显示方式,然后单击"确定"按钮回到编辑页面,此时页面将出现该记录集的导航条,如图 8-159 所示。

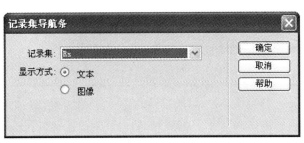

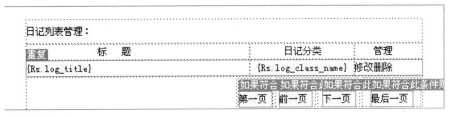

图 8-159 加入"记录集导航条"

STEP⑪ 选中编辑页面中的字段 Rs.log_title,然后单击"服务器行为"面板中的"+"按钮,在弹出的菜单中选择"转到详细页面"选项,打开"转到详细页面"对话框,单击"浏览"按钮,打开"选择文件"对话框,选择 log_class.asp ,"传递 URL 参数"选择记录集 Rs 中的 log_ID 字段,其他设定值都不改变其默认值,如图 8-160 所示。

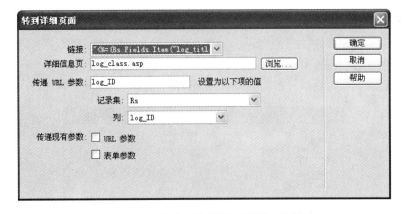

图 8-160 设置"转到详细页面"对话框

STEP⑫ 选中编辑页面中的文字"修改",然后单击"服务器行为"面板中的加号"+"按钮,在弹出的菜单中选择"转到详细页面"选项,打开"转到详细页面"对话框,单击"浏览"按钮,打开"选择文件"对话框,选择 admin_log_classupd.asp ,"传递 URL 参数"选择记录集 Rs 中的 log _ID 字段,其他设定值皆不改变其默认值,如图 8-161 所示。

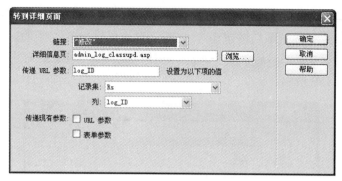

图 8-161　设置"转到详细页面"对话框

STEP 13 选中编辑页面中的文字"删除",然后单击"服务器行为"面板中的加号"+"按钮,在弹出的菜单中选择"转到详细页面"选项,打开"转到详细页面"对话框,单击"浏览"按钮,打开"选择文件"对话框,选择 admin_log_classdel.asp,"传递 URL 参数"选择记录集 Rs 中的 log_ID 字段,其他设定值都不改变其默认值,如图 8-162 所示。

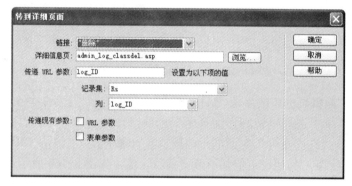

图 8-162　设置"转到详细页面"对话框

STEP 14 下面将制作添加日记列表,主要方法是将页面中的表单数据新增到 blog_log 数据表中,单击"绑定"面板中的加号"+"按钮,在弹出的选项中,选择"记录集(查询)"选项,打开"记录集"对话框,参数设置如图 8-163 所示。

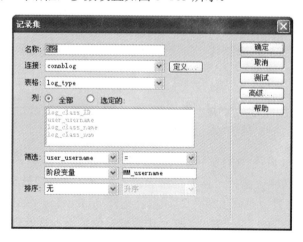

图 8-163　设定 Rs2"记录集"对话框

STEP⑮ 绑定记录集后，单击"分类"的列表/菜单，在分类的"动态列表/菜单"属性面板中，单击 动态... 按钮，打开"动态列表/菜单"对话框，参数设置如图 8-164 所示。

图 8-164 绑定动态列表

STEP⑯ 插入一个隐藏区域，然后将绑定面板中的 Session 变量 MM_username 绑定到页面中名为 user_username 的隐藏域中，如图 8-165 所示。

图 8-165 绑定字段到隐藏域中

STEP⑰ 在 admin_log_class.asp 编辑页面中，单击"应用程序"面板群组中的"服务器行为"面板标签中的加号"+"按钮。在弹出的菜单列表中，选择"插入记录"选项，在"插入记录"对话框中，输入如图 8-166 所示的参数，设定新增数据后转到个人日记管理主页面 user_admin.asp。

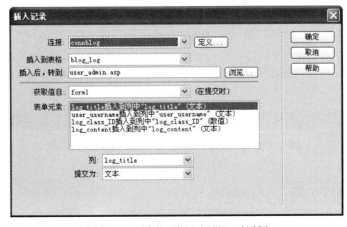

图 8-166 设定"插入记录"对话框

STEP⑱ 选择表单执行菜单栏中的"窗口"→"行为"命令,打开"行为"面板,单击"行为"面板中的加号"+"按钮,在打开的行为列表中,选择"检查表单",打开"检查表单"对话框,设置 log_title 和 log_content 两个文本域的值都为"必需的",可接受"任何东西",设置如图 8-167 所示。

图 8-167 设置"检查表单"对话框

STEP⑲ 单击"确定"按钮回到编辑页面完成 admin_log_class.asp 页面的设计,完成后的效果如图 8-168 所示。

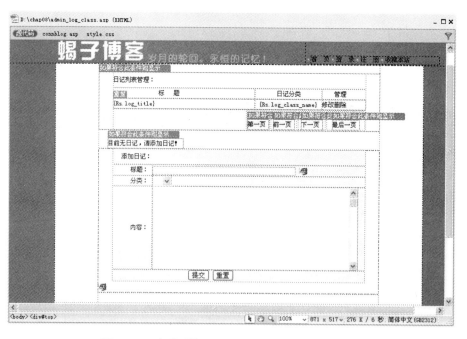

图 8-168 完成后的 admin_log_class.asp 页面的效果

8.4.7 修改日记列表页面

接下来设计修改日记分类的页面 admin_log_classupd.asp,这个页面的主要功能是将数据表中的数据送到页面的表单中进行修改，修改数据后再更新到数据表 blog_log 中，页面设计如图 8-169 所示。

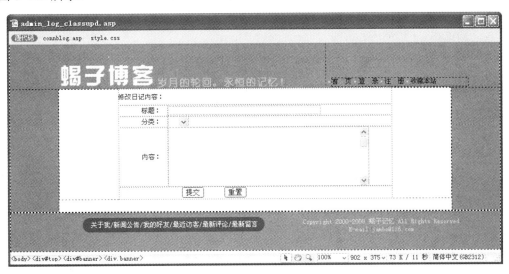

图 8-169　修改日记内容页面效果

制作步骤如下：

STEP① 创建该页面的静态效果，单击"绑定"面板中的加号"+"按钮，在弹出的选项中，选择"记录集（查询）"选项，打开"记录集"对话框再单击"高级"按钮进入高级模式窗口，在打开的"记录集"对话框中输入如图 8-170 所示的参数，单击"确定"按钮则完成设定。

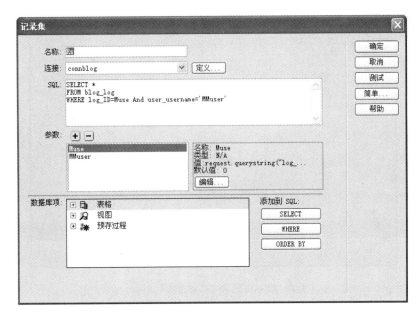

图 8-170　设定"记录集"对话框

语法说明：

SELECT *
FROM blog_log
WHERE log_ID=Muse And user_username='MMuser'
//根据条件 log_ID=Muse And user_username='MMuser'，从 blog_log 数据表中选择出所有的字段。

STEP② 绑定记录后，将 log_title 字段和 log_content 字段插入到网页的适当位置，如图 8-171 所示。

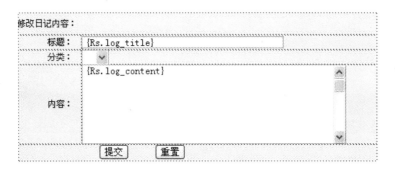

图 8-171　插入字段

STEP③ 再单击"绑定"面板中的"+"号按钮，在弹出的选项中，选择"记录集（查询）"选项，打开"记录集"对话框，在"记录集"对话框中输入如图 8-172 所示的参数，再单击"确定"按钮则完成设定。

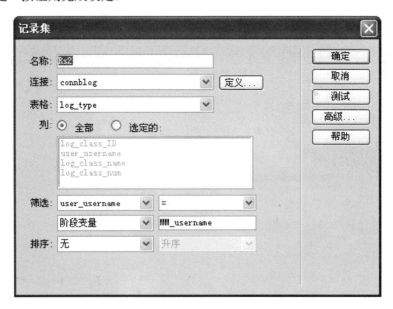

图 8-172　设定 Rs2 "记录集"对话框

STEP④ 绑定记录集后，单击"分类"的列表/菜单，在"分类"的"动态列表/菜单"属性面板中，单击 ［ 动态... ］按钮，打开"动态列表/菜单"对话框，在打开的"动态列表/菜单"中设置如图 8-173 所示。

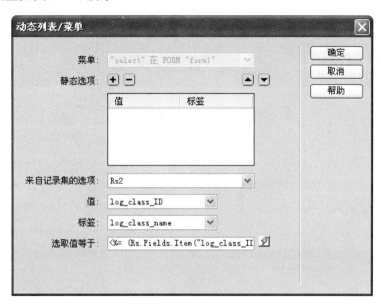

图 8-173　绑定动态列表

STEP 5 完成表单的布置后，要在 admin_log_classupd.asp 页面中加入"服务器行为"中的"更新记录"设定，单击"应用程序"面板中的"服务器行为"标签中的"+"号按钮。在弹出的菜单列表中，选择"更新记录"选项，在打开的"更新记录"对话框中，输入参数如图 8-174 所示。

图 8-174　设定更新记录

STEP 6 单击"确定"按钮回到编辑页面则完成修改日记分类页面的设计，效果如

图 8-175 所示。

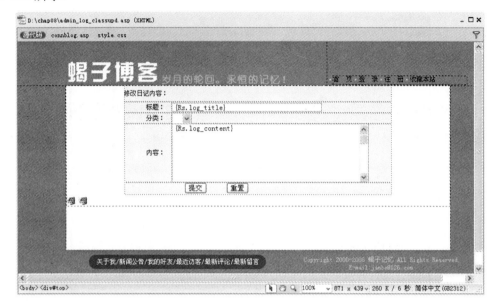

图 8-175 admin_log_classupd.asp 页面的设计效果

8.4.8 删除日记列表页面

设计删除日记列表的页面 admin_log_classdel.asp，该页面的设计和修改日记列表页面差不多，页面效果如图 8-176 所示。其方法是将表单中的数据从站点的数据表中删除。

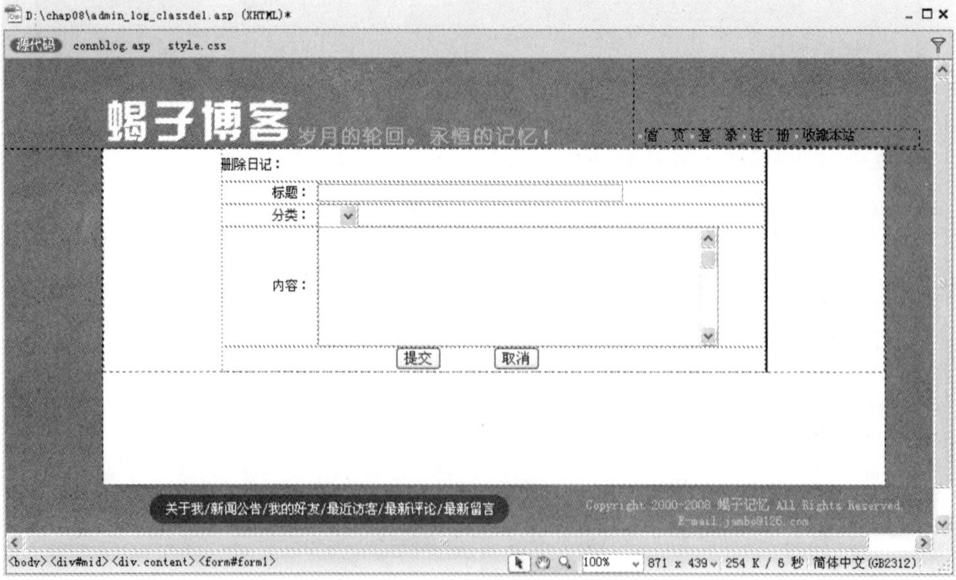

图 8-176 删除日记内容页面效果

制作步骤如下：

STEP 1 创建该页面的静态效果，然后单击"绑定"面板中的加号"+"按钮，在弹出的选项中，选择"记录集（查询）"选项，打开"记录集"对话框，再单击"高级"按钮进入高级模式窗口，在打开的"记录集"对话框中输入如图 8-177 所示的参数，单击"确定"按钮则完成设定。

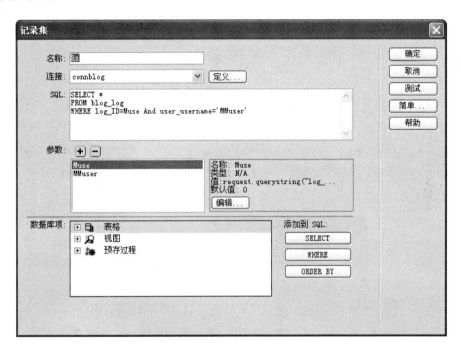

图 8-177 设定"记录集"对话框

STEP 2 绑定记录后，将 log_title 字段和 log_content 字段插入到网页的适当位置，如图 8-178 所示。

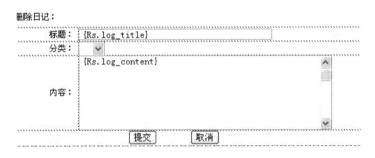

图 8-178 插入字段

STEP 3 再单击"绑定"面板中的加号"+"按钮，在弹出的选项中，选择"记录集（查询）"选项，打开"记录集"对话框，在"记录集"对话框中输入如图 8-179 所示的参数，再单击"确定"按钮则完成设定。

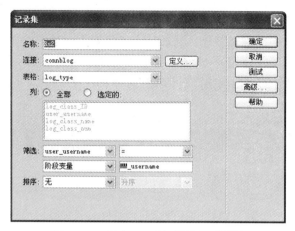

图 8-179 设定 Rs2 "记录集"对话框

STEP 4 绑定记录集后，单击"分类"的列表/菜单，在"分类"的"动态列表/菜单"属性面板中，单击 [🖉 动态...] 按钮，打开"动态列表/菜单"对话框，在打开的"动态列表/菜单"中设置如图 8-180 所示。

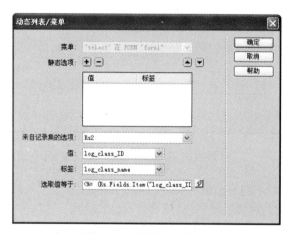

图 8-180 绑定动态列表

STEP 5 完成表单的布置后，要在 admin_log_classdel.asp 页面中加入"服务器行为"中的"更新记录"设定，单击"应用程序"面板中的"服务器行为"标签中的加号"+"按钮。在弹出的菜单列表中，选择"删除记录"选项，在打开的"删除记录"对话框中，输入参数值如图 8-181 所示。

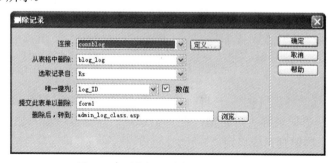

图 8-181 设定"删除记录"对话框

STEP 6 单击"确定"按钮回到编辑页面则完成删除日记分类页面的设计，效果如图 8-182 所示。

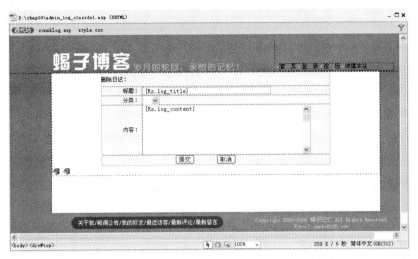

图 8-182 admin_log_classdel.asp 页面的设计效果

8.4.9 博客分类管理页面

博客分类管理页面 admin_blog_type.asp 是管理员 admin 通过前台登录后，进入的一个管理页面。主要功能是对博客分类进行修改、删除和添加操作。页面的设计效果如图 8-183 所示。

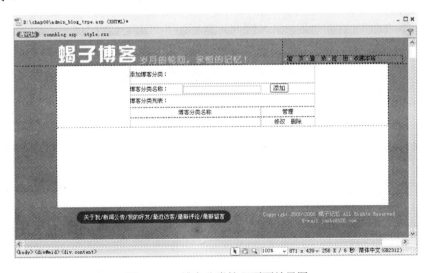

图 8-183 博客分类管理页面效果图

制作步骤如下：

STEP 1 在 admin_blog_type.asp 页面中表单 from1 中的文本域和文本区域的设置见表 8-4。

表 8-4　表单 from1 中的文本域和文本区域设置

意　　义	文本（区）域/按钮名称	类　　型
添加博客分类	typename	单行
添加	Submit	提交按钮

STEP 2 单击"应用程序"面板中的"绑定"标签中的加号"+"按钮，在打开的列表菜单中选择"记录集（查询）"选项，打开"记录集"对话框，在打开的"记录集"对话框中输入如图 8-184 所示的参数。

STEP 3 单击"确定"按钮，完成记录集 Rs 的绑定，把绑定的 Rs 中的字段插入到网页的适当位置，如图 8-185 所示。

图 8-184　绑定记录集 Rs

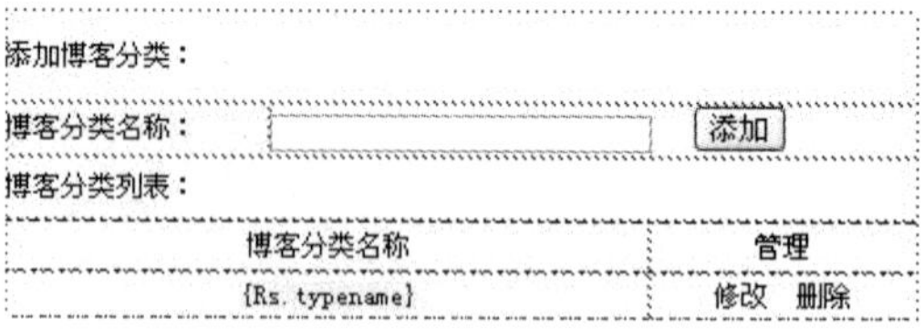

图 8-185　插入字段

STEP 4 由于 admin_blog_type.asp 页面要显示数据表 blog_type 中的所有记录，而目前的设定只能显示数据库的第一条记录，因此，需要加入"服务器行为"中的"重复区域"设定，单击 admin_blog_type.asp 页面中要重复的表格，如图 8-186 所示。

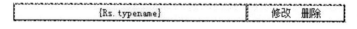

图 8-186　选择需要重复的表格

STEP 5 单击"应用程序"面板群组中的"服务器行为"面板，并在面板中单击加号"+"按钮。在弹出的菜单中，选择"重复区域"选项，打开"重复区域"对话框，在"重复区域"对话框中，设定一页显示的数据记录为"所有记录"，如图 8-187 所示。

STEP 6 单击"确定"按钮回到编辑页面，将发现之前选中要重复的区域的左上角出现了一个"重复"的灰色标签，这表示已经完成设定。

STEP 7 单击"应用程序"面板中的"服务器行为"标签中的"+"号按钮。在弹出的菜单列表中，选择"插入记录"选项，在"插入记录"对话框中，输入如图 8-188 所示的参数，设定新增数据后转到个人日记管理主页面 admin_log_type.asp。

图 8-187　选择记录集的显示数量

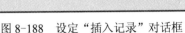

图 8-188　设定"插入记录"对话框

STEP 8 单击"确定"按钮完成记录的插入，选择表单执行菜单栏中的"窗口"→"行为"命令，打开"行为"面板，单击"行为"面板中的加号"+"按钮，在打开的行为列表中，选择"检查表单"，打开"检查表单"对话框，设置 typename 文本域的值都为"必需的"，可接受"任何东西"，设置如图 8-189 所示。

图 8-189　设置"检查表单"对话框

STEP 9 编辑页面中的文字"修改"和"删除"的连接必须要传递参数给前往的页面，这样前往的页面才能够根据参数值从数据库中筛选出某一条记录进行编辑。选中编辑页面中的文字"修改"，单击"服务器行为"面板中的加号"+"按钮，在弹出的菜单中选择"转到详细页面"选项，在打开"转到详细页面"对话框中，单击"浏览"按钮，打开"选择文件"对话框，选择/admin_blog_upd.asp，"传递 URL 参数"选择记录集 Rs 中的 type_ID 字段，其他设定值都不改变其默认值，如图 8-190 所示。

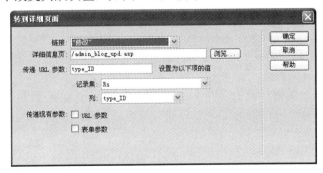

图 8-190　设置"转到详细页面"对话框

STEP⑩ 选中文字"删除"并重复上面的操作，将要转到的页面改为/admin_blog_del.asp，如图 8-191 所示。

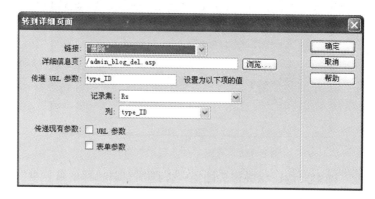

图 8-191 设置"转到详细页面"对话框

STEP⑪ 单击"确定"按钮，完成博客分类管理页面 admin_blog_type.asp 的制作，完成后的效果如图 8-192 所示。

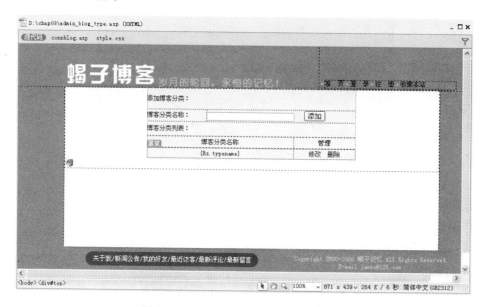

图 8-192 admin_blog_type.asp 页面效果

8.4.10 修改博客分类页面

接下来要设计修改博客分类的页面 admin_blog_upd.asp，这个页面主要是将数据表中的数据传送到页面的表单中进行修改，修改数据后再更新到数据表 blog_type 中，页面设计如图 8-193。

操作步骤如下：

STEP① 在 admin_blog_upd.asp 页面中表单 from1 中的文本域和文本区域的设置见表 8-5。

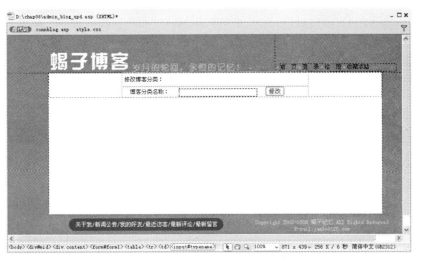

图 8-193　修改博客分类页面效果图

表 8-5　表单 from1 中的文本域和文本区域设置

意　　义	文本（区）域/按钮名称	类　　型
修改博客分类	typename	单行
添加	Submit	提交按钮

STEP 2　单击"应用程序"面板中的"绑定"标签中的加号"+"按钮，在打开的列表菜单中选择"记录集（查询）"选项，打开"记录集"对话框，在打开的"记录集"对话框中输入如图 8-194 示的参数。

图 8-194　绑定记录集 rs

STEP 3　单击"确定"按钮，完成记录集 rs 的绑定，把绑定的 rs 中的字段插入到网页的适当位置，如图 8-195 所示。

图 8-195　插入字段

STEP④ 完成表单的布置后，要在 admin_blog_upd.asp 页面中加入"服务器行为"中的"更新记录"设定，单击"应用程序"面板中的"服务器行为"标签中的加号"+"按钮。在弹出的菜单列表中，选择"更新记录"选项，在打开的"更新记录"对话框中，输入参数值的如图 8-196 所示。

图 8-196 设定"更新记录"对话框

STEP⑤ 单击"确定"按钮回到编辑页面，完成修改博客分类页面的设计，如图 8-197所示。

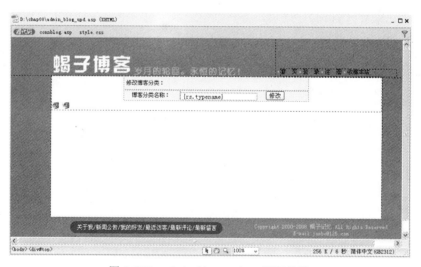

图 8-197 admin_blog_upd.asp 页面效果

8.4.11 删除博客分类页面

设计删除博客分类的页面 admin_blog_del.asp，该页面的设计和删除日记列表页面差不多，页面效果如图 8-198 所示。其方法是将表单中的数据从站点的 **blog_type** 数据表中删除。

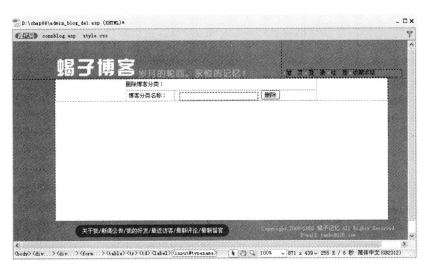

图 8-198　删除页面的设计

操作步骤如下：

STEP 1　在 admin_blog_del.asp 页面中表单 from1 中的文本域和文本区域的设置见表 8-6。

表 8-6　表单 from1 中的文本域和文本区域设置

意　义	文本（区）域/按钮名称	类　型
博客分类名称	typename	单行
添加	Submit	提交按钮

STEP 2　单击"应用程序"面板中的"绑定"标签中的加号"+"按钮，在打开的列表菜单中选择"记录集（查询）"选项，打开"记录集"对话框，在打开的"记录集"对话框中输入如图 8-199 所示的参数。

图 8-199　绑定记录集 rs

STEP 3　单击"确定"按钮，完成记录集 rs 的绑定，把绑定的 rs 中的字段插入到网页的适当位置, 如图 8-200 所示。

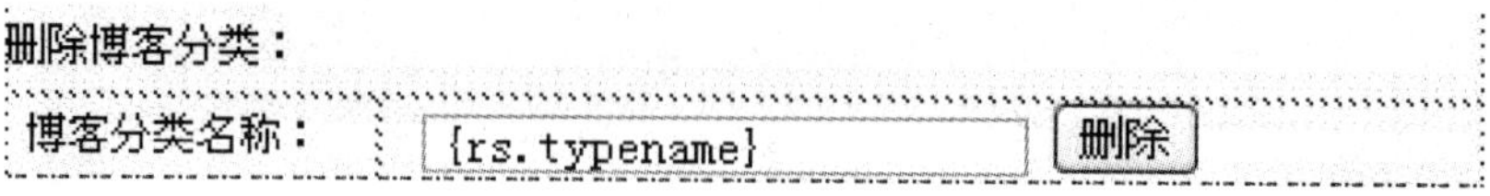

删除博客分类:

博客分类名称:　　{rs.typename}　　删除

图 8-200　插入字段

STEP 4 完成表单的布置后, 要在 admin_blog_del.asp 页面中加入 "服务器行为" 中的 "删除记录" 设定, 单击 "应用程序" 面板中的 "服务器行为" 标签中的加号 "+" 按钮。在弹出的菜单列表中, 选择 "删除记录" 选项, 在打开的 "删除记录" 对话框中, 输入参数值如图 8-201 所示。

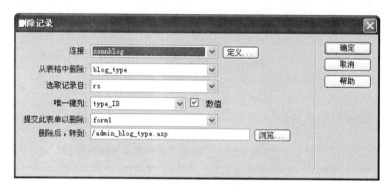

图 8-201　设定 "删除记录" 对话框

STEP 5 当管理员单击 "删除" 按钮时可将博客分类进行删除, 但为了慎重起见, 有必要提示管理员是否确定要删除这个博客分类, 单击选择 "删除" 按钮, 再单击 "显示代码视图" 按钮 代码 进入代码视图窗口, 将 "删除" 按钮中的<input>中的代码修改为如下内容:

<input name="Submit" type="submit" onclick="GP_popupConfirmMsg('确定删除吗?');return document.MM_returnValue" value="删除" />

//当单击 "确定" 按钮时弹出一个新的窗口, 提示 "确定删除吗? "

测试效果如图 8-202 所示。

图 8-202　弹出的提示窗口效果

STEP 6 完成后的 admin_blog_del.asp 页面效果如图 8-203 所示。

图 8-203 完成后的 admin_blog_del.asp 页面效果

8.4.12 博客列表管理页面

博客列表管理页面 admin_blog.asp 用于显示所有用户博客列表，并通过该页面可以链接到是否推荐页面 admin_blog_good.asp 和删除用户博客页面 admin_del_blog.asp，页面的设计效果如图 8-204 所示。

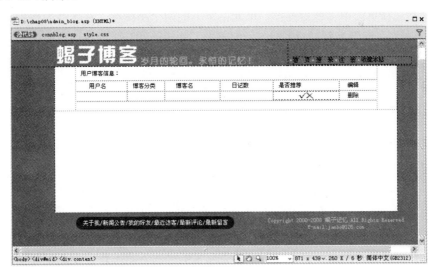

图 8-204 博客列表管理页面的效果图

详细制作步骤如下：

STEP① 单击"绑定"面板中的加号"+"按钮，在弹出的选项中，选择"记录集（查询）"选项，打开"记录集"对话框再单击"高级"按钮进入高级模式窗口，在打开"记录集"对话框中输入如图 8-205 所示的参数，单击"确定"按钮后则完成设定。

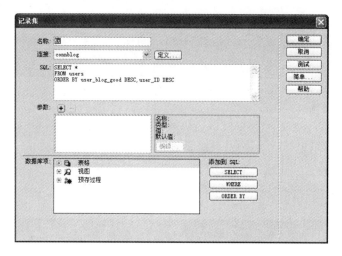

图 8-205 设定"记录集"对话框

STEP 2 绑定记录后，将绑定的字段插入到网页的适当位置，如图 8-206 所示。

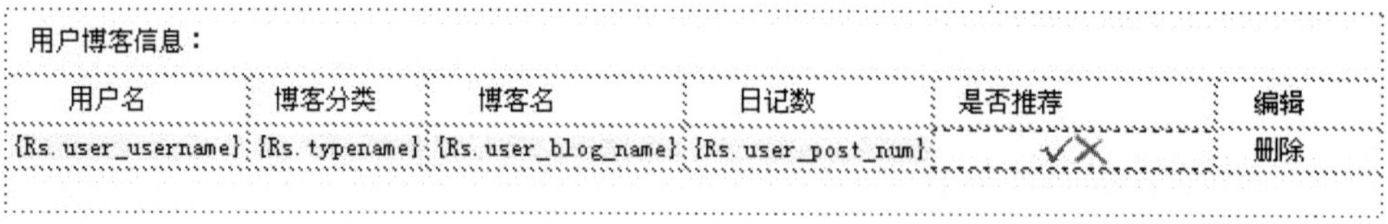

用户博客信息：

用户名	博客分类	博客名	日记数	是否推荐	编辑
{Rs.user_username}	{Rs.typename}	{Rs.user_blog_name}	{Rs.user_post_num}	✓✗	删除

图 8-206 插入字段

STEP 3 选择页面中"是否推荐"单元格下方的两个小图标，在属性面板中设置它们的"替换"值分别为"取消推荐?"和"设为推荐?"，如图 8-207 所示。

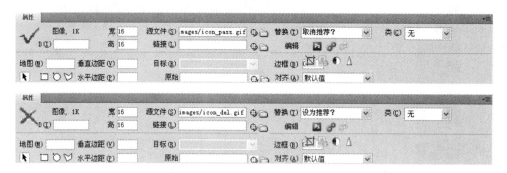

图 8-207 设置替换值

STEP 4 再选择页面中"是否推荐"单元格下方的两个小图标，切换到代码窗口，加入相应代码如下：

```
<% if(Rs.Fields.Item("user_blog_good").value)=1 Then %>
<img src="images/icon_pass.gif" alt="取消推荐？" width="16" height="16" border="0" />
<%Else%>
<img src="images/icon_del.gif" alt="设为推荐？" width="16" height="16" border="0" />
<% End if%>
```

语法说明：

如果记录集中 user_blog_good 字段的值等于 1，则显示 icon_pass.gif，如果不等于 1 则显示 icon_del.gif。

STEP 5 由于 admin_blog.asp 页面应显示所有用户博客的信息记录，而目前的设定只能显示数据库的第一条记录，因此，需要加入"服务器行为"中的"重复区域"设定，单击 admin_log_class.asp 页面中的要重复显示的表格，如图 8-208 所示。

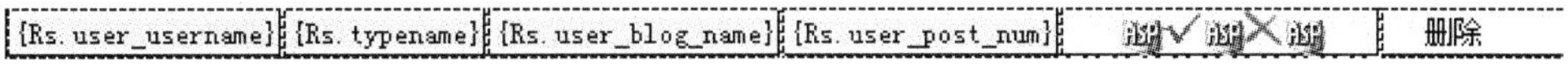

图 8-208　选择要重复的记录集表格

STEP 6 单击"应用程序"面板群组中的"服务器行为"面板，并在面板中单击"+"号按钮。在弹出的菜单中，选择"重复区域"选项，打开"重复区域"对话框，在"重复区域"对话框中，设定一页显示的数据记录数为 20，如图 8-209 所示。

图 8-209　选择要重复显示和记录数

STEP 7 单击"确定"按钮回到编辑页面，将发现之前选中要重复的区域的左上角出现了一个"重复"的灰色标签，这表示已经完成设定。

STEP 8 接下来要在 admin_blog.asp 页面中加入"记录集导航条"，用来分页显示博客列表数据，把鼠标移至要加入"记录集导航条"的位置，单击"插入"工具栏中的"数据"标签中的"记录集导航条"按钮，在打开的"记录集导航条"对话框中，选中要导航的记录集以及导航的显示方式，然后单击"确定"按钮回到编辑页面，此时页面就会出现该记录集的导航条，如图 8-210 所示。

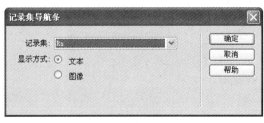

图 8-210　加入"记录集导航条"

STEP⑨ 选中编辑页面中"是否推荐"下方的所有 ASP 代码和小图标，单击"服务器行为"面板中的加号"+"按钮，在弹出的菜单中选择"转到详细页面"选项，打开"转到详细页面"对话框，单击"浏览"按钮，打开"选择文件"对话框，选择 admin_blog_good.asp，"传递 URL 参数"选择记录集 Rs 中的 user_ID 字段，其他参数值都不改变其默认值，如图 8-211 所示。

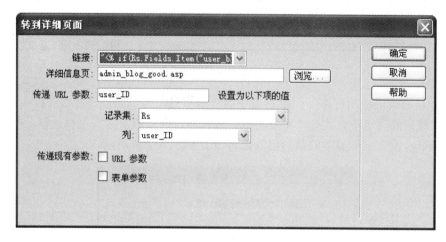

图 8-211　设置"转到详细页面"对话框

STEP⑩ 同样选中编辑页面中的文字"删除"再单击"服务器行为"面板中的加号"+"按钮，在弹出的菜单中选择"转到详细页面"选项，打开"转到详细页面"对话框，单击"浏览"按钮，打开"选择文件"对话框，选择 admin_del_blog.asp，"传递 URL 参数"选择记录集 Rs 中的 user _ID 字段，其他参数值都不改变其默认值，如图 8-212 所示。

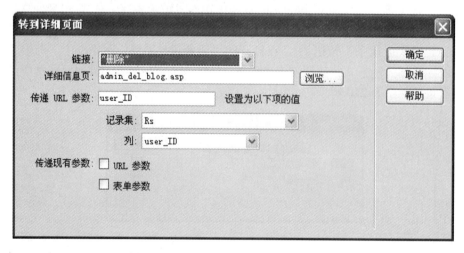

图 8-212　设置"转到详细页面"对话框

STEP⑪ 单击"确定"按钮，则完成博客列表管理页面 admin_blog.asp 的设计和制作，如图 8-213 所示。

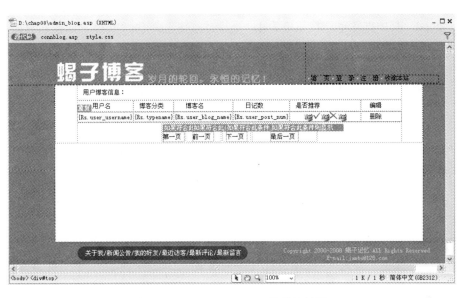

图 8-213 admin_blog.asp 的设计效果

8.4.13 推荐博客的管理页面

推荐博客的管理页面 admin_blog_good.asp 是根据 users 数据表中的 user_blog_good 字段来确定是否是推荐的用户博客，所以制作方法就是更新 users 数据表中的 user_blog_good 字段，user_blog_good 字段值为 1 时为推荐博客，为 0 时不是推荐博客。页面设计效果如图 8-214 所示。

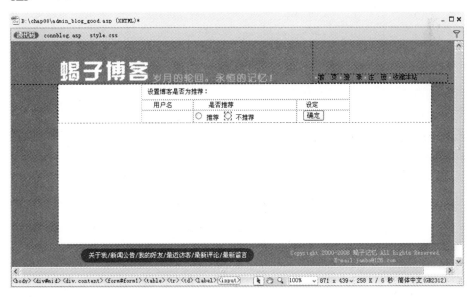

图 8-214 推荐用户博客管理页面设计效果

制作步骤如下：

STEP 1 创建 admin_blog_good.asp 的静态页面，加入两个单选按钮，其名称都为

user_blog_good，其中推荐单选按钮值为 1，不推荐按钮值为 0，"属性"面板设置如图 8-215 所示。

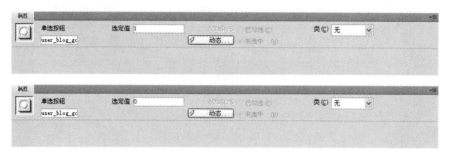

图 8-215　创建单选按钮并设置其属性

STEP 2 单击"应用程序"面板中的"绑定"标签中的加号"+"按钮，在打开的列表菜单中选择"记录集（查询）"选项，打开"记录集"对话框，在打开的"记录集"对话框中输入如图 8-216 所示的参数。

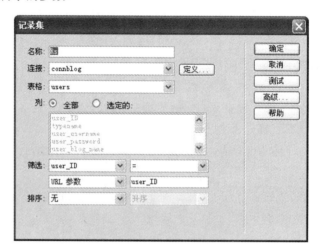

图 8-216　绑定记录集 Rs

STEP 3 单击"确定"按钮，完成记录集 Rs 的绑定，把绑定的 Rs 中的字段插入到网页的适当位置，如图 8-217 所示。

图 8-217　插入字段

STEP 4 选择"是否推荐"单元格下方的任一个单选按钮，在属性面板中单击"绑定动态源"按钮 [动态...]，打开"动态单选按钮"对话框，在打开的"动态单选按钮"对话框中设置"选取值等于"为"Rs"记录集中的 user_blog_good 字段，即等于<%=(Rs.Fields.Item("user_blog_good").Value) %>，如图 8-218 所示。

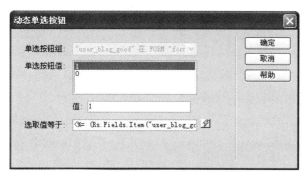

图 8-218 设置动态单选按钮

STEP⑤ 单击"确定"按钮，完成对动态数据的绑定，再单击"应用程序"面板中的"服务器行为"标签中的加号"+"按钮。在弹出的菜单列表中，选择"更新记录"选项，在打开的"更新记录"对话框中，输入参数值如图 8-219 所示。

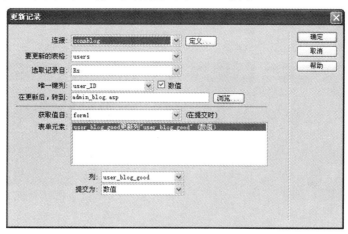

图 8-219 设定更新记录

STEP⑥ 单击"确定"按钮，回到编辑页面则完成推荐博客管理页面的设计，页面效果如图 8-220 所示。

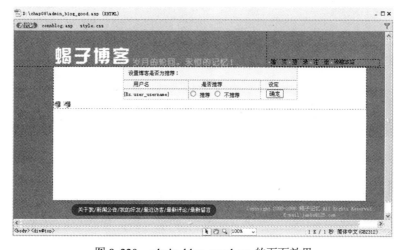

图 8-220 admin_blog_good.asp 的页面效果

8.4.14 删除用户博客页面

最后设计删除用户博客的页面 admin_del_blog.asp，其方法是将表单中的数据从站点的数据表 users 中删除，页面的设计效果如图 8-221 所示。

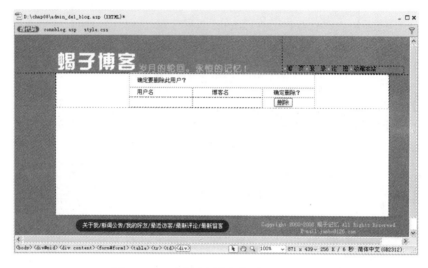

图 8-221 删除用户博客的页面设计效果

制作步骤如下：

STEP 1 单击"应用程序"面板中的"绑定"标签中的加号"+"按钮，在打开的列表菜单中选择"记录集（查询）"选项，打开"记录集"对话框，在打开的"记录集"对话框中输入如图 8-222 所示的参数。

图 8-222 绑定记录集 Rs

STEP 2 单击"确定"按钮，完成记录集 Rs 的绑定，把绑定的 Rs 中的字段插入到网页的适当位置，如图 8-223 所示。

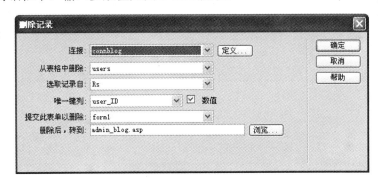

图 8-223 插入字段

STEP 3 完成表单的布置后，要在 admin_del_blog.asp 页面中加入"服务器行为"中的"删除记录"设定，在 admin_del_blog.asp 页面中，单击"应用程序"面板中的"服务器行为"标签中的加号"+"按钮。在弹出的菜单列表中，选择"删除记录"选项，在打开的"删除记录"对话框中，输入参数值如图 8-224 所示。

图 8-224 设定"删除记录"对话框

STEP 4 单击"确定"按钮，回到编辑页面则完成删除用户博客页面的设计，效果如图 8-225 所示。

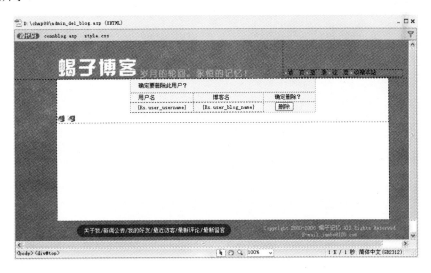

图 8-225 admin_del_blog.asp 的设计效果

至此，博客系统的前台与后台的开发工作就已经完成。

读书笔记

第 9 章　购物系统

网上开店以成本低、启动资金少、交易快捷等优势得到许多创业者的青睐。许多用户通过在网上开店获得了丰厚的回报，因此在目前的网络应用中，网上购物系统已成为技术的热点。一个购物系统必须拥有会员系统、查询系统、购物流程、会员服务、后台管理等功能模块。

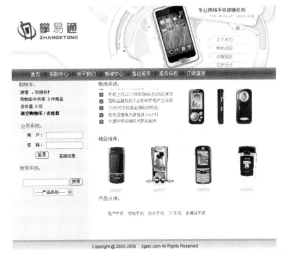

本章的实例效果

从入门到精通

教学重点

购物系统分析与设计

本章以手机在线销售系统为模板，介绍网上购物系统的开发与制作过程。网上购物系统是一个比较庞大的系统，它必须拥有会员系统、查询系统、购物流程、会员服务和后台管理等功能模块。

9.1.1　系统功能分析

本章以掌易通在线手机销售系统为实例，介绍使用 ASP 编写购物系统的方法，购物系统的首页效果如图 9-1 所示。

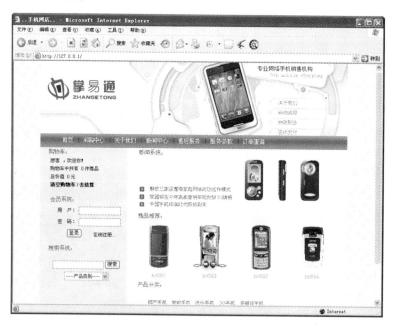

图 9-1　开发设计的购物系统首页效果

对于该网站的功能说明如下：

● 采取会员制，以保证交易的安全性。
● 开发了强大的搜索查询功能，可以帮助用户快捷地找到感兴趣的手机商品。
● 会员购物流程：浏览→将商品放入购物车→去收银台。每个会员有自己专用的购物车，可随时订购自己中意的商品并结账完成购物。购物的流程是指导购物车系统程序编写的主要依据。
● 完善的会员服务功能：可随时查看账目明细、订单明细。
● 设计精品推荐展示，能够显示企业近期所促销的一些特价商品。
● 后台管理使用本地数据库，保证购物定单安全及时有效，并可处理强大的统计分析功能，便于管理者及时了解财务状况和销售状况。

9.1.2 功能模块分析

通过系统功能的分析，该网络商店主要由如下功能模块组成：

STEP 1 前台网上销售模块。所谓前台网上销售模块，就是指客户在浏览器中所看到的直接与客户面对面的销售程序，包括：浏览商品、订购商品、查询定购和购物车等功能，本实例的搜索页面如图9-2所示。

图 9-2 用户搜索界面效果

STEP 2 后台数据录入模块。前台所销售商品的所有数据，其来源都是后台所录入的数据，后台的产品录入界面，如图9-3所示。

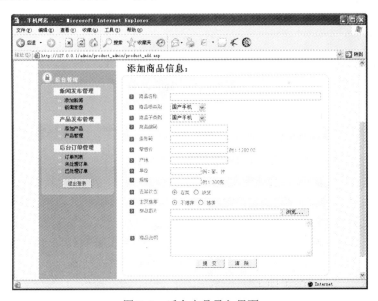

图 9-3 后台产品录入界面

STEP ③ 后台数据处理功能模块。所谓后台数据处理，是相对于前台网上销售模块而言，网上销售的数据，都放在销售数据库中，对这部分的数据进行处理，是后台数据处理模块的功能，后台订单处理界面如图9-4所示。

图9-4　后台订单处理界面

STEP ④ 用户注册功能模块。用户并不一定立即购买东西，可以先注册，注册后任何时候都可以来买东西，用户注册的好处在于买完东西后无需再输入一大堆个人信息，只需输入账号和密码就可以了，会员注册页面如图9-5所示。

图9-5　会员注册页面效果

STEP ⑤ 订单号模块。所谓订单号模块，就是客户购买完商品后，系统会自动分配一个购物号码给客户，以便客户随时查询账单的处理情况，了解现在货物的状态。客户订购后结算中心的页面效果如图9-6所示。

图 9-6　结算中心的页面效果

9.1.3 页面设计规划

首先为本购物系统创建一个主要文件夹 chap09，然后在其中再创建多个子文件夹，最后将文档分类存储到相应的文件夹中。读者可以打开光盘中第 9 章的素材，可以看到站点的文档结构和文件夹结构以及将要设计完成的结构如图9-7所示：

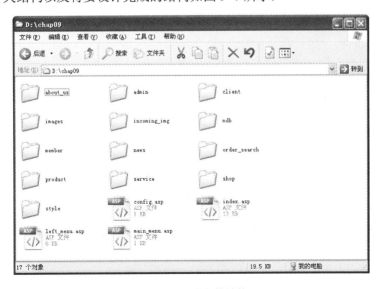

图 9-7　网站文件结构

下面从站点规划的文件夹及完成的页面出发，分别对需要设计的页面的功能分析如下：

STEP① 站点文件夹中的 4 个文件及功能分别如下：

index.asp：购物系统的首页页面。

config.asp：被相关的动态页面调用，用来实现数据库连接。

left_menu.asp：首页左边会员系统及购物搜索功能组成的动态页面。单独制作也是为了方便其他动态页面的调用。

main_menu.asp：网站的导航条，对于一个网站来说，由于经常要修改栏目，做好的网站页面很多，不可能每一个页面都进行修改，所以用 ASP 语言建立一个单独的页面，通过调用同一个页面实现导航条的制作，这样修改起来很方便。

STEP② about_us 文件夹放置关于企业介绍的一些内容，页面只有一个。

about_us.asp：关于企业的内容简介页面。

STEP③ admin 文件夹放置的是关于整个网站的后台管理文件内容，又分别包括了 news_admin、order_admin 和 product_admin 3 个子文件夹。这个模块是购物系统中的难点和重点。

news_admin 文件夹是放置后台新闻管理的页面，在前面已经介绍过具体的制作方法，这里就不再介绍。

order_admin 文件夹是放置后台订单处理的一些动态页面。里面分别放置了如下 5 个动态页面：

del_order.asp：删除订单。

mark_order.asp：标记已处理订单。

order_list.asp：后台客户订单列表。

order_list_mark0.asp：未处理客户订单列表。

order_list_mark1.asp：已处理客户订单列表。

product_admin 文件夹用来放置商品管理的页面，主要包括了如下 9 个动态页面，这是购物的重点和难点，并涉及到上传图片等编程操作。

del_product.asp：删除商品页面。

insert_product.asp：插入商品页面。

product_add.asp：添加商品信息页面。

product_list.asp：后台管理商品列表。

product_modify.asp：更新商品信息页面。

update_product.asp：建立上传命令动态页面。

upfile.asp：上传文件测试动态页面。

upfile.htm：上传图片文件静态测试页面。

upload_5xsoft.inc：上传文件 ASP 命令模版。

check_admin.asp：用于判断后台登录管理身份确认动态文件。

STEP④ client 文件夹用于放置客户中心的内容页面，也只有一页。

client.asp：制作与购物相关的一些说明。

STEP⑤ imgaes 文件夹是放置网站建设的一些相关图片。

STEP 6 incoming_img 文件夹用于放置商品的图片。

STEP 7 mdb 文件夹用于放置网站的 Access 数据库，所有的购物信息及数据全放在这里。

STEP 8 member 文件夹用于放置会员的一些相关页面，主要包括以下 4 个动态页面：

login.asp：注册登录页面。

logout.asp：注册失败页面。

registe.asp：填写注册信息页面。

registe_know.asp：注册需知说明页面。

STEP 9 news 文件夹用来放置网站新闻中心的一些动态页面，主要包括如下 2 个动态页面：

news_content.asp：新闻细节页面。

news_list.asp：显示所有新闻列表页面。

STEP 10 order_search 文件夹用来放置用户订单查询的一些动态页面，主要包括如下两个动态页面。

order_search.asp：用户订单查询输入页面。

your_order.asp：用户订单查询结果页面。

STEP 11 product 文件夹用于放置与销售产品相关的页面。主要包括 3 个动态页面。

all_list.asp：所有产品罗列页面。

product.asp：产品细节页面。

search_result.asp：产品搜索结果页面。

STEP 12 service 文件夹用于放置售后服务的一些说明页面，只有一个说明页面。

service.asp：用来说明售后服务的页面。

STEP 13 shop 文件夹主要用于放置结算的一些动态页面，主要包括如下 5 个动态页面：

add2bag.asp：统计订单产品数量的动态页面。

clear_bag.asp：清除订单信息的页面。

order.asp：订单确认信息页面。

order_sure.asp：订单最后确认页面。

shop.asp：订单用户信息确认页面。

STEP 14 style 文件夹用于放置页面的 CSS 文件。

index.css 用于控制页面属性的 CSS 样式文件。

从上面的分析统计该网站总共由约 45 个页面组成，几乎涉及到了动态网站建设的所有的功能设计。其中用户注册系统、新闻系统已经在前面章节中详细介绍过，本章重点介绍网上购物系统相关页面的分析与设计。

Section
9.2 购物系统数据库设计

购物系统的数据库设计可以从功能模块入手，分别创建不同命名的数据表，命名的时候也要与使用的功能命名相配合，方便后面相关页面设计制作时调用，将数据库命名为

shop.mdb，在数据库中建立 7 个不同的数据表，如图 9-8 所示。

图 9-8　建立的数据库

对于各数据表的分析如下：

STEP ① 产品表是储存产品的相关信息表，产品表相应的字段设置见表 9-1，设计的产品表如图 9-9 所示。

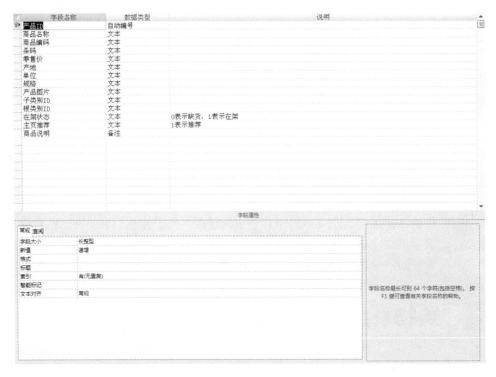

图 9-9　产品表

表 9-1　产品表相应的字段设置

意　义	字段名称	数据类型	字段大小	必填字段	允许空字符串	说　明
商品 ID	商品 ID	自动编号	长整型			
商品名称	商品名称	文本	255	否	否	
商品编码	商品编码	文本	255	否	是	
条码	条码	文本	255	否	是	
零售价	零售价	文本	255	否	是	
产地	产地	文本	255	否	是	
单位	单位	文本	255	否	是	
规格	规格	文本	255	否	是	
商品图片	商品图片	文本	50	否	是	
子类别 ID	子类别 ID	文本	50	否	是	
根类别 ID	根类别 ID	文本	50	否	是	
在架状态	在架状态	文本	50	否	是	0 表示缺货，1 表示在架
主页推荐	主页推荐	文本	50	否	是	1 表示推荐
商品说明	商品说明	备注		否	是	

STEP 2 产品主类别表，是把商品进行分类后的一级类别表。主要设计了"主类别 ID"和"主类别名称"两个字段名称，可以根据需要展示的商品种类，在数据表中加入商品的类别，如图 9-10 所示。

图 9-10　建立产品主类别表

STEP 3 产品子类别表，是把商品进行分类后的二级类别表。主要设计了"子类别 ID"、"子类别名称"及"主类别 ID"三个字段名称，根据需要展示的详细商品种类，在数据表中加入商品的名称，如图 9-11 所示。

图 9-11 设计的商品子类别表

STEP④ 订单表是储存网上用户订购的相关信息表，如图 9-12 所示，订单表字段设计见表 9-2。

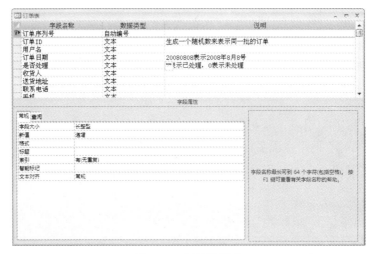

图 9-12 订单数据表

表 9-2 订单表字段设计

意 义	字段名称	数据类型	字段大小	必填字段	允许空字符串	说 明
订单序列号	订单序列号	自动编号	长整型			
订单 ID	订单 ID	文本	50	是	否	生成一个随机数来表示同一批的订单
用户名	用户名	文本	50	是	否	
订单日期	订单日期	文本	50	否	是	20070808 表示 2007 年 8 月 8 号
是否处理	是否处理	文本	50	否	是	1 表示已处理，0 表示未处理
收货人	收货人	文本	50	否	是	
送货地址	送货地址	文本	50	否	是	
联系电话	联系电话	文本	50	否	是	
手机	手机	文本	50	否	是	
电子邮件	电子邮件	文本	50	否	是	
附言	附言	文本	255	否	是	

STEP 5 订单产品表，是记录用户在网上订购的商品信息表，用于用户在线查询订单。主要设计了"订单商品 ID"、"订单 ID"、"商品 ID"及"订购数量"4 个字段名称，如图 9-13 所示。

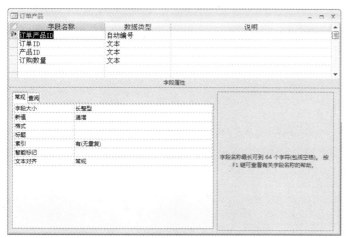

图 9-13 设计的订单商品表

STEP 6 新闻表是用于储存新闻的数据表。主要设计了"新闻 ID"、"新闻标题"、"新闻出处"、"新闻内容"、"新闻图片"及"新闻日期"6 个字段名称，如图 9-14 所示。

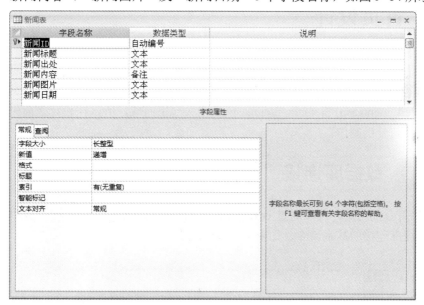

图 9-14 设计的新闻表

STEP 7 用户表是用于储存注册用户的数据表。主要设计了"用户 ID"、"用户名"、"密码"、"真实姓名"、"性别"、"电话"、"手机"、"电子邮件"、"住址"、"说明"及"属性"11 个字段名称，如图 9-15 所示。

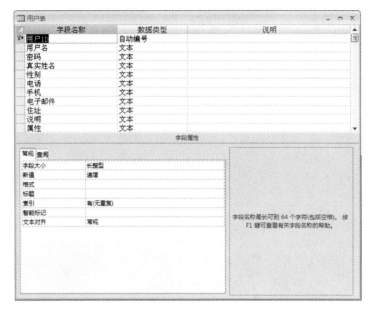

图 9-15　设计用户表

上面设计的数据表属于较复杂的数据表，可以应用于较大的网上购物系统。

9.3　首页设计

首先分析一下网络商店站点文件夹中的 4 个文件。对于一个购物系统来说需要一个主页面供用户进行注册，搜索需要采购的商品，网上浏览商品等操作。首页 index.asp 主要由config.asp、left_menu.asp 和 main_menu.asp 三个页面组而成，所以在设计之前先要完成这 3个页面的设计与分析制作。

9.3.1　数据库连接

用 ASP 开发的网站，可以通过 config.asp 页面实现网站数据库的连接。页面比较简单，就是设置数据库连接的基本命令，如图 9-16 所示。

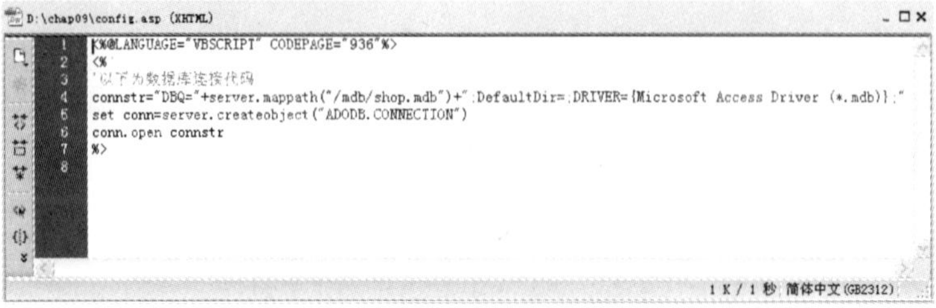

```
<%@LANGUAGE="VBSCRIPT" CODEPAGE="936"%>
<%
'以下为数据库连接代码
connstr="DBQ="+server.mappath("/mdb/shop.mdb")+";DefaultDir=;DRIVER={Microsoft Access Driver (*.mdb)};"
set conn=server.createobject("ADODB.CONNECTION")
conn.open connstr
%>
```

图 9-16　设置数据库连接

对于本连接的程序说明如下：

```
<%@LANGUAGE="VBSCRIPT" CODEPAGE="936"%>
<%
//以下为数据库连接代码
connstr="DBQ="+server.mappath("/mdb/shop.mdb")+";
//设置 DBO 服务器物理路径为/mdb/shop.mdb
DefaultDir=;DRIVER={Microsoft Access Driver (*.mdb)};"
//定义为 Access 数据库
set conn=server.createobject("ADODB.CONNECTION")
//设置为 ADODB 连接
conn.open connstr
//打开数据库
%>
```

读者在使用时如果需要更改数据库名称，只需要将该页面中的 shop.mdb 做相应的更改即可以实现。

9.3.2　注册及搜索

购物需要由一个购物流程来引导用户在网上实现订购，一般都是通过用户自身的登录、浏览、定购和结算这样的流程来实现网上购物的，同时需要加入搜索功能，以方便用户在网上直接进行搜索订购，所以在首页的左边需要建立用户登录系统、购物车及搜索功能。

下面由功能出发分别分析设计各功能模块：

STEP1 首先分析核心部分，购物车系统，该功能模块完成后如图 9-17 所示。该购物车系统主要有实现写入用户名，统计购物车的商品，统计商品总价值，清空购物车，链接到结算功能页面这几个主要的功能。

图 9-17　完成的购物车用户系统

STEP2 此段程序的代码如下所示：

```
<table width="80%" border="0" cellspacing="0" cellpadding="2">
  <tr>
  <td><font color="#FF3300">
<%
  if session("user")<>"" then
              response.Write(session("user"))
              else
              response.Write("游客")
              end if
              %>
//这段程序的意思是如果用户登录了则写入用户名，如果没有登录则写游客
  </font><font color="1A3D05">，欢迎你！</font></td>
```

```
</tr>
<tr>
<td><font color="1A3D05">购物车中共有<font color="#FF3300">
        %
        if session("all_number")="" then
        %>
        0
        <%
        else
        %>
        <%=session("all_number")%>
        <%
        end if
        %>
    //这段程序是统计商品的总数量。
</font>件商品</font></td>
</tr>
<tr>
<td><font color="1A3D05">总价值<font color="#FF3300">
        <%
        if session("all_price")="" then
        %>
        0
        <%
        else
        %>
        <%=session("all_price")%>
        <%
        end if
        %>
        //统计商品的总价。
    </font>元</font></td>
</tr>
<tr>
<td>
        <%
        if session("all_number")="" then
        %>
<strong><font color="1A3D05">清空购物车</font></strong>
<font color="1A3D05"> / <strong>去结算</strong></font>
    <%
        else
        %>
        <a href="shop/clear_bag.asp">
    //本段程序是调用 clear_bag.asp 页面功能实现清空购物车。
<strong>清空购物车</strong></a> / <a href="shop/shop.asp"><strong>去结算</strong></a>
```

```
//调用 shop.asp 页面进行结算。
            <%
            end if
            %>
            </td>
        </tr>
        </table>
```

STEP 3 完成购物车系统后设计用户注册与登录系统，该系统在前面的章节中已经详细介绍过，这里就不再介绍，完成后的效果如图 9-18 所示。

STEP 4 分析搜索功能模块，搜索功能的设计与制作主要是通过 SQL 的查询语句来实现的，完成后的搜索模块如图 9-19 所示。

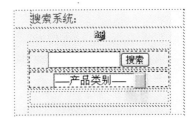

图 9-18 用户登录系统   图 9-19 商品搜索功能模块

查询的功能代码主要是嵌套在单独的一个表单 FromSearch 之中，命令如下：

```
<%
set rs_class=server.createobject("adodb.recordset")
sql="select * from 商品主类别 order by 主类别 ID"
rs_class.open sql,conn,1,1
    %>
//建立 SQL 查询语句，通过商品主类别及主类别 ID 来查询商品数据库
    <table width="84%" border="0" cellspacing="0" cellpadding="3">
  <form name="FromSearch" method="post" action="product/search_result.asp" onSubmit="return check()">
//提交后由 search_result.asp 页面显示查询效果
  <tr>
  <td><img src="/images/Spacer.gif" width="1" height="6"></td>
  </tr>
  <tr>
  <td><font color="#FFFFFF"> 关键词： </font> </td>
  </tr>
  <tr>
  <td><input name="search_key" type="text" class="input1" size="26">
//设置搜索关键词文本域
  </td>
  </tr>
   <tr>
  <td><font color="#FFFFFF">类    别： </font></td>
  </tr>
```

```
    <tr>
    <td>
<select name="search_class" class="input1">
    <option value="" selected>-----所有商品类别-----</option>
    <%for i=1 to rs_class.RecordCount-1%>
    <option value="<%=rs_class("主类别 ID")%>"><%=rs_class("主类别名称")%></option>
    <%
        if rs_class.eof then
        exit for
        end if
        rs_class.movenext
        next
        rs_class.MoveFirst '把记录集游标移到第一条记录
        %>
    </select>
//通过商品主类别 ID 和主类别名称进分类查询
</td>
    </tr>
    tr valign="middle">
    <td><table width="100%" border="0" cellspacing="0" cellpadding="0">
    <tr>
    <td><input   name="imageField2"   type="image"   src="/images/index_search_bt.gif"   width="57"
height="21" border="0"></td>
    </tr>
    </table></td>
    </tr>
    <tr>
    <td><img src="/images/Spacer.gif" width="1" height="6"></td>
    </tr>
    </form>
```

9.3.3 创建导航条

这里将使用 ASP 语言建立导航条，完成后的代码如下：

```
<%
if session("user_prop")="admin" then
main_menu="<a href="">首页</a>  |
<a href='/product/all_list.asp'>采购中心</a>  |
<a href='/about_us/about_us.asp'>关于我们</a>  |
<a href='/news/news_list.asp'>新闻中心</a>  |
<a href='/client/client.asp'>售后服务</a>  |
<a href='/service/service.asp' >服务条款</a>  |
<a href='/order_search/order_search.asp'>订单查询</a>  |
```

```
<a href='/admin/news_admin/news_add.asp'>网站管理</a>"
//如果登录用户是 admin 则显示的导航内容
else //否则导航条显示如下的内容
main_menu="<a href=''>首页</a> ┊
<a href='/product/all_list.asp'>采购中心</a> ┊
<a href='/about_us/about_us.asp'>关于我们</a> ┊
<a href='/news/news_list.asp'>新闻中心</a> ┊
<a href='/client/client.asp'>售后服务</a> ┊
<a href='/service/service.asp' >服务条款</a> ┊
<a href='/order_search/order_search.asp'>订单查询</a>"
end if
%>
```

这个页面设置了导航条的内容及链接情况，并进行了一个条件选择显示，如果登录者是
admin 则多显示 "网站管理" 功能链接，方便管理者进入后台进行管理，如果不是后台管理
者则显示正常的导航链接，创建的效果如图 9-20 所示。

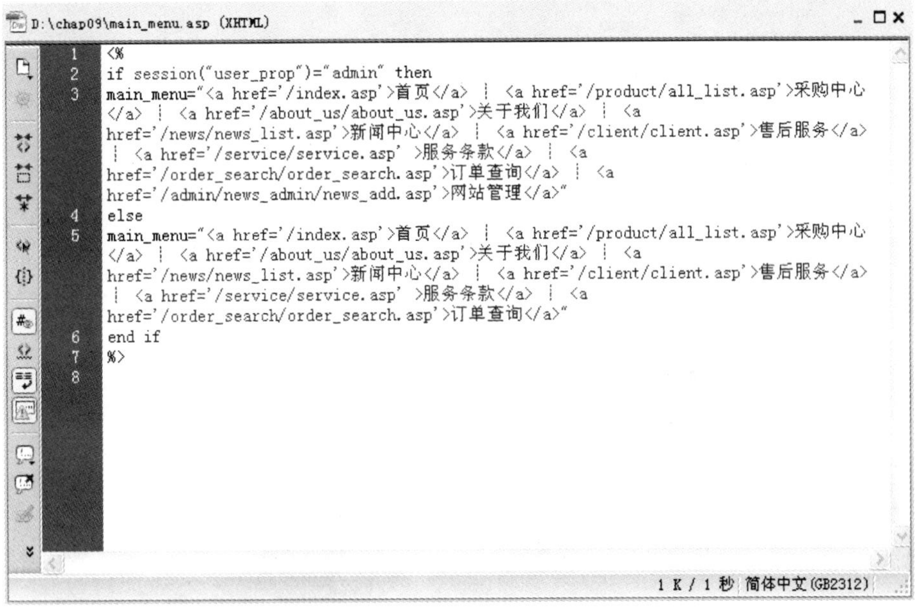

图 9-20　创建导航条页面

9.3.4 首页设计

index.asp 为购物系统首页页面，用户通过在 IE 栏中输入网站地址后直接可以打开的页
面，首页的设计分析如下：

STEP① 把光盘中素材 chap09 文件夹中的网上购物系统复制到本地计算机硬盘上，由
前面所学知识创建本地站点 chap09，并设置主浏览页面。

STEP 2 双击"文件"面板中的 index.asp 页面，打开的页面效果如图 9-21 所示。

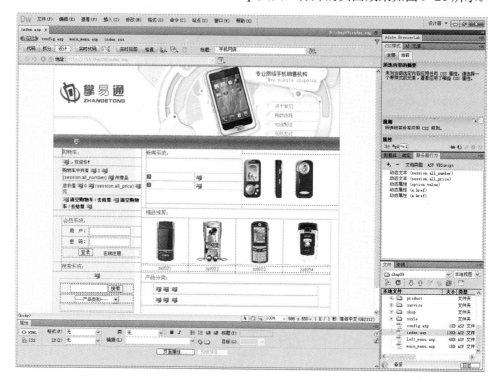

图 9-21　设计好的 index.asp 页面

STEP 3 该页面的代码比较长，这里把实现功能的一些重要 ASP 命令列出说明。在导航条调入如图 9-22 所示的位置加入 ASP 命令如下：

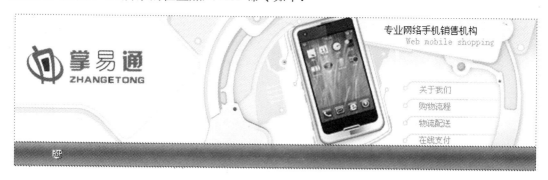

图 9-22　导航条调入位置

ASP 命令说明：

```
<%=main_menu%>
//调用 main_menu.asp
```

STEP 4 左边的内容和 left_menu.asp 页面功能是一样的，这里就不再介绍，中间是由新闻系统和精品推荐及产品分类功能模块组成，如图 9-23 所示。

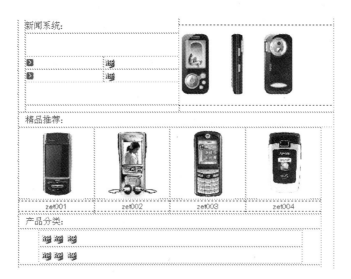

图 9-23　商品展示模块

STEP 5 产品分类模块应用了 ASP 中的 for 循环命令快速建立了所有商品的展示功能，该段动态命令如下：

```
<table width="90%" border="0" cellpadding="5" cellspacing="0" class="fenlei">
<%
if (rs_class.RecordCount mod 5)=0 then
line=Int(rs_class.RecordCount/5)
else
    line=Int(rs_class.RecordCount/5)+1
    end if
    for i=1 to line
if (i mod 2)<>0 then
    %>
//设置商品分类显示行数为5
 <tr>
 <td bgcolor="#FFFFFF">
    <%
    for k=1 to 5
    if rs_class.eof then
exit for
    else
    %>
//如果显示了所有的记录则关闭查询
<a href="product/all_list.asp"><%=rs_class("主类别名称")%></a><img src="/images/Spacer.gif" width="6" height="1">
//单击商品类别名称连接到 all_list.asp 显示全部商品内容页面
<%
            rs_class.MoveNext
            end if
            next
```

```
            %>
  </td>
      </tr>
      <%
            end if
            if (i mod 2)=0 then
            %>
   <tr>
    <td>
            <% for k=1 to 5
            if rs_class.eof then
      exit for
            else
            %>
<a href="product/all_list.asp"><%=rs_class(" 主 类 别 名 称 ")%></a><img src="/images/Spacer.gif"
width="6" height="1">
<%
rs_class.MoveNext
end if
   next
    %>
  </td>
  </tr>
      <%
      end if
next
%>
  </table>
```

STEP 6 网上购物系统的首页分析结束，如果需要快速建立购物系统的首页可以直接参考光盘中已完成的页面，查看代码，可以快速完成购物系统首页的设计与制作。

Section 9.4 商品展示动态页面

product 文件夹用于放置与销售商品相关的页面。主要包括所有商品罗列页面 all_list.asp、商品细节页面 product.asp 和商品搜索结果页面 search_result.asp。下面将分别介绍这些页面的设计。

9.4.1 商品罗列页面

单击导航条中的"采购中心"或单击首页中的"商品分类"中的商品内容即可链接到的页面，主要用于显示数据库中的所有商品。

STEP 1 首先完成静态页面的设计，该页面的核心部分在"商品选购"中商品二级分类的显示，其他部分功能在首页设计中已经介绍过，完成后的效果如图9-24所示。

图9-24 设计的商品罗列页面

STEP② 主要核心部分代码如下所示：

```
<table width="90%" border="0" cellpadding="5" cellspacing="0" class="fenlei">
  <%
for i=1 to rs.RecordCount
    %>
//设置记录集计算循环
<tr>
<td width="79%" bgcolor="#FFFFFF"><strong><%=rs("主类别名称")%></strong></td>
//显示主类别名称
<td width="21%" align="right" bgcolor="#FFFFFF"><a href="all_list.asp">返回总分类</a> 
    </td>
</tr>
<tr>
<td colspan="2" class="line">
<%
for j=1 to rs_sub.RecordCount
if rs_sub.eof then
    rs_sub.MoveFirst
end if
if CInt(rs_sub("主类别ID"))=CInt(rs("主类别ID")) then
```

```
%>  <a href="search_result.asp?sub_classID=<%=rs_sub("子类别 ID")%>&name=<%=rs_sub("子
类别名称")%>">
<%=rs_sub("子类别名称")%></a>　<%
end if
rs_sub.MoveNext
next
    %>
//该段程序是在页面中显示所有子类别名称的代码
</td>
</tr>
<%
rs.MoveNext
next
    %>
</table>
```

STEP 3　在完成的动态页面中，"产品选购"说明文字下方共有 4 个 ASP 程序图标，如
图 9-25 所示，每个 ASP 图标就是加入步骤（2）中<% ..%> 符号之间的 4 句不同的 ASP 程序。

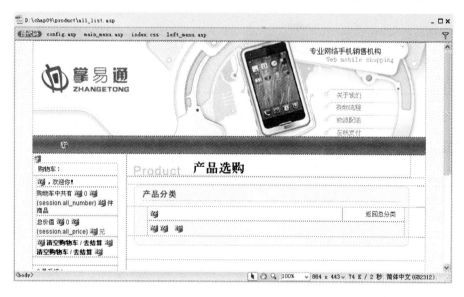

图 9-25　完成的商品选购代码编辑

9.4.2　商品细节页面

　　购物系统中所有商品都是需要显示详细信息的，接下来就要设计商品细节页面
product.asp。细节页面用于显示商品所有的详细信息包括商品价格、商品产地、商品单位及
商品图片等，同时要显示是否在架（是否还有商品），放入购物车等功能。

STEP 1　由所需要建立的功能出发，可以建立如图 9-26 所示的动态页面，页面中一个
ASP 代码图标代表加入动态命令实现该功能。

图 9-26　完成的设计页面

STEP 2 下面对该模块的命令分析如下：

```
<table width="90%" border="0" cellpadding="5" cellspacing="0" class="fenlei">
<tr>
<td width="44%" bgcolor="#FFFFFF"><strong>商品编码：<%=rs("商品编码")%></strong></td>
<td width="29%" bgcolor="#FFFFFF">
<%
if rs("在架状态")=0 then
else
    %>
<a href="/shop/add2bag.asp?productID=<%=rs("商品ID")%>"><img src="../images/index_ dinggou.gif"
width="84" height="16" border="0"></a>
<%
end if
%>
//如果商品在架，单击放入购物车连接 add2bag.asp 页面实现购物功能
    </td>
<td width="27%" align="right" bgcolor="#FFFFFF">
    <%
    if rs("在架状态")=0 then
%>
<font color="#FF6600">抱歉！此商品缺货！</font>
    <%
    else
    %>
    font color="#FF6600">在架</font>
%
end if
    %>
//如果商品在架状态定义值为 0，则显示"抱歉！此商品缺货！"
</td>
```

```
</tr>
<tr valign="top">
<td colspan="3" class="line"><table width="100%" border="0" cellpadding="3" cellspacing="0" class=
"rightA">
  <tr>
    <td width="5%"><img src="../images/index_title.gif" width="19" height="12"></td>
<td><font color="#427012"><strong>商品名称：</strong></font>
<%=rs("商品名称")%>//显示商品名称
</td>
  </tr>
  <tr>
    <td bgcolor="#FFFFFF"><img src="../images/index_title.gif" width="19" height="12"></td>
    <td bgcolor="#FFFFFF"><font color="#427012"><strong>商品售价：</strong></font><%=rs("零售
价")%>元//显示商品价格
</td>
  </tr>
  <tr>
    <td><img src="../images/index_title.gif" width="19" height="12"></td>
    <td><font color="#427012"><strong>商品单位：</strong></font><%=rs("单位")%>//显示商品单
位</td>
  </tr>
  <tr>
    <td bgcolor="#FFFFFF"><img src="../images/index_title.gif" width="19" height="12"></td>
    <td bgcolor="#FFFFFF"><font color="#427012"><strong>商品产地：</strong></font><%=rs("产
地")%>//显示商品产地</td>
  </tr>
  <tr>
    <td class="fenlei"><img src="../images/index_title.gif" width="19" height="12"></td>
    <td><font color="#427012"><strong>商品说明：</strong></font><%=rs("商品说明")%>//显示商
品说明</td>
  </tr>
    <tr>
    <td class="fenlei"><img src="../images/index_title.gif" width="19" height="12"></td>
    <td><font color="#427012"><strong>商品图片：</strong></font></td>
  </tr>
      <tr>
    <td class="fenlei"> </td>
    <td valign="top">
      <%
      if rs("商品图片")="" then
%>
      <img src="../incoming_img/no_photo.gif" width="500" height="186">
      <%
      else
      %>
      <img src="../incoming_img/<%=rs("商品图片")%>">
      <%
      end if
```

```
    %>
//显示商品图片
    </td>
</tr>
<tr>
<td colspan="2" class="fenlei"><img src="../images/Spacer.gif" width="1" height="5"></td>
 </tr>
</table></td>
</tr>
</table>
```

STEP 3 商品细节页的设计不是一成不变的，该页面实际是显示记录集的页面，在实际操作中需要建立数据库连接，建立查询记录集，最后绑定想要显示的字段，则可以完成商品细节页的设计。

9.4.3 商品搜索结果页面

在首页中有一个商品搜索功能栏，通过输入搜索的商品，单击搜索按钮打开的页面就是这个商品搜索结果页面 search_result.asp。该页面包括的功能有由搜索页传递过来的字段搜索数据库中的数据并显示该商品，为了方便购物在找到的显示商品中还需要设置商品的名称、报价、在架状态，同时要加入购物车功能，在制作搜索结果页的时候还需要考虑到一个问题，那就是很可能在搜索的字段当中会有很多商品相似，如输入"zet"，则所有数据中带"zet"字段的商品都会列在该页面，所以要创建导航条还有记录统计等功能。

STEP 1 由上面的功能分析出发，设计好的商品搜索结果页面如图 9-27 所示。

图 9-27　搜索的实际结果

STEP 2 本页面相关的程序分析如下：

```
<table width="100%" border="0" cellspacing="0" cellpadding="0">
<tr>
<td> </td>
</tr>
 <tr>
 <td><img src="../images/index_pro011.gif" width="573" height="41"></td>
 </tr>
 <tr>
 <td    align="center"   valign="top"   background="../images/index_pro03.gif"><table    width="90%"
border="0" cellpadding="5" cellspacing="0" class="fenlei">
 <tr>
 <td width="77%" bgcolor="#FFFFFF">
    <%
    if Request("search_key")<>"" then
    %>
    <strong>您搜索的关键词是:</strong><font color="#FF3300"> 
<%=Request("search_key")%></font>
<%
else
    %>
<strong><%=Request("name")%>：</strong>
    <%
    end if
    %>
//在搜索的关键词后面显示前面输入搜索的阶段变量即搜索的名称值
    </td>
<td width="23%" bgcolor="#FFFFFF"><a href="all_list.asp">&lt;&lt;返回商品分类</a></td>
</tr>
</table>
<table width="90%" border="0" cellpadding="0" cellspacing="0" >
<tr>
<td><img src="../images/Spacer.gif" width="1" height="3"></td>
</tr>
</table>
<table width="90%" border="0" cellpadding="5" cellspacing="0" class="fenlei">
 <tr>
   <td width="48%" bgcolor="#FFFFFF"><strong>商品名</strong></td>
 <td width="17%" bgcolor="#FFFFFF"><strong>报价</strong></td>
 <td width="16%" bgcolor="#FFFFFF"><strong>在架状态</strong></td>
 <td width="19%" bgcolor="#FFFFFF"> </td>
 </tr>
 <%
    if rs.recordcount<>0 then
    for i=1 to pagesize
    if rs.eof then
```

```
        exit for
        end if
%>
<%
    if (i mod 2)=0 then
%>
<tr bgcolor="#EBEBEB">
<%
    end if
    %>
//显示所有的搜索结果
<td><a href="product.asp?productID=<%=rs("商品 ID")%>" target="_blank"><%=rs("商品名称")%>
</a></td>
<td><%=rs("零售价")%></td>
//通过商品 ID 打开商品名称
<td>
  <%
    if rs("在架状态")=0 then
    response.Write("缺货")
    else
response.Write("在架")
    end if
    %>
//显示商品是否在架或者缺货
</td>
<td><font color="1A3D05"><a href="/shop/add2bag.asp?productID=<%=rs("商品 ID")%>"><img
src="../images/index_dinggou.gif" width="84" height="16" border="0"></a></font></td>
</tr>
<%
rs.MoveNext
    next
    else
%>
<tr bgcolor="#EBEBEB">
<td colspan="4"><font color="#FF3300">抱歉！您选择的分类暂时没有货物，请您电话与我们联
系！</font></td>
</tr>
  <%
    end if
rs.close
    set rs=nothing
    conn.close
    set conn=nothing
    %>
</table>
<table width="90%" border="0" cellpadding="8" cellspacing="0" class="fenlei">
```

```
<tr>
<td width="35%">第<%=page%>页/共<%=pageall%>页//统计搜索总数</td>
 <td width="32%"> </td>
 <td width="33%" align="right">
    <%if   Cint(page-1)<=0 then
    response.write "上一页"
    else%>
 <ahref="search_result.asp?page=<%=page-1%>&name=<%=Request("name")%>&sub_classID=
<%=Request("sub_classID")%>&search_key=<%=request("search_key")%>&search_class=<%=request
("search_class")%>">上一页</a>
    <%end if%>
         / 
    <%if   Cint(page+1)>Cint(pageall) then
    response.write "下一页"
    else%>
 <ahref="search_result.asp?page=<%=page+1%>&name=<%=Request("name")%>&sub_classID=<%=R
equest("sub_classID")%>&search_key=<%=request("search_key")%>&search_class=<%=request("search_cla
ss")%>">下一页</a>
    <%end if %>
    </td>
</tr>
</table></td>
</tr>
<tr>
<td><img src="../images/index_pro02.gif" width="573" height="46"></td>
</tr>
</table>
```

到这里就完成了商品相关动态页面的设计，可以实现商品的展示功能。

Section 9.5 商品结算功能

购物车的主要功能就是进行商品结算，通过这个功能用户在选择了自己喜欢的商品后可以通过网络确认所需要的商品，输入联系办法，提交后写入数据库方便网站管理者进行售后服务，这也是购物车系统的核心功能。

9.5.1 统计订单

Add2bag.asp 页面在前面的代码中经常应用到，就是单击"放入购物车"图标按钮后都调用该页面，主要是实现统计订单数量的功能页面。该页面完全是 ASP 代码，如图 9-28 所示。

图 9-28　add2bag.asp 页面的设计

代码分析如下：

```
<!--#include file="../config.asp"-->
//调用 config.asp 确认数据库连接
<%
productID=request("productID")
//定义阶段变量 productID
set rs=server.createobject("adodb.recordset")
//创建记录集
sql="select * from 产品表 where 产品ID="&productID&" order by 产品ID"
//用 sql 查询功能通过产品 ID 与 productID 核对
rs.open sql,conn,1,1
if rs.recordcount<>0 then
    session("all_number")=session("all_number")+1
//通过 session 记录放入的购物篮产品的总个数
    session("product"&session("all_number"))=productID
    session("all_price")=session("all_price")+CDbl(rs("零售价"))
end if
rs.close
set rs=nothing
response.Redirect(request.serverVariables("Http_REFERER"))
%>
//如果是定购则产品的总个数加 1，购物总价加入刚定购产品的零售价
<%
for i=1 to CInt(session("all_number"))
%>
<%=session("product"&i)&"<br>"%>
<%
next
%>
```

代码说明：

session 在 Web 技术中占有非常重要的位置。由于网页是一种无状态的连接程序，因此无法得知用户的浏览状态。因此必须通过 session 记录用户的有关信息，以供用户再次以此身份对 Web 服务器提供要求。

9.5.2 清除订单

clear_bag.asp 页面是清除订单信息的页面，通过单击文字"清空"能够调用 clear_bag.asp 页面，通过里面的命令清空购物车中的数据统计，设计的 asp 命令如图 9-29 所示。

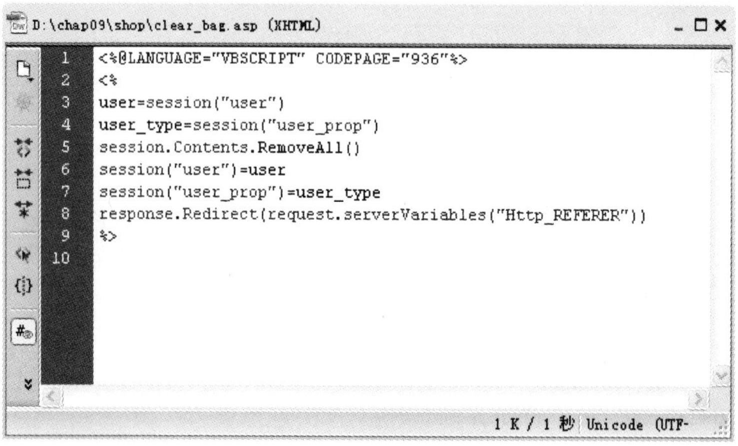

图 9-29 clear_bag.asp 页面

清除订单的代码如下：

```
<%@LANGUAGE="VBSCRIPT" CODEPAGE="936"%>
<%
user=session("user")
user_type=session("user_prop")
session.Contents.RemoveAll()
session("user")=user
session("user_prop")=user_type
response.Redirect(request.serverVariables("Http_REFERER"))
%>
//通过 RemoveAll()命令实现清空 session 中的记录
```

9.5.3 用户信息确认订单

用户登录后选择商品放入购物车，单击首页上的"去结算"按钮，则打开用户信息订单确认页面 shop.asp，该页面主要用于显示选择的购物商品数量及总价，需要设置输入"送货信息"功能，然后单击"继续"按钮把输入的信息存入数据库中，打开订单信息确认页面 order.asp。该页面完成后的效果如图 9-30 所示。从功能上可以看出该页面的功能有点类似于留言板的功能。只不过多了订单商品统计功能。订单商品的统计功能和 add2bag.asp 页面的统计功能一样，所以本页的程序就不再分析介绍，读者可自行打开本书配套光盘中的该页面，对代码进行浏览分析。

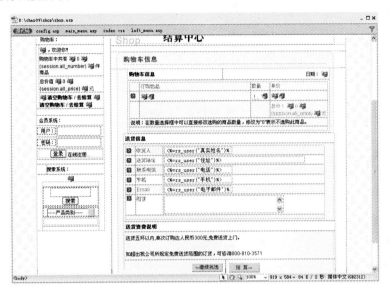

图 9-30 订单信息确认页面效果

9.5.4 订单确认信息

单击 shop.asp 页面中的"结算"按钮后打开 order.asp 订单确认页面，该页面同 shop 页面的结构，在送货信息中显示了上一页中输入的送货详细信息，相当于留言板中的查看留言板功能，设置的结果如图 9-31 所示。设计命令前面已全部介绍过这里不再介绍。

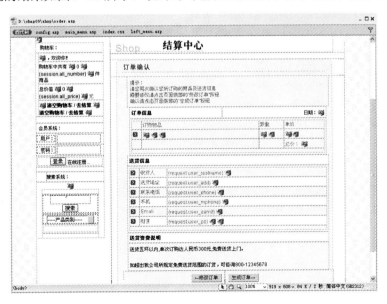

图 9-31 订单确认页面

9.5.5　订单最后确认

单击订单确认信息页面 order.asp 中的"生成订单"按钮，就可以打开 order_sure.asp 页面，该页面的功能是在订单写入数据库后弹出的完成购物页面，该页面的设计同 order.asp，只是减少了"送货信息"的内容，具体的制作不再介绍，结果如图 9-32 所示。

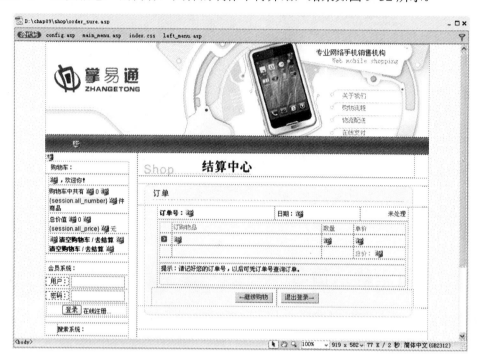

图 9-32　完成购物订单效果

Section 9.6　订单查询功能

用户在购物时还需要知道自己在近一段时间一共购买了多少商品，单击导航条中的"订单查询"命令，打开查询输入的页面 order_search.asp，在查询文本域中输入客户的订单编号，可以在 your_order.asp 页面查到订定的处理情况，方便与网站管理者沟通。

9.6.1　订单查询输入

订单查询功能和首页中的商品搜索功能设计方法是一样的，需要在输入的查询页面中设置好数据库连接，设置查询输入文本域，建立 SQL 查询命令，具体的设计分析同前面的搜索功能模块设计，完成后的效果如图 9-33 所示。

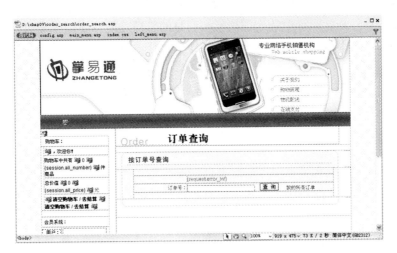

图 9-33　订单查询页面

9.6.2　订单查询结果

　　your_order.asp 页面是用户输入订单查询后，单击"查询"按钮弹出的查询结果页面。设计分析同 search_result.asp，这里不再介绍，完成后的效果如图 9-34 所示。

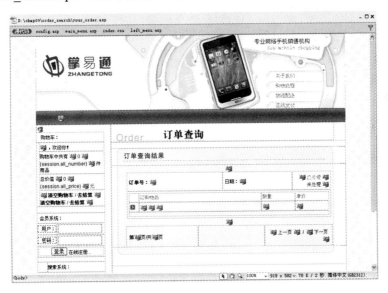

图 9-34　用户订单查询结果

9.7　购物车后台管理

　　购物车后台系统是整个网站建设的难点，它几乎包括了所有的常用 ASP 处理技术，包括了新闻系统的管理功能、订单的处理功能和商品的管理功能。新闻系统的管理在前面章节中已经介绍过，这里不再介绍，在此重点介绍订单处理功能和商品的管理功能。

9.7.1　后台登录

网站拥有者需要登录后台管理网上购物系统，由于涉及到很多商业机密，所以需要设计登录用户确认页面，通过输入唯一的用户名和密码才可以登录后台进行管理。本网上购物系统为了方便使用，只需要在首页用户系统中直接输入"用户名"admin 和"密码"admin，就可以登录后台。因此需要制作用于判断后台登录管理身份确认的动态文件 check_admin.asp。

该页面制作也比较简单，完成后的代码如下：

```
<%
if session("user_prop")<>"admin" then
    response.Redirect("/member/login.asp?error_inf=请用管理员账号登录进入后台管理！")
end if
%>
//判断用户是否为 admin，如果不是就打开出错信息页面
```

9.7.2　订单管理

order_admin 文件夹用于放置后台订单处理的一些动态页面。里面分别放置了如下 5 个动态页面：

del_order.asp：删除订单。

mark_order.asp：标记已处理订单。

order_list.asp：后台客户订单列表。

order_list_mark0.asp：未处理客户订单列表。

order_list_mark1.asp：已处理客户订单列表。

下面分别分析各页面的 ASP 命令：

STEP 1　用于删除订单的动态页面 del_order.asp，如图 9-35 所示。

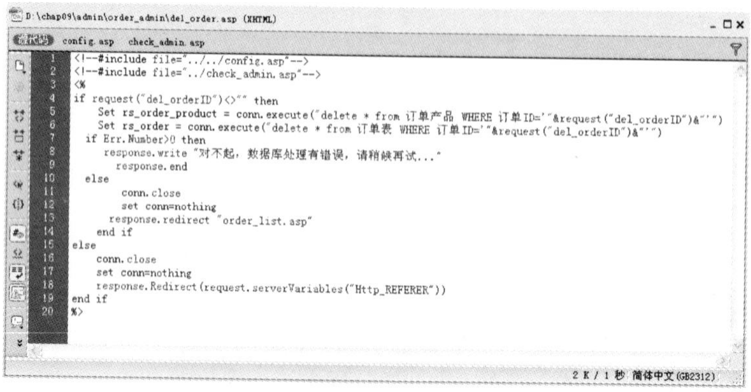

图 9-35　删除订单页面 del_order.asp

ASP 命令说明如下:

```
<!--#include file="../../config.asp"-->
//通过 config.asp 页面建立数据库连接
<!--#include file="../check_admin.asp"-->
<%
if request("del_orderID")<>"" then
Set rs_order_product = conn.execute("delete * from 订单商品 WHERE 订单 ID='"&request ("del_orderID")&"'")
// 通过 delete 命令删除订单
Set rs_order = conn.execute("delete * from 订单表 WHERE 订单 ID='"&request("del_orderID")&"'")
    if Err.Number>0 then
        response.write "对不起，数据库处理有错误，请稍候再试..."
          response.end
//删除失败显示的信息
    else
            conn.close
            set conn=nothing
        response.redirect "order_list.asp"
      end if
else
    conn.close
    set conn=nothing
    response.Redirect(request.serverVariables("Http_REFERER"))
end if
%>
```

STEP 2 mark_order.asp 标记已处理订单，如图 9-36 所示。

图 9-36 标记已处理订单页面

程序说明如下:

```
<!--#include file="../../config.asp"-->
//通过 config.asp 页面建立数据库连接
```

```
<!--#include file="../check_admin.asp"-->
<%
if request("mark_orderID")<>"" then
    set rs=server.createobject("adodb.recordset")
    sql="update 订单表 set 是否处理='"&request("mark")&"' where 订单 ID='"&request("mark_
orderID")&"'"
    rs.open sql,conn,1,1
//如果请求变量 mark_orderID 不为空，则标记为已处理订单
    if Err.Number>0 then
        response.write "对不起，数据库处理有错误，请稍候再试..."
        response.end
    else
        response.redirect(request.serverVariables("Http_REFERER"))
    end if
end if
rs.close
set rs=nothing
conn.close
set conn=nothing
%>
```

STEP③ order_list.asp 后台客户订单列表的设计页面如图 9-37 所示。该页面中有"订单查询"功能，还有订单的详细结果，这些技术在前面的页面制作中已经介绍过，不同的地方在于"订单号："这一栏，里面有删除订单功能。

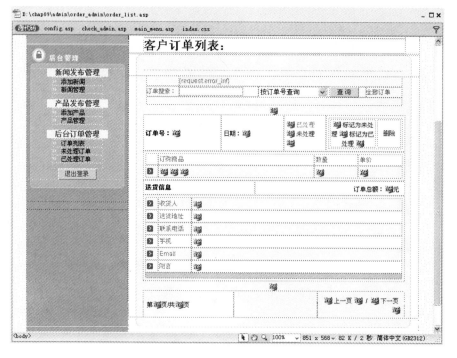

图 9-37　客户订单列表

下面对该行的代码进行分析说明：

```
<tr>
<td width="30%" bgcolor="#FFFFFF"><strong>订单号：<%=rs_order("订单ID")%>
//显示处理的订单编号
</strong></td>
  <td width="24%" bgcolor="#FFFFFF">日期：<%=rs_order("订单日期")%></td>
   <td width="16%" bgcolor="#FFFFFF"> <%
    if rs_order("是否处理")=1 then
    %> <font color="#FF6600">已处理</font>
<%
   else
   %> <font color="#0033FF">未处理</font> <%end if%> </td>
//如果查得 " 是否处理 " 的值为 1 那么显示为已处理，否则显示为未处理
<td width="30%" bgcolor="#FFFFFF"><table width="100%" border="0" cellspacing="3" cellpadding="0">
<tr>
  <td width="65%" align="center" valign="middle" bgcolor="#C4DCB6" onMouseOver="mOvr
(this,'#79B43D');" onMouseOut="mOut(this,'#C4DCB6');" >
   <%
   if rs_order("是否处理")=1 then
   %>
   <a href="mark_order.asp?mark_orderID=<%=rs_order("订单ID")%>&mark=0">标记为未处理</a>
   <%
   else
   %>
           <a href="mark_order.asp?mark_orderID=<%=rs_order("订单ID")%>&mark=1">标记为已处理</a>
   <%end if%>
       //标记是否处理的订单，并通过订单 ID 号设置连接页面
  </td>
   <td width="35%" align="center" valign="middle" bgcolor="#C4DCB6" onMouseOver="mOvr
(this,'#79B43D');" onMouseOut="mOut(this,'#C4DCB6');" >
   <a href="del_order.asp?del_orderID=<%=rs_order("订单ID")%>" onClick="return confirm('真的要删
除这份订单吗？')">删除
   //通过订单 ID 删除选择的订单
   </a></td>
   </tr>
   </table></td>
    </tr>
```

STEP 4 order_list_mark0.asp 未处理客户订单列表用于显示所有没有处理的客户订单页面，完成后的设计效果如图 9-38 所示。该页面的制作同 order_list.asp，除减少了搜索功能，该页面中显示的是 rs_order("是否处理")=1 的所有未处理订单。具体的代码读者可查看光盘中的源代码。

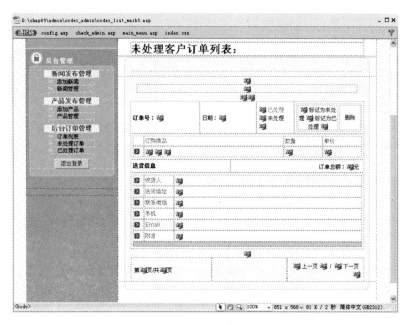

图 9-38　设计的显示未处理客户订单页面

STEP⑤ order_list_mark1.asp 已处理客户订单列表和未处理客户订单列表是相对的功能页面，当 rs_order("是否处理")的值不等于 1 时订单都会显示在该页面，完成后的效果如图 9-39 所示。具体的代码读者可查看光盘中的源代码。

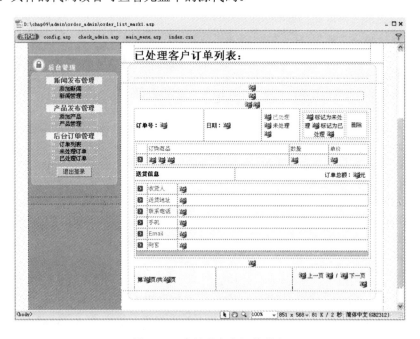

图 9-39　未处理客户订单列表

通过上面的订单处理后台管理页面可以看出，设计的思路主要是对编辑过的订单赋值，通过赋值情况的不同分别区分为已处理订单和未处理订单。

9.7.3 商品管理

product_admin 文件夹用于放置商品管理的页面，主要包括了如下 9 个页面，这是购物系统的重点和难点，涉及到上传图片等高难度编程操作。

del_product.asp：删除商品页面。

insert_product.asp：插入商品页面。

product_add.asp：添加商品信息页面。

product_list.asp：后台管理商品列表。

product_modify.asp：更新商品信息页面。

update_product.asp：建立上传命令动态页面。

upfile.asp：上传文件测试动态页面。

upfile.htm：上传图片文件静态测试页面。

upload_5xsoft.inc：上传文件 ASP 命令模版。

技术难度主要在于图片的上传功能，这 9 个页面当中上传文件测试动态页面 upfile.asp 和上传图片文件静态测试页面 upfile.htm 和本系统不相关的页面，单独列出是为了说明如何上传图片。

STEP 1 删除商品页面 del_product.asp 只是一段删除商品的动态页面，代码在前面的删除功能中经常使用到，如图 9-40 所示。

图 9-40　del_product.asp 删除商品页面

具体的代码如下：

```
<!--#include file="../../config.asp"-->
<!--#include file="../check_admin.asp"-->
<%
if request("del_productID")<>"" then
```

```
conn.execute("delete * from 商品表 WHERE 商品 ID="&CInt(request("del_productID")))
conn.execute("delete * from 订单商品 WHERE 商品 ID='"&request("del_productID")&"'")
if Err.Number>0 then
    response.write "对不起，数据库处理有错误，请稍候再试..."
      response.end
    else
            conn.close
            set conn=nothing
        response.redirect "product_list.asp"
    end if
else
    conn.close
    set conn=nothing
    response.Redirect(request.serverVariables("Http_REFERER"))
end if
%>
```

STEP 2 插入商品页面 insert_product.asp，是一段插入记录的代码。当中引用了 upload_5xsoft.inc 的程序代码，如图 9-41 所示。

图 9-41　insert_product.asp 插入商品页面

具体的代码如下：

```
<!--#include file="../../config.asp"-->
<!--#include file="../check_admin.asp"-->
<!--#include file="../../main_menu.asp"-->
<!--#include FILE="upload_5xsoft.inc"-->
<%'OPTION EXPLICIT%>
<%Server.ScriptTimeOut=5000%>
<%
dim upload,file,formName,formPath,imageName
```

```
imageName=""
set upload=new upload_5xsoft "建立上传对象
if upload.form("filepath")="" then      "得到上传目录
 set upload=nothing
 response.end
else
 formPath=upload.form("filepath")
 "在目录后加(/)
 if right(formPath,1)<>"/" then formPath=formPath&"/"
end if
for each formName in upload.objFile "列出所有上传了的文件
 set file=upload.file(formName)     "生成一个文件对象
 if file.FileSize>0 then            "如果 FileSize > 0 说明有文件数据
   file.SaveAs Server.mappath(formPath&file.FileName)        "保存文件
   'response.write file.FilePath&file.FileName&" ("&file.FileSize&") => "&formPath&File.FileName&"
成功!<br>"
   imageName=File.FileName
 end if
 set file=nothing
next
   "删除此对象
'sub HtmEnd(Msg)
' set upload=nothing
 'response.write "<br>"&Msg&" [<a href=""javascript:history.back();"">返回</a>]</body></html>"
 'response.end
'end sub
'for each formName in upload.objForm "列出所有 form 数据
' response.write "pro_chandi="&upload.form("pro_chand")&"<br>"
'next
%>
<%
if upload.form("pro_mingcheng")<>"" then
    pro_mingcheng=upload.form("pro_mingcheng")
    pro_genmu=upload.form("pro_genmu")
    pro_zimu=upload.form("pro_zimu")
    pro_bianma=CStr(upload.form("pro_bianma"))
    pro_tiaoxingma=upload.form("pro_tiaoxingma")
    pro_jiage=upload.form("pro_jiage")
    pro_chandi=upload.form("pro_chandi")
    pro_danwei=upload.form("pro_danwei")
    pro_guige=upload.form("pro_guige")
    pro_zaijia=upload.form("pro_zaijia")
    pro_tuijian=upload.form("pro_tuijian")
    pro_shuoming=upload.form("pro_shuoming")
            conn.execute("insert into 产品表(商品名称,商品编码,条码,零售价,产地,单位,规格,产品
图片,子类别 ID,根类别 ID,在架状态,主页推荐,商品说明) values ("&pro_mingcheng&"',
```

'"&pro_bianma&'","'&pro_tiaoxingma&'","'&pro_jiage&'","'&pro_chandi&'","'&pro_danwei&'","'&pro_guige&'","'&imageName&'","'&pro_zimu&'","'&pro_genmu&'","'&pro_zaijia&'","'&pro_tuijian&'","'&pro_shuoming&'")")
end if
if Err.Number>0 then
　　response.write "对不起，数据库处理有错误，请稍候再试..."
　　response.end
else
　　conn.close
　　set conn=nothing
　　set upload=nothing
　　response.Redirect("product_add.asp?return_inf=添加产品信息成功，请继续添加！")
end if
%>

STEP 3 添加商品信息页面 product_add.asp 和用户注册系统的用户信息输入页面差不多，只是多了商品图片上传功能，页面中的内容为表单中建立相应的动态对象。设计的效果如图9-42所示。

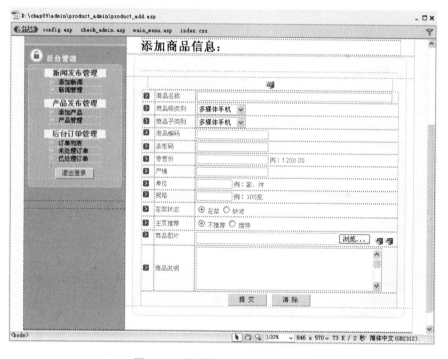

图9-42　设计的添加商品信息页面

STEP 4 product_list.asp 后台管理商品列表建立。该页面完成后的效果如图9-43所示。页面中列出了商品的一些信息比如是否有图片，商品价格等信息，主要是后面的"修改"及"删除"功能，通过单击"修改"命令可打开更新商品信息页面 product_modify.asp 进行商品更新。

图 9-43　设计完成的后台管理商品列表

STEP 5　更新商品信息页面 product_modify.asp 的设计同新闻系统中的更新新闻功能类似。设计方法略，读者可以打开光盘中的源代码进行学习参考。完成后的设计效果如图 9-44 所示。

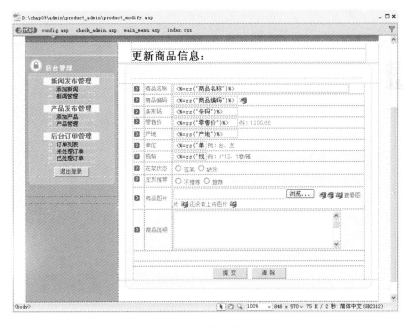

图 9-44　更新商品信息

STEP 6　单击更新商品信息页面 product_modify.asp 中的"提交"按钮，可通过 update_product.asp 建立上传命令动态页面实现。该动态页面的功能命令和 insert_product.asp 插入商品页面类似，难点在于图片的上传更新。读者可打开源码进行学习。

STEP 7 关于 upfile.asp 上传文件测试动态页面、upfile.htm 上传图片文件静态测试页面、upload_5xsoft.inc 上传文件 ASP 命令模版 3 个页面是为了方便建立购物车时单独调用，里面也有详细的程序解释说明，在本系统中不再介绍。

通过上面几个小节的分析与设计，该网站的在线购物功能及后台管理功能基本上已经开发完成，但还有很多的说明页面，如制作与购物相关的一些说明 client.asp，用来说明售后服务的页面 service.asp，关于企业的内容简介页面 about_us.asp 等是需要由网站拥有者根据实际情况设计的。网上购物系统还要根据开发的系统设计一个购物流程，在首页或者是其他功能页面说明购物、结算、售后服务等详细的过程，这也要根据实际的物流配送情况来设计。

到这里一个功能完善的购物系统就开发完毕了，通过设计这个系统读者可以掌握如何利用 ASP 实现一个购物车的基本思路。

第 10 章　SEO 搜索引擎优化技术

通过竞价排名，很多企业都切身感受到了搜索引擎营销所带来的好处，但其昂贵的费用及带来的一些负面影响却让很多企业望而却步。其实还有一种成本更低、回报更高的方式来开展搜索引擎网站营销，这就是搜索引擎优化（SEO）。本章就将介绍一下 SEO 方面的知识，包括 SEO 基础知识、搜索引擎基础、如何设计正确的企业网站 SEO 方案，以及选择企业关键词的重要性等，以帮助读者掌握搜索引擎网站优化的技术。

从入门到精通

教学重点

SEO 搜索引擎优化基础

搜索引擎优化（SEO）是一种新兴的技术，很多人对此尚不了解。本节将向读者介绍 SEO 的基础知识。

10.1.1　SEO 基本概念

SEO 的英文全称为 Search Engine Optimization，意思就是搜索引擎优化，是指通过采用合理技术手段，使网站各项基本要素更适合搜索引擎的检索原则并且对用户更友好，从而更容易被搜索引擎收录及优先排序。简单地说，SEO 就是指通过总结搜索引擎的排名规律，对网站进行合理优化，使网站在搜索引擎中的排名提高，以带来更多的客户。

10.1.2　SEO 的优缺点

SEO 能在竞价排名的竞争中更胜一筹，受到广大用户的追捧，必定有其内在的原因，作为主要的搜索引擎营销方式之一，SEO 具备以下特点。

SEO 的优点：

（1）成本较低：SEO 是一种"免费"的搜索引擎营销方式，对于个人网站而言只要掌握一定的搜索引擎优化技术就可以达到目的，对于企业网站而言就要通过聘用专业的技术人员实施，或者让专业公司进行代劳了，而即使如此，网站通过 SEO 维持一年排名的费用，通常也仅仅是做竞价一到两个月的费用，相比竞价要便宜很多。

（2）持久耐用：通过 SEO 方式做好了排名的网站，只要维护得当，排名的稳定性非常强，所在位置也许数年时间都不会变动。

（3）不用担心无效点击：通过 SEO 技术优化的网站排名效果比较稳定，是自然排名，不会按点击付费，不论您的竞争对手如何点，都不会给您浪费一分钱。

（4）所有搜索引擎通用：SEO 技术最大的好处就是具有通用性，即使只针对百度进行优化，但其他的搜索引擎上的排名都会相应的提高，会给您带来更多的有效访问者。

SEO 的缺点：

（1）见效比较慢：通过 SEO 方式获得排名是无法速成的，一般难度的关键词大约需要 2~3 个月的时间，如果难度较大的词则需要 4~5 个月甚至更久，建议企业可以在销售淡季进行网站优化工作，到了销售旺季时排名也基本稳定了。

（2）排名的不确定性：由于搜索引擎对排名有各自的不同规则，有可能在某天某个搜索引擎对排名规则进行了改变，那时也许就会出现原有的排名位置发生变动，这个是很正常的现象。

（3）关键词区分难易程度：竞争过于激烈的关键词，例如：手机、MP3 等，用 SEO 方式做优化排名难度是很大的，这需要非常久的时间，而且价格也会非常高昂，所以难度太大的词不适合做优化。

（4）百度排名位置在竞价排名之后：在百度搜索引擎里自然排名所在的位置只能在竞价排名的网站之后，如果第一页全都做满了竞价排名，那自然排名只能出现在第二页，但目前此种情况仅百度存在。

（5）关键词数量有限：用 SEO 方式做网站优化，一个网页推荐只做一个关键词，如果多的话最好也不超过 3～4 个，其中 1～2 个是主词，剩余 1～2 个是分词，无法做到竞价排名那种想做多少做多少的效果。

10.1.3 SEO 包含工作

SEO 包含的优化技术主要可分为整站搜索引擎优化（简称整站优化）与关键字网页排名优化（简称网页优化）。

1. 网页优化

网页优化是指通过 SEO 技术对网站内与关键字相关的网页进行优化、使其单个网页搜索引擎排名更加靠前。网页优化可以根据指定的关键字在各大搜索引擎上使指定的网页排名靠前，便于搜索者能够轻松地找到此网页信息，目前国内的搜索引擎优化服务商提供的基本都是网页优化服务，根据推广的关键字提升网页排名。

搜索引擎优化（网页优化）技术主要分为两部分：

（1）网页的内部优化：相对单个网页而言、主要是修改网页内部的代码标签、关键字密度、从而增加其搜索引擎的友好性。

（2）网页的外围优化：对于网页的 URL 路径实行增加外部链接（别的站点指向此页面的链接）、链接文字为指定相关关键字或者链接为其他方式，外围优化可与网页内部优化相协调使用，此项工作必须贯彻全过程。

2. 整站优化

整站优化是指通过 SEO 技术使其网站在搜索引擎中成为一个权威站点。当整站优化达到预期效果时，该网站的任意一个分页面都可以在搜索引擎中争夺热门关键字，而全站的关键字不计其数，根据收录页面数量来决定。假设这是一个行业性质站点，在做完整站优化后很有可能利用这一个网站包含这个行业的所有匹配关键字（其中包含长尾关键字等等）。整站优化虽不能保证某个关键字的排名提升，但好的整站优化能够保证搜索引擎营销的整体效果。

搜索引擎优化（整站优化）技术主要分为：

（1）站内结构优化：除包括上述网页内部优化，还包括网站程序修改、网站内部整体链接优化、用户体验度优化、网站目录结构层次规划优化、网站地图制作。

（2）搜索评级优化：对于网站首选域名增加大量的、高质量的、针对性强的外部链接，而站首页不争夺任何关键字，仅仅保存网站品牌名称。

网站优化的主要工作流程如图 10-1 所示：

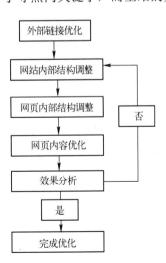

图 10-1 工作流程图

核心关键字策略

要对网站进行优化，首先要确认一下推广网站页面所选择的关键字，然后围绕关键字开展一系列的优化工作，以提高页面在相关关键字搜索结果中的排名。本小节重点介绍关于关键字策略的一些知识。

10.2.1 关键字简介

根据潜在客户或目标用户在搜索引擎中找到你的网站时输入的语句，产生了关键字（Keywords）的概念，这不仅是搜索引擎优化的核心，也是整个搜索引擎营销都必须围绕的核心。首先要确定推广的核心关键字，再围绕核心关键字进行排列组合产生关键词组或短句。

查看关键字的方法：在浏览器中打开目标网页，点击菜单栏上的"查看"→"源文件"→"<meta name="keywords" content="" 后面的文字即该网站关键字，图 10-2 所示的是一家婚纱企业网站的关键字。

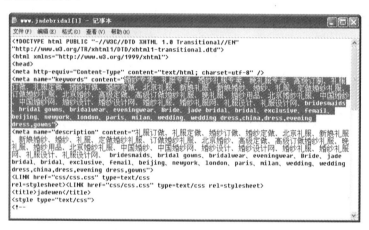

图 10-2 查看关键字的方法

10.2.2 选择关键字

对企业、商家而言，核心关键字就是他们的经营范围，如产品、服务名称、行业定位，以及企业名称或品牌名称等。选择关键字时应该注意如下一些常识。

（1）从客户的角度考虑：潜在客户在搜索你的产品时将使用什么关键字？这可以从众多资源中获得反馈，例如从你的客户、供应商、品牌经理和销售人员那里获知其想法。

（2）将关键字扩展成一系列词组和短语：尽量不要用单一词汇，而是在单一词汇基础上进行扩展，如：服装→流行服装→时尚流行服装。百度关键字工具可以查询特定关键字的常见查询、扩展匹配及查询热度，最好的关键字是那些没有被广泛使用而又很多人搜索的字。

（3）进行多重排列组合：例如，改变短语中的字序以创建不同的词语组合；使用不常用的组合；组合成一个问句；包含同义词、替换词、比喻词和常见错拼词的组合；包含所卖产品的商标名和品名的组合；使用其他限定词来创建更多的两字组合，三字、四字组合。

（4）不要用意义太泛的关键字：如果从事服装设备制造，则选择"设备"作为你的核心关键字就无益于吸引到目标客户。实际上，为了准确找到需要的信息，搜索用户倾向使用具体词汇及组合寻找信息（尤其是两词组合），而不是使用那些大而泛的概念。此外，使用意义太广的关键字，也意味着你的网站要跟更多的网站竞争排名，胜出的难度更大。

（5）用自己的品牌做关键字：如果是知名企业，则别忘了在关键字中使用公司名或产品品牌名称。但如果不是知名的品牌，则宜以企业要销售的产品对象名称作为关键字。如使用"流行服装"就要远远比某品牌的服装强的多，因为没有人知道某品牌是做什么的，更不会去搜索这个关键字。

（6）适当使用地理位置：地理位置对于经营地方性业务的企业尤其重要。如果业务范围以本地为主，则在关键字组合中加上地区名称如"北京广告创意"。

（7）参考竞争者使用的关键字：查询竞争者的关键字可让用户想到一些可能漏掉的词组。但不要照抄任何人的关键字，因为并不清楚他们为何要使用这些关键字——你得自己想关键字。参考别人的关键字只是对你已经选好的关键字进行补充。

（8）不用无关的关键字：有些网站将热门的词汇列入自己的关键字中，尽管这个热门关键字跟自己网站内容毫不相干。甚至有人把竞争对手的品牌也加入到自己的关键字中，这是侵权的行为。由于这些所谓"热门"词汇并未在网站内容中出现，因此对排名并无实质性帮助，过多的虚假关键字还可能受到处罚、降低排名。

（9）适当控制关键字数量：一页中的关键字最多不要超过 3 个，而所有内容都应针对这几个核心关键字展开，这样才能保证关键字密度合理，搜索引擎也会认为该页主题明确。如果确实有大量关键字需要呈现，可以分散写在其他页面并进行针对性优化，这也是为什么首页和内页的关键字往往要有所区别的原因。

10.2.3　关键字密度

在确定了要采用的关键字之后，需要在网页文本中适当出现这些关键字。关键字在网页中出现的频次，即关键字密度 (Keyword Density)，就是在一个页面中，占所有该页面中总的文字的比例，该指标对搜索引擎的优化效果起到重要的作用。

关键字密度的算法：

关键字密度＝关键字词频/网页总词汇量

公式中总词汇是指页面程序标签（如 HTML 标签及 ASP、JSP、PHP 等）以外的所有词汇的数量。

中文关键字密度一般在 6% ～8% 较为合适。切忌进行关键字堆砌，即一页中关键字的出现不是根据内容的需要安排，而是为了讨好搜索引擎人为堆积关键字。这已经被搜索引擎归入恶意行为，有遭到惩罚的风险。

10.2.4　关键字分布

搜索引擎分析网页时，在 HTML 源代码中是自上而下进行的，从页面布局的角度上看则是以自上而下、从左到右的顺序进行。下面我们就介绍一下关键字在具体的网页中如何分布是最有效的。

（1）网页代码中的 Title，META 标签（关键字 keywords 和描述 description）如上面举例的关键字分布：

<meta name="keywords" content="婚纱专卖、礼服专卖、婚纱礼服专卖、晚礼服专卖、高级定制、礼服定做、礼服定做、婚纱定做、婚纱定做、北京礼服、新娘礼服、新娘婚纱、婚纱、礼服、定做婚纱礼服、定做婚纱礼服、北京婚纱、高级定做、高级定做婚纱礼服、晚礼服、婚纱用品、北京婚纱礼服、中国婚纱、中国婚纱网、婚纱设计、婚纱设计网、婚纱礼服、婚纱礼服网、礼服设计、礼服设计网、bridesmaids、bridal gowns、bridalwear、eveningwear、Bride、jade bridal、bridal、exclusive、femail、beijing、newyork、london、paris、milan、wedding、wedding dress,china,dress,evening dress,gowns">

<meta name="description" content="礼服定做、礼服定做、婚纱定做、婚纱定做、北京礼服、新娘礼服、新娘婚纱、婚纱、礼服、定做婚纱礼服、定做婚纱礼服、北京婚纱、高级定做、高级定做婚纱礼服、晚礼服、婚纱用品、北京婚纱礼服、中国婚纱、中国婚纱网、婚纱设计、婚纱设计网、婚纱礼服、婚纱礼服网、礼服设计、礼服设计网、 bridesmaids、bridal gowns、bridalwear、eveningwear、Bride、jade bridal、bridal、exclusive、femail、beijing、newyork、london、paris、milan、wedding、wedding dress,china,dress,evening dress,gowns">

（2）网页正文最吸引注意力的地方：正文内容必须适当出现关键字，并且"有所侧重"，意指用户阅读习惯形成的阅读优先位置按从上到下、从左至右成为关键词重点分布位置，包括：页面靠顶部、左侧、标题、正文前 200 字以内。在这些地方出现关键字对排名更有帮助。

（3）超链接文本（锚文本）：除了在导航、网站地图、锚文本中有意识使用关键字，还可以人为增加超链接文本。如一个童装厂商网站可以通过加上以下行业资源：中国童装网、流行童装网…… 含有"童装"文字的链接来达到增加超链接文本的目的。这也值得网站在添加友情链接时做参考，即链接对象中最好包含有关键字或相关语义的网站。

（4）Header 标签：即正文标题<H1><H1/>中的文字。搜索引擎比较重视标题行中的文字。用<b></b>加粗的文字往往也是关键字出现的地方。

（5）图片 Alt 属性：搜索引擎不能抓取图片，因此网页制作时在图片属性 Alt 中加入关键字是对搜索引擎优化的好办法，它会认为该图片内容与你的关键字一致，从而有利于排名。

一般的网页设计都由网页设计师完成。设计师设计网站往往仅从美观、创意和易用的角度考虑，这对于一个期望在搜索引擎中排名优秀的商业网站来说，已经远远不够了，网站策划人员至少应该为设计师制定一份需求备忘录，提醒在设计中需要配合和注意的环节。

10.2.5 关键字评估

经过关键字的寻找及用户搜索习惯分析后，确定了相应的关键字。在开始使用关键字时还要对其进行一下评估，包括关键字的"搜索量"、"商业价值"、"竞争程序"，再从中筛选出高搜索量、高相关性、低竞争的关键字。

1. 搜索量的评估

搜索量就是指关键字在某个搜索引擎网站上的搜索量，利用搜索引擎提供的相关工具即可以实现评估，在光盘中 source 文件下 chap10 是一个关键字查询的工具。

（1）双击运行后打开其主界面如图 10-3 所示。

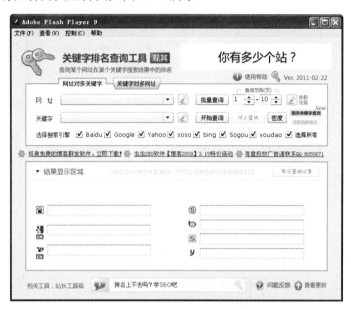

图 10-3　关键字查询工具

（2）单击面板上的"相关关键字查询"链接，打开"相关关键字查询"对话框，在"关键字"文本框中输入需要查询的关键字如"服装"，单击选择"搜索引擎"复选框"Baidu"，即表示在百度上查询，设置如图 10-4 所示。

图 10-4　关键字查询设置

（3）单击"开始查询"按钮，稍等片刻即可以查出相关的关键字在百度上的收录情况，从收录数量即可以判断应该选择什么样的关键字了。如图 10-5 所示。

图 10-5　查询结果

10.3　网站有效优化方案

前面已经介绍过网站优化包含的工作内容，这一小节就详细介绍一下具体的优化方案，主要包括网页的外围优化，内部细节优化以及链接优化策略。

10.3.1　网页外围优化

外围的优化主要是指基于 URL（链接）的优化，URL 是统一资源定位，即每个网页的网址、路径。网站文件的目录结构直接体现于 URL。清晰简短的目录结构和规范的命名有利于用户体验和网址传播。

1．目录层次优化

小型网站一般只有一层子目录如 http://www.hbculture.com/dir/page.htm，其中 http://www.hbculture.com 是域名，dir 是一级目录名，page 是文件名。对搜索引擎而言，这种单一的目录结构最为理想，即扁平结构（Flat）。而规模大的网站，需要 2～3 层子目录：http://www.hbculture.com/dir/dir1/dir2/page.htm。搜索引擎还是会去抓取 2～3 层子目录下的文件，但最好不要超过 3 层，如果超过 3 层，搜索引擎就很难去搜索它了。当然如果有以下的情况，即使深入第 4 层甚至更深层的页面，也同样能被搜索到：

（1）如果该页提供了重要内容，有大量来自其他网站的外部链接（Inbound Links）；

（2）如果在首页上增加一个该页的链接，可以通过首页直接到达；

（3）如果有其他网站在顶级页面上链接了该页，其效果就好似你在自己的首页上做了该链接。

2．目录和文件命名优化

根据关键字无所不在的原则，可以在目录名称和文件名称中使用到关键字。但如果是关键词组，则需要用分隔符分开。常用连字符"-"和下划线"_"进行分隔，URL 中还经常出现空格码"%20"。如果以"环博制造"作文件名，可能出现以下三种分隔形式：

made-in-huanbo.htm

made_in_ huanbo.htm

made%20in%20 huanbo.htm

但事实上，至少在目前 Google 并不认同"_"为分隔符。对 Google 来说， made-in-huanbo 和 made%20in%20 huanbo 都等于 made in huanbo，但 made_in_ huanbo 就被读成了 madein huanbo，连在一起之后，关键字就失去了意义。因此，目录和文件名称如果有关键词组，要用连字符"-"而不是下划线"_"进行分隔。

URL 应该越短越好。有人为了单纯增加关键字而额外建多一个带有关键字的子目录，改变目录结构。由于 URL 中含有关键字本身对排名提高帮助并不大，因此这种做法多此一举，这也是搜索引擎反感的。

3．绝对 URL 和相对 URL

绝对 URL 即网页路径使用包含顶级域名在内的完整的 URL。如：www.hbculture.com/page/index.html 是一个绝对路径，其中/page/index.html 则为相对路径，由浏览器自动在该链接前加上 http://www.hbculture.com/。总体上 Google 在排名时并不在意 URL 使用的是相对路径还是绝对路径。

目前很多网站都有数据库驱动生成的 URL，即动态 URL，往往表现为在 URL 中出现"?"、"="、"%"以及"&"、"$"等字符。动态 URL 极不利于搜索引擎抓取网页，严重影响网站排名，通常是通过技术解决方案将动态 URL 转化成静态的 URL 形式，如：

将 http://www.hbculture.com/news.php?id=1&type=3

转化为 http://www.hbculture.com/news/1/3/

4．导航结构优化

一个好的网站导航是对引导用户访问网站的栏目、菜单、在线帮助、布局结构等形式的统称。其主要功能在于引导用户方便地访问网站内容，是评估网站专业度、可用度的重要指标。概括地讲，网站在导航方面应注意以下几点。

（1）主导航导向清晰：通常主导航为一级目录，通过它们用户和蜘蛛程序都可以层层深入访问到网站所有重要内容。因此主导航必须在网站首页第一屏的醒目位置体现，并最好采用文本链接的方式而不是使用图片链接。

（2）展开式导向路径：所谓"展开式导向"是比喻用户通过主导航到目标网页的访问过程中的路径提示，使用户了解所处网站中的位置而不至于迷失"方向"，并方便回到上级页面和起点。路径中的每个栏目最好添加链接。

如下：

环博文化：首页 > 最新新闻> 最新报道

即使没有详细的路径来源，也至少应该在每个子页面提示回首页的链接，包括使用页面的 Logo 作链接。

（3）重要内容要突出：除了主导航，还应该将次级目录中的重要内容以链接的方式在首页或其他子页中多次呈现，以突出重点。搜索引擎会对这种一站内多次出现的链接给予充分重视，对网页级别（PageRank）提高有很大帮助，这也是每个网站首页的网页级别一般高于其他页面级别的重要因素，因为每个子页都对首页进行了链接。

（4）使用网站地图：网站地图是辅助导航的手段，最初是为用户设计的，以方便用户快捷到达目标页。良好的网站地图常常以网站拓扑结构体现复杂的目录关系，具有静态、直观、扁平、简单的特点。网站地图多采用文本链接，不用或少用修饰性图片，以加快页面加载速度。以上特点符合搜索引擎优化的要求，因此网站地图在 SEO 中也有重要的意义。在网站地图中进行文本链接，可在一定程度上弥补蜘蛛程序无法识别图片和动态网页造成的不足。网站地图也要突出重点，尽量给出主干性内容及链接，而不是提供所有细枝末节。一页内不适宜放太多链接。

5．图像优化

正常情况下搜索引擎只识读文本内容，对图像是不可见的。同时，图像文件会直接延缓页面加载时间，如果超过 20s 网站还不能加载打开页面，用户和搜索引擎极有可能离开你的网站。因此，除非你的网站内容是以图片为主，比如游戏站点或者图片至关重要，否则尽量避免使用大图片，更不要采用纯图像制作网页。网站图片优化的核心有两点：增加搜索引擎可见的文本描述，以及在保持图像质量的情况下尽量压缩图像的文件大小。

Alt 属性：

每个图像<IMG>标签中都有 Alt 属性，搜索引擎会读取该属性以了解图像的信息。因此，最好在所有插图的 Alt 属性中都插入文字描述，并带上该页关键字在其中。文本说明，如图 10-6 所示的图像属性面板中"替换"后面的文本框输入的文本即为 Alt 属性。

图 10-6　图像属性面板

除了 Alt 属性文字，还可以考虑以下方法直接优化图像，使之被搜索到：

（1）在图片上方或下方加上包含关键字的描述文本；

（2）在代码中增加一个包含关键字的 heading 标题标签，然后在图片下方增加文字描述；

（3）在图片下方或旁边增加如"更多关键字"链接，包含关键词；

（4）创建一些既吸引用户又吸引搜索引擎的文本内页，先把流量吸引到这些页面，再提供文本链接指向你的图片页面；

（5）尽可能把图片处理成 GIF 网页交互模式，这样能把图片缩小。

总体上，网页应尽量减少装饰性图片以及大图片。而 Alt 属性中的文字对搜索引擎来说，其重要性比正文内容中的文字要低。

6．GIF 和 JPGE 图像优化

Alt 属性和文本说明都只是对图像之外的文本环境进行优化，下面简单谈谈对图片本身的优化处理。对图片文件优化的目的是在尽量不影响图像画面效果的前提下，将其文件大小降到最低，以加快页面整体下载速度。

网页图片格式主要有 GIF 和 JPGE 两种形式。一般来讲，GIF 适用于线图和企业标识；

JPEG 适宜照片元素的格式。主要通过减少 GIF 颜色数量、缩小图片尺寸和降低分辨率来缩小文件，也可以采用层叠样式表达到优化的目的。此外，将大图片切割成若干小图片于不同的表格区间内进行拼接，也可以相对加快下载时间。

7．Flash 优化

目前很多企业网站为了追求页面的美观，通常都使用 Flash 作为网站的首页，有的甚至整站都是使用 Flash 开发而成的，如图 10-7 所示。

图 10-7　Flash 网站

由于搜索引擎并不重视 Flash 文档，在对纯 Flash 页面进行优化时，我们可以从以下三个方面来着手进行优化工作：

（1）首先做一个辅助 HTML 版本：保留原有 Flash 版本的同时，还可以设计一个 HTML 格式的版本，这样既可以保持动态美观效果，也可以让搜索引擎通过 HTML 版本的网页来发现网站。

（2）其次将 Flash 内嵌 HTML 文件：还可以通过改变网页结构进行弥补，即不要将整个网页都设计成 Flash 动画，而是将 Flash 内容嵌入到 HTML 文件中，这样对于用户浏览并不会削弱视觉效果，搜索引擎也可以从 HTML 代码中发现一些必要的信息，尤其是进入内容页面的链接。即使首页全部动用了 Flash，也应该将进入内页的关键性按钮链接置于 Flash 文件之外，以独立纯文本链接的方式呈现。

（3）最后进行付费登录搜索引擎：如果 Flash 网站搜索结果排名效果不太理想，可以通过付费登录或做搜索引擎关键字广告，同样被用户搜索到。

企业网站在推广的时候应尽量少用 Flash，站点间进行广告交换时也要避免采用 Flash 广告。

8．程序优化

代码设置不妥不仅会延长网页加载时间，也将严重影响蜘蛛程序对网页内容的抓取。通过对网页代码进行清理，去掉臃肿杂乱的代码，减小网页文件大小，能够加快网页加载速度，让蜘蛛快速索引到重要内容。正常情况下一个页面的文件大小在 15KB 左右，最好不要超过 50KB。网页优化重点涉及以下几个要点：

（1）CSS 样式优化。网页制作应通过 CSS（层叠样式表单）来统一定制字体风格，以使代码标准化，避免大量的字体和格式化标签如< h1 >< /h1 >、< font size=12 color=#000000 ></font>充斥页面。通过 CSS 可以控制任何 HTML 标签的风格。例如<td>,<p>,<body>,<table>,<tr>,<th>等。只要在 HTML 的<head>区内的<style type="text/css">和</style>之间指定对应标签的风格如字体、颜色、大小即可，例如图 10-8 所示的优化：

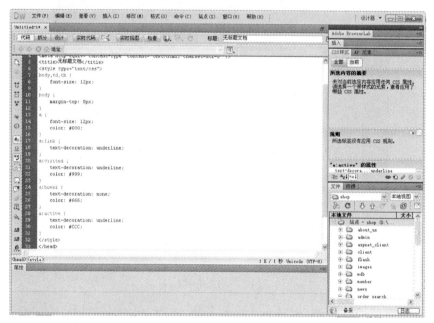

图 10-8　CSS 样式优化

```
<style type="text/css">
body,td,th {
    font-size: 12px;
}
body {
    margin-top: 0px;
}
a {
    font-size: 12px;
    color: #000;
}
a:link {
    text-decoration: underline;
}
a:visited {
    text-decoration: underline;
    color: #999;
```

```
    }
    a:hover {
        text-decoration: none;
        color: #666;
    }
    a:active {
        text-decoration: underline;
        color: #CCC;
    }
    </style>
```

仅通过以上设置，就把文字的字体、字号、颜色、背景色等统一起来，不用对每段文字单独进行格式定义，从而减少大量重复性标签。注意，要把所有 CSS 文件单独存放在命名为 CSS 的外部文件中。通过设置 CSS 样式，也可以提升导航文本的美观度，达到与图片导航同样优美观的效果，这点尤其要提醒网页设计师注意，没有必要将导航条用图片呈现。

（2）JavaScript 等嵌入脚本优化。正常情况下，网页尽量以<HTML>作为代码的开始端。但采用 JavaScript 技术的网页往往在页面一开始就堆积大量 Java 代码，以至 META 及关键字迟迟不能出现，被推至页面底部，对搜索引擎很不友好。有两种方法可以使之得以改善：

1）将脚本移至页面底部。大部分的 Java 代码都可以移到页面结束标签之上，而不影响网站功能。这样就能一开始突出关键字，并加快页面加载时间。

2）将 Java 脚本置入一个.js 扩展名的文件。如图 10-9 所示实例中首页嵌入的 JS 文件。图 10-10 所示的是首页嵌入的代码。

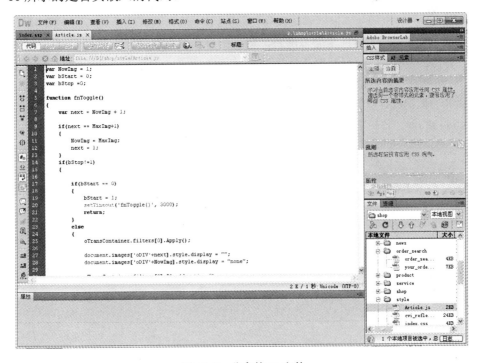

图 10-9　分离的 JS 文件

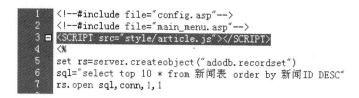

```
1  <!--#include file="config.asp"-->
2  <!--#include file="main_menu.asp"-->
3  <SCRIPT src="style/article.js"></SCRIPT>
4  <%
5  set rs=server.createobject("adodb.recordset")
6  sql="select top 10 * from 新闻表 order by 新闻ID DESC"
7  rs.open sql,conn,1,1
```

图 10-10　首页嵌入的代码

包含嵌入的 JavaScript 代码的.js 文件通常在网站访问者的浏览器中被缓存下来，使得下次访问速度加快，也使得网站修改和维护起来更加方便。

例：

一段 Java 代码正常情况下显示如下：

```
<script language=JavaScript>
<!--
此处是 JavaScript 代码，拷贝到一个.js 文件
//-->
</script>
```

忽略开始及结束标签，将中间的代码单独保存为扩展名为.js 的文件，如文件名为"mycode.js"的一个文件，然后将此文件上传到服务器上与该页同样的目录下。最后将上文列举的完整的 JavaScript 置换为简单的一行：<script language=JavaScript src=mycode.js></script>，一个"mycode.js"文件就将大段冗长复杂的 Java 代码置换。

10.3.2　内部细节优化

对搜索引擎最友好的网页是静态网页，但大部分内容丰富或互动型网站都不可避免地采用到相关技术语言来实现内容管理和交互功能。SEO 所强调的技术支持，主要是对特定代码的优化和对动态网页进行静态处理的措施。

1. Title 和 Meta 标签优化

以.html 或.htm 为扩展名的 HTML 文档称为静态网页。Meta 称为元标志，用于网页的<head>与</head>中。Meta 标签的用处很多，目前几乎所有的搜索引擎机器人都通过自动查找 Meta 值来给网页分类，是借此判断网页内容的基础。其中最重要的是 Description（网站描述）和 Keywords（网站关键词）。另外一个基本的属性是 Title 标签，提示搜索引擎关于本页的主题。Meta 和 Title 的形式在 HTML 语言中体现为：

```
<head>
<title>title 标题</title>
<meta name="keywords" >
<meta name="description" >
......
</head>
```

尽管 Meta 本身不足以解决排名问题，但对 Meta 标签的书写仍然是搜索引擎优化的基础

工作。清晰准确的 Meta 文字与正文内容的关键词相呼应，是排名加分的重要条件之一。

标题：

网页优化可以说是从 Title 开始的。在搜索结果中，每个抓取内容的第一行显示的文字就是该页的 Title。同样，在浏览器中打开一个页面，地址栏上方显示的也是该页的 Title。因此，Title 可谓一个页面的核心，如图 10-11 所示的标题动态程序就可以随时在后台实现更改。

```
19  <title><%= rs_logo("店名")%></title>
20  <meta http-equiv="Content-Type" content="text/html; charset=gb2312">
21  <link href="style/index.css" rel="stylesheet" type="text/css">
22  <script language="JavaScript" type="text/JavaScript">
```

图 10-11　标题优化后的效果

对 Title 的书写要注意以下问题：

（1）Title 应简短精练，高度概括，含有关键字，而不是只有一个公司名。但关键字不宜过多，不要超过 3 个词组。企业网站的 Title 通常以公司名+关键字为内容。

（2）前几个词对搜索引擎最重要，因此关键字位置尽量靠前。

（3）最好将 Title 组织成符合语法结构和阅读习惯的短句或短语，避免无意义的词组罗列式。

标题关键字：

Keywords 的作用在于提示搜索引擎：本网站内容围绕这些词汇展开。因此 Keywords 书写的关键是每个词都能在内容中找到相应的匹配才有利于排名。Meta 中的关键字书写技巧见前文的"关键字策略"。

描述(Description)：

描述部分用简短的句子告诉搜索引擎和访问者关于本网页的主要内容。用该网站的核心关键字搜索后得到的搜索结果中，描述往往显示为标题后的几行描述文字。Description 一般被认为重要性在 Title 和 Keywords 之后。描述的书写要注意以下问题：

（1）描述中出现关键字，确保与正文内容相关；

（2）遵循简短原则，字符数含空格在内不要超过 200 个字符。

2．动态网页优化

动态网站是指网站内容的更新和维护是通过一个带有数据库后台的软件，即内容管理系统(CMS)完成。一般采用 ASP、PHP、Cold Fusion、CGI 等程序动态生成页面。动态页面在网络空间中实际并不存在，它们的大部分内容通常来自与网站相连的数据库，只有接到用户的请求，在变量区中输入一个值以后才会生成。动态网页扩展名显示为.asp、.php、cfm 或.cgi，而不是静态网页的.html 或者.htm。其 URL 中通常出现"？"、"＝"、"％"，以及"&"、"$"等符号。网站使用动态技术的好处，除了增加网站交互功能，还具有容易维护和更新的优点，因此被许多大中型网站采用。但大多数搜索引擎的蜘蛛程序都无法解读符号"？"后的字符，这就意味着动态网页很难被搜索引擎检索到，因而被用户找到的机会也大为降低。因此，建设网站之前首先要端正思想，即能够采用静态表现的网页尽量不要用动态实现，重要的网页用静态表现。同时使用技术将动态网页转化成静态网页形式，使 URL 中不再包含"?""="等类似的符号。也可以通过对网站进行一些改动，间接增加动态网页的搜索引擎可见度。

针对不同程序开发的动态网页有着不同的解决方案。

（1）CGI/ Perl 技术：如果网站中使用的是 CGI 或者 Perl，可用一个脚本拾取环境变量前的所有字符，再将 URL 中剩余的字符赋值给一个变量。这样，就可以在 URL 中使用该变量了。

不过，对于那些内置了部分 SSI（Server-Side Include：服务器端嵌入）内容的网页，主要的搜索引擎都能够提供索引支持。那些以.shtml 为后缀名的网页也被解析成 SSI 文件，相当于通常的.html 文件。但如果这些网页在其 URL 中使用的是 cgi-bin 路径，则仍有可能不被搜索引擎索引。

（2）ASP 技术：ASP（Active Server Pages: Web 服务器端动态网页开发技术）被用于基于微软的网络服务器中。使用 ASP 开发的网页，一般后缀名为.asp。只要避免在 URL 中使用符号"?"，大多数搜索引擎都能够支持用 ASP 开发的动态网页。

（3）Cold Fusion 技术：使用 Cold Fusion 就需要在服务器端重新对其进行配置，使其能够将一个环境变量中的符号"?"用符号"/"代替，并将替换后的数值传给 URL。这样一来，最后到达浏览器端的就是一个静态的 URL 页。当搜索引擎对该转换后的文件进行检索时，它不会遭遇"?"，因而可继续对整个动态页的索引，从而使动态网页对搜索引擎仍然具有可读性。

（4）Apache 服务器：Apache 是最流行的 HTTP 服务器软件之一。它有一个叫做 mod_rewrite 的重写模块，即 URL 重写转向功能。该模块能够使你将包含环境变量的 URL 转换为能够为搜索引擎支持的 URL 类型。对于那些发布后无须多少更新的网页内容如新闻，可采用该重写转向功能。

可以通过对网站做一些修改，尽可能增加动态网页的搜索引擎可见度。如将动态网页编入静态主页或网站地图的一个链接中，以静态目录的方式呈现该动页面。或者为动态页面建立一个专门的静态入口页面，链接到动态页面，然后将静态入口页面递交给搜索引擎。

对一些重要的、内容相对固定的页面制作为静态网页，如包含有丰富关键字的网站介绍、用户帮助，以及含有重要页面链接的网站地图等。网站首页尽量全部采用静态形式，并将重要动态内容以文本链接方式全部呈现，虽然增加了维护工作量，但从 SEO 的角度看是值得的。

Section 10.4 注重网页级别

Google 搜索引擎采用的核心软件称为 PageRank（PR），这是一套用于网页评级的系统，是 Google 搜索排名算法中的一个组成部分。评级的级别从 1～10 级，10 级为满分，PR 值越高说明该网页在搜索排名中的地位越重要，也就是说，在其他条件相同的情况下，PR 值高的网站在 Google 搜索结果的排名中有优先权。网页级别由此成为 Google 所有网络搜索工具的基础。

10.4.1 网页级别概述

一个 PR 值为 1 的网站表明这个网站不太具有流行度，而 PR 值为 7～10 则表明这个网站非常受欢迎（或者说极其重要）。一般 PR 值达到 4 的网站，就算是一个不错的网站了。Google 把自己的网站的 PR 值定到 7。如图 10-12 所示的是 Google 工具栏。

图 10-12 Google 工具栏上显示 Google 的 PR 值为 7

重要的、高质量的网页会获得较高的网页级别。Google 在排列其搜索结果时，都会考虑每个网页的级别。当然，如果不能满足查询要求，网页级别再高也毫无意义。因此，Google 将网页级别与完善的文本匹配技术结合在一起，为用户找到最重要、最有用的网页。Google 所关注的远不只是关键字在网页上出现的次数，它还对该网页的内容（以及该网页所链接的内容）进行全面检查，从而确定该网页是否满足您的查询要求。

PR 值算法原理总体上基于下面 2 个前提：

（1）一个网页被多次引用，则它可能是很重要的；一个网页虽然没有被多次引用，但是被重要的网页引用，则它也可能是很重要的；一个网页的重要性被平均的传递到它所引用的网页。这种重要的网页称为权威网页。

（2）假定用户一开始随机的访问网页集合中的一个网页，然后跟随网页的链接向前浏览网页，不回退浏览，那么浏览下一个网页的概率就是被浏览网页的 PageRank 值。

10.4.2 影响 PR 值因素

PR 值体现为从 0～10 的 11 个数值，在 Google 的工具栏上以一条横向绿色柱状图显示，0 级情况下呈白色，它是针对网页而不是网站。因此一个网站的首页和内页往往有着迥然不同的 PR 值。对中文网站来说，拥有 3 级 PR 是基础，4 级 PR 算达标，5 级 PR 可谓良好，而 6、7 级 PR 就算相当优秀的网站。当然，由于 PR 最直接的影响因素是来自链接，因此这种评级并不代表内容的级别水准，网站内容质量对 PR 的影响是间接的、长期的。根据 PR 值的算法原理，可知影响一个网站（首页）PR 值的因素主要包括：

1．网站的导入链接质量

获得高 PR 值需要获得来自以下网站的链接包括：

（1）加入搜索引擎分类目录；

（2）与已经加入目录的网站交换链接；

（3）获得来自 PR 值不低于 4 并与网站主题相关或互补的网站的链接；

（4）网站链接出现在流量大、知名度高、频繁更新的重要网站上；

（5）与网站交换链接的网站具有很少导出链接；

（6）与内容质量高的网站链接。

2．导出链接数量

根据 PR 计算原理，由于"一个网页的重要性被平均的传递到它所引用的网页"，因此反过来看，一个页面内过多的导出链接将潜在引起该页 PR 值的流失。但从内容的角度看，适当数量的与主题有关联的导出链接给搜索引擎带来良好的印象。因一个页面，尤其是首页的导出链接数量的把握，应该兼顾到 PR 值和关键词内容二者之间的平衡，即控制导出链接数量，以不超过 10 个为宜。

3．收录页面数量

在关注核心关键词排名以及首页的表现情况，却往往忽略了一个重要的问题：即搜索引擎对一个网站收录的页面数量。后者在 SEO 中也有着极其重要的意义。一个用核心关键字查询排名不佳的网站，可能由于被抓取大量网页而在用户使用其他关键字查询时，内页获得前三甲排名。由于用户搜索时使用的关键字具有分散性，使得这种情况往往给网站带来极大访问量。

正因为收录页面的数量直接影响访问量，因此对 PR 值的影响也是很大的。被收录页面越多，主页 PR 越高。不过需要强调的是，此处所指的数量是指被收录数与网站页面总数的比值，而不是收录页面的绝对数值。比如一个拥有 100 个页面的网站被收录了 10 个页面，网站的被收录比值是 1/10，一个拥有 2000 个页面的网站被收录了 100 个页面，比值是 1/20，结果是收录 10 个页面比收录 100 个页面的网站还更具排名优势。

4．首页 PR 的高低

尽管对 PR 的界定是针对网页而不是网站，但由于每个网页都依托某一网站而存在，首页是推广的核心页面，所以网站首页 PR 高低对内页各 PR 也产生直接影响。一般而言，一个网站各页面的 PR 值呈现以下走向：首页 > 一级页面 > 二级页面 > 三级页面……每深入一级，PR 降低 10-2 个档次。如果一个深层内页有很多外部或内部链接，情况则另当别论。

5．文件类型

可以索引到的网页和文件类型包括：pdf、asp、jsp、hdml、shtml、xml、cfm、doc、xls、ppt、rtf、wks、lwp、wri、swf。由于做成 PDF 格式的文件往往都是网站比较重要的内容或文章，因此 Google 默认 PDF 格式文件的 PR 天生为 3，高于一般 HTML 文件。同理，Google 给予 XML、PS、Word、Power Point、Excel 等类型页面的 PR 也比普通网页文件高。因此，对于网站比较有价值的内容建议做成 PDF 格式。

6．PR 值的更新

Google 每个月进行一次数据更新，更新后的网站排名和导入链接都会有某些变化，但其 PR 更新时间一般要延迟至更新后的三个月左右，而且网站的 PR 值相对稳定，要上升或下降一级 PR 是很不容易的事情。

10.4.3 PR 值的作用

由于网页级别的高低直接受链接的影响，而链接仅是 SEO 的一个方面，因此 PR 的高低只能反映出 SEO 的部分效果。一个网页如果拥有高 PR 值能够说明的仅是网页比较重要，拥有了排名靠前的优先权，并不能与排名靠前直接画上等号，搜索引擎会加快对网页数据的更新。

PR 值不高的网站同样有可能获得好的排名，而 PR 高的网站也不见得有理想的排名。并且，在这样的思想指导下，往往片面追求链接效应，忽略了 SEO 对于内容、结构、关键字等方面的分析和改进，而后者才是用户和搜索引擎长期关注的焦点。在 SEO 的过程中，不能忘记内容建设，不能忘记优质外链，但也要适当注重网页的 PR 值。

推荐图书

Android入门与实战体验

书号：34928　定价：69.80 元

作者：李佐彬 等

　　本书通过实例教学的方式讲解了Android技术在各个领域的具体应用过程。全书分为16章，1～5章是基础篇，讲解了Android的发展前景和开发环境的搭建过程；6～13章是核心技术篇，详细讲解了Android技术的核心知识，并对程序优化进行了详细剖析；14～16章是综合实战应用篇，通过3个综合实例讲解了Android技术常用的开发流程。

Windows Phone 7完美开发征程

书号：34043　定价：45.00 元

作者：倪浩

　　本书以全新的Windows Phone 7手机应用程序开发为主题，采用理论和实践相结合的方法，由浅入深地讲述了新平台的基础架构、开发环境、图形图像处理、数据访问、网络通信等知识点。最后通过较为完整的实战演练，帮助读者更快地掌握项目开发的各个技术要点，使读者能够尽快投入到实际项目的开发。

追逐 App Store 的脚步——手机软件开发者创富之路

书号：35619　定价：49.00 元

作者：项有建

　　本书介绍了如何进行软件产品设计，特别是如何针对现代手机软件产品进行设计；介绍了数字产品的营销方法，特别是如何针对现代手机软件产品进行营销的方法。书中强调了用户需求以及竞争两个设计视角，介绍了"平台辐射原理"，初步解决了如何利用公式化的方法用平台推广产品的问题。

从实例走进OPhone世界

书号：33030　定价：45.00 元

作者：周轩

　　本书从一个开发者的角度出发，介绍了OPhone/Android系统的基础知识和开发技巧，详细讲解了无线通信、娱乐游戏、移动生活、OPhone特色应用等多种类型程序的开发流程和方法；通过介绍系统自带源代码实例，为读者提供参考资料和分析素材。本书配有大量插图和代码注释，为自学者提供了方便。

Android 开发案例驱动教程

书号：35004　定价：69.80 元

作者：关东升

　　本书旨在帮助读者全面掌握Android开发技术，能够实际开发Android项目。本书全面介绍了在开源的手机平台Android操作系统下的应用程序开发技术，包括UI、多线程、数据存储、多媒体、云端应用以及通信应用等方面。本书采用案例驱动模式展开讲解，既可作为高等学校的参考教材，也适合广大Android初学者和Android应用开发的程序员参考。

Qt 开发 Symbian 应用权威指南

书号：36089　定价：45.00 元

作者：Fitzek 等　译者：DevDiv 移动开发社区

　　本书主要是向读者介绍如何在Symbian上快速有效地创建Qt应用程序。全书共分7章，包括开发入门、Qt概述、Qt Mobility APIs、类Qt移动扩展、 Qt应用程序和Symbian本地扩展、Qt for Symbian范例。

　　本书可作为移动设备开发领域的初学者和专业人员的参考用书，也可作为手机开发基础课程的教材。

啃苹果——就是要玩 iPad

刘正旭　编著

DIY 自拍

网上冲浪

移动存储

休闲阅读

办公应用

在线开店

购物梦想

ISBN 978-7-111-35857-2

定价：32.80 元

苹果的味道——iPad 商务应用每一天

袁烨　编著

商务办公，原来如此轻松

7：00~9：00——将碎片化为财富

9：00~10：00——从井井有条开始

10：00~11：00——网络化商务沟通

11：00~12：00——商务参考好帮手

13：00~14：00——商务文档的制作

14：00~15：00——商务会议中的 iPad

15：00~16：00——打造商务备忘录

16：00~17：00——云端商务

ISBN 978-7-111-36530-3

定价：59.80 元

机工出版社·计算机分社读者反馈卡

尊敬的读者:

感谢您选择我们出版的图书！我们愿以书为媒，与您交朋友，做朋友！

参与在线问卷调查，获得赠阅精品图书

凡是参加在线问卷调查或提交读者信息反馈表的读者，将成为我社书友会成员，将有机会参与每月举行的"书友试读赠阅"活动，获得赠阅精品图书！

读者在线调查： http://www.sojump.com/jq/1275943.aspx

读者信息反馈表（加黑为必填内容）

姓名：		性别：□ 男 □ 女	年龄：		学历：
工作单位：				职务：	
通信地址：				**邮政编码：**	
电话：		**E-mail：**		**QQ/MSN：**	
职业（可多选）：	□管理岗位 □政府官员 □学校教师 □学者 □在读学生 □开发人员 □自由职业				
所购书籍书名			**所购书籍作者名**		
您感兴趣的图书类别（如：图形图像类，软件开发类，办公应用类）					

（此反馈表可以邮寄、传真方式，或将该表拍照以电子邮件方式反馈我们）。

联系方式

通信地址：北京市西城区百万庄大街 22 号 计算机分社   联系电话：010-88379750
邮政编码：100037   传　　真：010-88379736
电子邮件：cmp_itbook@163.com

请关注我社官方微博：　http://weibo.com/cmpjsj

第一时间了解新书动态，获知书友会活动信息，与读者、作者、编辑们互动交流！